Andrea Kutsch

AUS VOLLEM HERZEN

Wie ich erst die Pferde verstand
und dann das Leben

lübbe

Dieser Titel ist auch als E-Book erschienen

Vollständige Taschenbuchausgabe
der bei Bastei Lübbe erschienenen Hardcoverausgabe

Dieses Buch beruht auf wahren Begebenheiten. Alles ist so beschrieben, wie die Autorin es erinnert. Einige Namen, Orte und Details wurden zum Schutz der Rechte der Personen geändert.

Inhalt

Raus ins Leben

Eine Szenerie wie im Film: Hier in Kalifornien hat man überall das Gefühl, man wäre im Film. Und manchmal ist das ja auch so. Hier, auf der Ranch meines Nachbarn Tom, werden öfter mal Filme gedreht. Und wenn die Schauspieler am Set sich ausruhen wollen, sitzen sie hier, lassen den Blick über die Wasseroberfläche des angelegten Sees schweifen und beruhigen Augen, Körper, Seele. Es ist ein ruhiger, friedlicher Ort. Wenn die Ruhe des Anblicks dann auf den ganzen Körper übergeht, können die Schauspieler aufstehen, sich umdrehen und sich in den hinter ihnen stehenden Airstream zurückziehen, einen Vintage Trailer, wie es ihn so in Deutschland kaum geben wird, aber hier in den USA genießt er Kultstatus: eine silbrige Hülle, ein Versprechen von Sicherheit und Komfort. Innen bietet er allen Komfort, den man sich wünschen kann, ein gemütliches Bett, ein gutes Bad – man könnte hierdrin leben. Er – oder vielmehr sie – heißt Linda. Ich habe sie mit meinem Mann Roy gekauft. Wir wollten darin eine Abenteuertour quer durch die USA machen. Wir hatten unsere Mietverträge gekündigt und wollten einfach los. Linda sollte unser Zuhause sein. Dann kam alles ganz anders. Noch heute sitze ich mit Tom und seiner Frau ab und zu hier. Dann schauen wir auf den Sonnenuntergang, trinken ein Glas Wein und denken an die wilde Zeit, die hinter uns liegt. Denn wie gesagt, alles kam ganz anders. Anders, aber gut.

Pferde haben mich ein Leben lang fasziniert. Schon als kleines Kind begann ich zu reiten. Der Grund waren unsere Nachbarn in Bad Homburg: Auf einem Grundstück in unmittelbarer Nähe hatten sie drei Isländer stehen, diese kleinen, robusten Pferde mit fünf Gangarten. Regelmäßig kletterte ich über den Zaun und verbrachte unbeschwerte Stunden mit ihnen.

Schon damals durchströmte mich jedes Mal ein unglaubliches Glücksgefühl, wenn ich den Pferden beim Grasen zuhörte und zuschaute. Angst vor diesen großen Tieren war mir fremd. Ich hatte sie immer als hilflose, ängstliche Fluchttiere wahrgenommen und wusste, ohne dass mir das jemand gesagt hätte, instinktiv, dass sie niemals böse sein wollten und dass sie, wenn sie dem Menschen Schwierigkeiten bereiteten oder in Aufregung gerieten, niemals schuld waren. Es konnte für mich nur daran liegen, dass sie etwas nicht verstanden hatten oder ihnen etwas Unbekanntes begegnet war.

Mein erstes eigenes Pony hieß Dominik. Es durfte zu den drei Isländern auf die Weide, aber Dominik und die anderen Pferde verstanden sich nicht. Es kam zu blutigen Auseinandersetzungen innerhalb des festen Herdenverbands, in den Dominik integriert werden sollte. Die Isländer bissen und traten ihn, und Dominik war nur noch auf der Flucht. Er kam nicht mehr zur Ruhe. Wir mussten umziehen in einen anderen Stall. Und als er sich auch dort nicht integrieren ließ, musste er verkauft werden. Es half kein Weinen, Bitten und Betteln meinerseits – Dominik musste weg. Heute weiß ich, wo die Schwierigkeiten höchstwahrscheinlich herkamen. Doch meine Eltern waren vollkommen ahnungslos in Bezug auf Pferde und ich war noch viel zu klein und unerfahren, um eine Lösung zu finden. Noch heute leide ich, wenn ich an diese schwierige Zeit zurückdenke, und daran, dass ich mein Pony nicht vor dem Verkauf retten konnte. Ich spürte zwar, dass sein Verhalten nicht sein Fehler war, und war mir sicher, dass es nur daran lag, dass wir Menschen etwas nicht verstanden. Er konnte sich uns nicht mitteilen und wir konnten ihn nicht verstehen. Es gab damals kein Wissen darüber, wie Pferde kommunizieren. Doch mir war schon damals klar, dass es einen Weg geben musste. Und von diesem Gedanken ließ ich mich von nun an nicht mehr abbringen.

Immer wieder suchte und fand ich als Heranwachsende Wege, Pferde anderer zu reiten, zu pflegen, mein ganzes Glück lag buchstäblich auf dem Rücken der Pferde. Doch je älter ich wurde, desto professioneller wurde das reiterliche Umfeld und desto mehr Gewalt rund um Pferde erfuhr ich. Bald gehörten Peitschen, Klatschen, Bahnpeitschen, Sporen, scharfe Reitgebisse, Ausbinder, Schlaufzügel, Steiggebisse, Hengstketten, Nasenbremsen und allerlei anderes zu meinem täglichen Handwerkszeug. Auch wenn mein Herz jedes Mal blutete, wenn es zu Konfliktsituationen zwischen Pferd und Mensch kam, so war ich auch von der Meinung geprägt, dass die professionellen Bereiter und Reiter, deren Pferde ich reiten durfte, besser Bescheid wussten als ich und dass ihre Methoden sicherlich richtig waren. Statt sie zu hinterfragen, zweifelte ich immer wieder an mir selbst und dachte, dass ich vielleicht etwas nicht verstand und nicht sehen konnte, was andere konnten. Ich litt mit, wenn sie litten, und suchte nach Möglichkeiten, mit ihnen zu kommunizieren. Aber mit diesem Gedanken war ich allein in der damaligen Pferdewelt.

Viele Jahre später, nachdem ich diverse reiterliche Sportarten praktiziert hatte – von Springen, Dressur, Vielseitigkeit, Jagdreiten bis hin zum Polospielen –, traf ich in Kalifornien auf den amerikanischen Pferdeflüsterer Monty Roberts, bei dem ich ein Seminar belegte. Monty Roberts praktizierte eine Technik, die er als »Join Up« bezeichnete und bei der Pferde nicht mehr über die Anwendung der üblichen Zwangswerkzeuge bestraft wurden, wenn sie sich nicht richtig verhielten. Stattdessen lehrte Monty, dass man Pferde so behandelte, als sei man selbst ein Pferd. Man wendete also Bestrafungskonsequenzen an, die man bei Pferden untereinander beobachten konnte.

Ich war fasziniert. Es schien mir zwar immer ein wenig befremdlich, dass ich »Pferd spielen«, also die Position eines Pferdes einnehmen sollte, wenn ich doch gar kein Pferd war. Aber trotz alledem war ich begeistert, dass es nun für viele Probleme mit Pferden eine kommunikativere Lösung gab, sog alles auf wie ein Schwamm und machte nun endlich mein Hobby zum Beruf. Ich wurde zu Montys Meisterschülerin, gemeinsam mit ihm bereisten wir die Welt und wir führten auf der ganzen Welt in großen Shows unsere Künste rund um die Arbeit mit Problempferden vor. So wurde ich zur »Pferdeflüsterin«. Ich hatte eine eigene Fernsehserie, schrieb ein Buch über meine Arbeit[1], und die Menschen waren begeistert von meinen »magischen« Fähigkeiten. Ich konnte wilde, steigende Pferde schnell besänftigen, buckelnde Pferde wieder reitbar machen und Pferde, die beim Anblick eines Pferdeanhängers in Panik gerieten, im Handumdre-

---

1   Andrea Kutsch, Die Pferdflüsterin antwortet

hen beruhigen, sodass sie anschließend anstandslos den Pferdeanhänger betraten.[2]

Es waren tolle, aufregende Zeiten. Aber Ecken und Kanten hatte das System dennoch. Es entging mir nicht, dass ich zwar nun mit Pferden unglaublich viele Probleme gewaltfrei lösen konnte, aber langanhaltend waren die Lösungen meist nicht. Ging ein Pferd, das ich öffentlich trainierte, anschließend brav in den Anhänger, hatte es doch oft hinterher mit den Besitzern wieder Probleme. Manche Pferde, die ich in meinem Trainingsstall in Hamburg trainierte, wurden dort zwar wieder reitbar, aber später schrieben mir Besitzer häufig, dass es zu Hause erneut zu Schwierigkeiten gekommen war.

Zunächst dachte ich, dass die Leute eben nicht gut zugeschaut hatten. Würden sie es genauso machen wie ich, dann hätten sie auch keine Probleme. Bei mir funktionierte es ja. Aber war das wirklich die Lösung?

Ich probierte es aus. Manchmal muss man Dinge tun, um zu sehen, ob sie funktionieren. Ich gründete die Andrea Kutsch Akademie (AKA) in Bad Saarow und entwickelte ein Lehrprogramm mit aufeinander aufbauenden Seminaren. Es wurde ein voller Erfolg. Menschen wollten das Pferdeflüstern, so wie ich es konnte, erlernen und strömten aus allen Teilen Europas an meine Akademie. Ich trainierte Pferde, zeigte meine Künste in öffentlichen Vorführungen und half Menschen dabei, ihre eigenen Problempferde zu trainieren. Doch warum eigentlich Problempferde trainieren? Es musste doch möglich sein, dass Problempferde gar nicht mehr entstehen! Woher kamen all diese Probleme? Ja, ich konnte

---

2 Andrea Kutsch, Die Pferdflüsterin erzählt

nun aggressive Pferde vor dem Schlachthof retten, weil ich sie umtrainieren konnte. Aber war das nicht der falsche Ansatz? Das Fohlen wird doch nicht als Problempferd geboren! Irgendetwas musste falsch laufen zwischen Mensch und Pferd, während das Pferd heranwuchs.

Der entscheidende Wendepunkt für mich war ein Gespräch mit einer Verhaltensforscherin für Pferde, die mich nach einer Vorstellung ansprach: »Frau Kutsch, Sie definieren das Lecken und Kauen des Pferdes, wenn Sie es im Longierzirkel in den Kreis schicken, als eine Demutsgeste. Ich würde jedoch gerne über eine Beobachtung mit Ihnen sprechen, die wir bei wissenschaftlichen Studien zur Offenstallhaltung gemacht haben. Uns ist nämlich aufgefallen, dass Pferde nahezu nie lecken und kauen, wenn sie in ihrem eigenen sozialen pferdischen Umfeld sind. Wenn überhaupt, dann nur nach stressvollen Auseinandersetzungen um einen Schlaf- oder Futterplatz. Denken Sie nicht, dass es sich hier um eine Geste handeln könnte, die aus Stress resultiert?«

Außerdem wies sie mich darauf hin, dass es Studien gebe, die nachwiesen, dass Pferde Stresshormone ausschütteten, wenn man sie zur Strafe im Kreis herum schickte. Aber das bedeutete ja, dass das Pferdeflüstern in letzter Konsequenz gar nicht als »gewaltfrei« bezeichnet werden konnte.

Das alles machte mich sehr nachdenklich. Unter Pferdemenschen gibt es schon immer sehr unterschiedliche Ansichten darüber, wie der »richtige« Umgang mit Pferden zu sein hat. Diese Diskussionen werden zudem häufig sehr emotional geführt. Manche Pferdefreunde, die mir begegneten und die von mir den gewaltfreien Umgang mit Pferden erlernen wollten, verhielten sich laut, forsch, gar aggressiv im Umgang mit Menschen.

Wie ging das einher? Gewaltfrei mit Pferden, aber nicht mit Menschen? Faszinierend an den Aussagen der Verhaltensforscherin fand ich, dass endlich eine neutrale Fachdiskussion möglich wurde, wenn es tatsächlich wissenschaftliche Studien gab.

An dieser Stelle setzt dieses Buch ein.

Im Jahr 2006 begann ich systematisch zu forschen und Thesen aufzustellen, die ich in wissenschaftlich basierten Studien auf ihre Belastbarkeit prüfte. Was immer sich bei diesen Studien bestätigte, floss in die Seminarinhalte in der Andrea Kutsch Akademie ein. 2009 war die staatliche Anerkennung einer Fachhochschule abgeschlossen. Ich hatte einen Bachelor- und einen Masterstudiengang zur staatlichen Akkreditierung geführt und übergab diesen in die Hände der Investoren und Experten, die ich damals zusammenbrachte.

Nun endlich konnte ich mich, mit vielen Studienerkenntnissen in der Tasche, auf meinen eigenen Weg machen. Mein Ziel war es, eine wissenschaftlich basierte Trainingsmethode für Pferde zu entwickeln, die ich »Evidence Based Equine Communication«, kurz EBEC, nannte.

Raus ins Leben, denn vor mir lag noch viel Arbeit.

TEIL I:

PERSPEKTIVENWECHSEL

Zitternd stand dieses kleine braune Pferd auf der anderen Seite der Weide. Es war offensichtlich, dass es versuchte, die größtmögliche Distanz zwischen sich und mich, den Menschen, zu legen. Es hatte Angst. Wahrscheinlich hatte es zu viele schlechte Erfahrungen mit Menschen gemacht – Menschen, die es gescheucht hatten oder versucht hatten, es zu überwältigen, zu vergewaltigen. Es erinnerte mich an mein Pony Dominik. Das Pony, das mein Herz niemals verlassen hatte und dem aus der Pferdeperspektive so viel Unrecht getan wurde. Ein Zufall? Ja, ein Zu-Fall. No-Name fiel mir zu. Und er sollte zu einem meiner Schlüsselpferde werden.

Wie denkt ein Pferd bloß? Was mag wohl in seinem Kopf herumgehen, jetzt wo es mich hier sieht, dieses Wesen auf zwei Beinen? Kann ein Pferd überhaupt in Wörtern und Begriffen denken wie wir Menschen?

Ich atme ganz ruhig und bleibe einfach nur stehen, und er lässt mich keine Sekunde aus den Augen. Ich setze mich auf den Zaun und bleibe einfach nur da. Nein, No-Name kann ich nichts vormachen. Dieser kleine verängstigte Hengst weiß, dass hier wieder einmal etwas vonstatten geht, das ihm bereits mehrfach große Angst bereitet hat.

Seine Muskeln sind angespannt, er bleibt trotz großer Distanz in allerhöchster Alarmbereitschaft. Sein Fell ist schweißnass. Der Kopf ist nach oben gerichtet, ein Huf ist angewinkelt. Er ist bereit zur Flucht oder zum Tritt und das, obwohl ich bestimmt hundert Meter von ihm entfernt bin.

Wieder ein Problempferd. In diesem Moment schwöre ich mir und No-Name: Das muss ein Ende haben. Ich werde einen Weg finden, mit ihm zu kommunizieren, damit er keine Angst mehr vor mir haben muss. Ich weiß nur noch nicht wie.

Könnte ich ihm Worte in den Mund legen, dann sähe das vielleicht so aus: »Wer ist das? Ein zweibeiniges Lebewesen, ich kann es nicht genau erkennen. Es ist zu weit weg, ich sehe es nur verschwommen. Aber hier ist ein Zaun, ich komme nicht weiter weg. Hat es etwas in der Hand? Womöglich wieder eines dieser Seile, mit dem sie mich schon mehrfach versucht haben zu fesseln? Oder ist es womöglich dieses Ding, aus dem diese gemeinen Nadeln kommen? Das letzte Mal ist so eine in meinem Fleisch stecken geblieben und abgebrochen, weil ich solche Angst hatte. Es hat schrecklich weh getan. Was wollen diese Wesen von mir, was kann ich nur tun? O je, jetzt schleicht es sich an, ist das ein Raubtier?«

Nein, so können Pferde nicht denken. No-Name weiß nur eins: Er ist in Gefahr, denn er ist allein auf der Weide. Er hat keine Herde um sich. Entgeht ihm eine winzige Geste von mir, die eines seiner Herdenmitglieder sonst hätte sehen können, dann ist das sein Ende. Es steckt in der Genetik eines Pferdes, dass es auf der Hut sein muss, wenn es allein ist. Das ist eine angeborene, keine gelernte Eigenschaft.

No-Name hat Erfahrungen gemacht, und er weiß, dass er in Gefahr ist, denn die Gefahr ist hier. *Ich* bin die Gefahr.

Als ich da auf dem Zaun sitze und ihn beobachte und mir all das durch den Kopf gehen lasse, sehe ich plötzlich, dass No-Name leckt und kaut.

Lecken und Kauen gilt als eine der wichtigsten Demutsgesten des Pferdes. Das Pferd sieht aus, als habe es die Mundwinkel zunächst stark angespannt, dann entspannt, die Zunge wird sichtbar, es simuliert ein Lecken und Kauen, als habe es Nahrung im Maul. Dabei läuft ihm Speichel aus dem Maul. Ob im Longierzirkel oder beim Verladen, wenn in der Trainingseinheit eine Pause eingelegt wird und das Pferd leckt und kaut, heißt es: »Es denkt darüber nach.«

Mich interessierte, ob die Geste des Leckens und Kauens tatsächlich mit Stress zu tun hatte. Sollte dies der Fall sein, hätte dies Konsequenzen für die tägliche Arbeit mit Pferden: Wegschicken als negative Konsequenz für negatives Verhalten wäre als Stressauslöser erkannt und hätte keinen Platz mehr in einem gewaltfreien Pferdetraining. Die Methode des Pferdeflüsterns wäre überholt.

Außerdem wollte ich wissen, ob es notwendig war, ein Pferd im Kreis herum zu schicken, um die Geste des Leckens und Kauens hervorzurufen, und ob es mir dann besser folgte.

Ich machte also einige Tests mit anderen Pferden dazu, indem ich sie im Longierzirkel durch eine Fluchtdistanz von vierhundert bis sechshundert Metern schickte, so wie ich es bei Monty Roberts gelernt hatte, und beobachtete, wann genau es zu den Demutsgesten, also zum Lecken und Kauen sowie dem Absenken des Kopfes, kam.

Drittens wollte ich wissen, was genau die Gesten auslöste. Ich schickte alle möglichen und sehr unterschiedlichen Pferde im Kreis herum – langsame, schnelle, sensible, robuste –, während Mitarbeiter aus meinem Team genau notierten, wann welche Gesten sichtbar wurden. Vielleicht gab es Gesten, die dem Lecken und Kauen »vorgeschaltet« waren, sodass man es frühzeitig unterbinden konnte.

War das gewünschte Trainingsergebnis des Folgens zwangsläufig an die Demutsgesten gebunden, oder konnte ich es
auch anders hervorrufen? Lag hier vielleicht schon die Antwort auf meine Frage, warum die Lehrerfolge oftmals nicht
nachhaltig waren?

Durch die Testergebnisse geriet mein ganzes System ins
Wanken. Ich probierte, den festgelegten Ablauf des Pferdeflüsterns zu verändern. Dieser sah grundsätzlich folgendermaßen aus: Das Pferd in den Longierzirkel bringen, wenn es
nicht bei mir bleibt, als negative Konsequenz für dieses Verhalten von mir wegschicken, indem ich meine Schulter frontal auf das Pferd richte und ihm direkt in die Augen schaue,
und zwar so lange, bis es vier Gesten zeigt: Das innere Ohr
des Pferdes richtet sich auf mich, der Zirkel wird verklei-
nert, das Lecken und Kauen und Senken des Kopfes tritt ein.
Waren die Gesten komplett gezeigt, veränderte ich meine
Gestik: Ich wandte die Augen ab und stellte meine Schulter
seitlich zum Pferd anstatt frontal. Durch diese veränderte
Gestik lud ich das Pferd ein, zu mir zu kommen, anstatt weiter
wegzulaufen. Es schenkte mir sein Vertrauen – so jedenfalls
die Interpretation aus der Perspektive des Pferdeflüsterers.
Das Pferd war nun demütig und gefügig, ich konnte es trainieren.

Aber handelte es sich wirklich um Vertrauen, was hier aufgebaut wurde? Ich wurde unsicher. Wie definiert man überhaupt Vertrauen? Konnte es sein, dass wir beim Pferdeflüstern Worte und Definitionen menschlichen Verhaltens auf
das Pferd übertrugen? Konnten Pferde einem Menschen
überhaupt »vertrauen« und wenn ja, war dieses Vertrauen
messbar?

Meine wissenschaftliche Neugierde war geweckt.

Beim »Pferdeflüstern« liegt der Hauptfokus darauf, Zwangs-werkzeuge – also Peitschen, Sporen, Schlaufzügel, Nasen-bremsen etc. – durch Kommunikationskompetenz – also durch das Wegschicken des Pferdes im Longierzirkel – zu ersetzen. Das Ziel ist es, Konsequenzen für ein Verhalten des Pferdes anzuwenden, die es verstehen kann.

Diesen Ansatz wollte ich unbedingt weiterverfolgen, die Arbeit im Longierzirkel ist sehr effizient, weil man nah genug am Pferd ist. Das Pferd kann sich dennoch frei und unkon-trolliert bewegen, sodass es Gesten und Signale vermitteln kann, die ich als Trainerin aufnehmen und interpretieren kann. Aber die Sache mit dem Wegschicken und den Gesten war einfach noch nicht rund. Die Vermutung, dass messbarer Stress hervorgerufen wurde, verstärkte sich mehr und mehr. Funktionierte die Kommunikation beim Pferdeflüstern über-haupt? Nach dem Motto: »Ich suche nach Erklärungen für das Verhalten des Pferdes und interpretiere es nach bestem Wissen und Gewissen – allerdings immer aus der Sicht des Menschen.«

Vielleicht konnten wir noch weiter gehen in der Kommu-nikation mit Pferden. Vielleicht konnte man Schmerz aus dem Training von Pferden komplett heraushalten. Vielleicht konnte man Stress und Angst erfassen und reduzieren. Ich wollte versuchen, all das zu verändern. Aber wo anfangen und wo würde die Reise hingehen?

Die Geschichte von No-Name

No-Name war durch den Hilferuf des ersten Vorsitzenden einer Tierhilfe-Organisation zu mir gekommen. Der hatte mich angeschrieben:

»Vor ca. 4 Monaten wurde auf einer Weide bei Visselhövede ein Pferd entdeckt, das eine große Wunde am rechten Vorderlauf hat. Angeblich hat es sich bei einem Ausbruchversuch verletzt. Der Eigentümer unternahm nichts, um das Tier ärztlich versorgen zu lassen. Nicht nur weil er nicht wollte, sondern auch weil er das Pferd nicht annähernd anfassen konnte. Der Besitzer hatte eine Reihe von Pferdeprofis und Pferdeflüsterern um Hilfe gebeten, aber No-Name wurde mit jedem Versuch schlechter als besser. Es gab keine Chance das Pferd anzufassen oder als Mensch auch nur annähernd in seine Nähe zu kommen. Das eingeschaltete Veterinäramt hat nach Besichtigung eine Ordnungsverfügung erlassen. In der Folge wurden mehrere Versuche von Tierärzten gemacht, auch mit Betäubungsgewehr, um das Tier einzufangen oder zu behandeln. Alles ohne Erfolg, heute ist die Fluchtdistanz zwischen 40 und 60 Meter. D.h. alle Versuche dem Tier zu helfen sind fehlgeschlagen. Helfen Sie uns bitte.«

Ja, natürlich würde ich helfen! Das war ein Fall für mich, Andrea Kutsch, die Pferdeflüsterin. Eigentlich sollte No-Name ein schöner Ego-Trip werden und mich und den Erfolg meiner Methoden beeindruckend bestätigen. Aber es sollte anders kommen.

Ich fuhr also nach Visselhövede, einem kleinen Ort in Niedersachsen, um mir das arme Tier anzuschauen. Gemeinsam mit dem Kreisveterinär kam ich vor Ort an. Die Öffentlichkeit war mittlerweile auf das Tier aufmerksam geworden und setzte das Amt mehr und mehr unter Druck. Man solle nun endlich aktiv werden, etwas tun und diesem niedlichen, armen, misshandelten Pferd helfen.

No-Name stand auf einer abgegrasten Weide. Die Futtertröge waren dreckig, die Zäune kaputt. Regnete es, stand er knietief im Matsch. Niemand traute sich mehr auf diese Weide. Er hatte mehrere Menschen angegriffen, wenn Reparaturarbeiten vorgenommen werden sollten, und bekam als Futter Heu über den Zaun geworfen, damit er niemanden angriff. Er hatte keinen Unterstand als Schutz vor Sonne oder Regen. Wie sollte man etwas an diesen Zuständen ändern, es war lebensgefährlich, sich dem Tier zu nähern. Er war schnell wie der Blitz auf seinen Hufen unterwegs und wusste sich zu verteidigen. Er musste viele schlimme Erlebnisse gehabt haben und in seinen instinktiven Verteidigungsritualen lange Zeit erfolgreich gewesen sein. Er rief blitzschnell Abwehrmechanismen ab, die auch ich lange nicht an einem Pferd gesehen hatte: Er attackierte einen blitzschnell mit offenem Maul und angelegten Ohren, um zu beißen und zu schlagen. Er nutzte also seine natürlichen Waffen zur Verteidigung.

Eine professionelle Trainingsumgebung musste her: eine stabile Umzäunung, sicherer Boden sowie ein Dach über dem Kopf. Wir beschlossen, No-Name in die Andrea Kutsch Akademie zu bringen: Dafür musste er jedoch erst mal dazu gebracht werden, in einen Pferdeanhänger zu gehen. Das sollte eigentlich kein Problem sein, ich hatte in den zurückliegenden Jahren Tausende solcher Pferde verladen. Aber man konnte No-Name nicht anfassen, er geriet sofort in Panik, wenn man ihm die Fluchtmöglichkeiten abschnitt. Ich wusste, dass wir keine Chance haben würden, ihn einfach so in einen Zwei-Pferde-Anhänger zu bugsieren. Wenn er in Panik geriet, könnte er selbst einen solch breiten Anhänger ins Wanken bringen und mitten auf der Autobahn umschmeißen. Dies und womöglich noch traumatischere Erlebnisse wollte ich uns allen unbedingt ersparen.

Also holte ich mir ein professionelles Transportunternehmen hinzu. Sie haben große LKWs, die sicherer sind als ein bloßer Pferdeanhänger. In einem Anhänger konnte No-Name versuchen, die Türen aufzutreten, oder gar über die Laderampe versuchen herauszuspringen. Ich wollte das Verletzungsrisiko für das Pferd bestmöglich ausschließen.

Mit vereinten Kräften trieben wir No-Name auf den LKW, und mir zog es das Herz zusammen. Ich konnte 1:1 die Panik spüren, die das Pferd spürte. Wie schon so oft zuvor wünschte ich mir, irgendwann keine Problempferde mehr zu bekommen. Es musste doch eine Methode geben, mit der sich das Problemverhalten von Pferden ausschließen und vermeiden ließ! Dann würden Menschen keine Problempferde mehr produzieren und trainieren müssen, sondern ihnen im Training all das beibringen, was sie zum Leben brauchten und ohne Angst bewerkstelligen könnten.

Diese ganze Verladeaktion ging mir sehr nahe. Der arme No-Name musste wahrscheinlich Todesängste durchstehen und ich hielt mit ihm vor innerer Anspannung die Luft an. Ich versprach ihm innerlich, dass ich alles versuchen würde, um ihm seine Ängste zu nehmen, und dass dies hier sein letztes traumatisches Erlebnis sein sollte.

Dieser Pferdetransport war der größte psychische Stress – für alle Beteiligten, nicht nur für das Pferd.

Dass hier eine wahre Flut von Stresshormonen freigesetzt wurde, war mehr als offensichtlich. Als wir endlich ankamen, ließ ich den LKW vorsorglich direkt in die Reithalle fahren, sodass No-Name einen weichen und rutschfesten Untergrund vorfand, wenn er den LKW verließ. Zudem hatte ich vorsichtshalber, bevor wir die Türen öffneten, rund um die Verladerampe des LKWs einen Longierzirkel mit siebzehn Meter Durchmesser aus sicheren Gitterelementen gebaut, damit er nicht in Panik über die Reithallenbande springen konnte.

Und es kam, wie ich es geahnt hatte: Als wir endlich in der Reithalle ankamen und die LKW-Türen öffneten, raste No-Name schweißgebadet und mit zitternden Hufen über die Verladerampe in die Reithalle. Ein Wunder, dass er sich dabei nicht alle Beine brach.

Auch für No-Names Weg in den Stall und in seine große Box hatte ich einen Notfallplan entwickelt, denn ich war mir nicht sicher, ob ich ihn überhaupt würde anfassen können. Dafür hatten wir einen breiten Sicherheitsgang aus stabilen Gitterelementen gebaut, durch den er allein, ohne treibende Menschen und seinem Tempo entsprechend, in Richtung Stall gelangen konnte.

Als der kleine No-Name aus dem riesigen LKW sprang, war schnell klar: Er konnte großen Schaden an Menschen, aber auch an sich selbst anrichten. Er war zwar mit 1,45 Meter Stockmaß relativ klein, aber er war von Angst getrieben und hatte bereits gelernt, sich zu schützen. Ich war unfassbar traurig, als er da so im Longierzirkel stand. Ich ließ ihn erst mal zur Ruhe kommen. No-Name zeigte alle Anzeichen von Stress: Er atmete rasch, sein Puls raste, er nickte immer wieder leicht mit dem Kopf oder schlug ihn heftig im Kreis und hob und senkte die Hufe, tänzelte auf der Stelle und schwitzte stark. Selbst ein Laie konnte erkennen, dass dieses Pferd Stress empfand. Ich rührte mich nicht, sondern beobachtete ihn nur. Aufmerksam versuchte ich, Hinweise und Informationen dafür zu bekommen, was wohl in ihm vorging, in der Hoffnung, einen Weg zu ihm zu finden. Ich achtete einfach auf alles, was ich zu sehen bekam.

Ein Pferd in Panik berührt mich immer. Ich fühle förmlich selbst in meinem Körper die Angst, die das Pferd vor mir oder einer Sache, einem Reiz hat. Ein Pferd in Panik löst in mir einen automatischen Schutzmechanismus aus. Ich möchte ihm helfen, und ich möchte es vor weiterem Stress bewahren. Bei manchen Pferden mag es zwar immer noch besser sein, sie unter Einfluss eines akzeptablen Stresslevels zu trainieren, als sie einzuschläfern. Aber in mir wurde der Wunsch nach einer messbaren und noch sanfteren Trainingsmethode auf der Basis von wissenschaftlichen Ergebnissen immer stärker.

Mit No-Name im Longierzirkel

Der LKW war abgefahren und die neugierigen Zuschauer und beteiligten Personen waren verschwunden. No-Name und ich waren allein in der Reithalle. Er stand im Longierzirkel, ich außerhalb, und wir beobachteten uns gegenseitig. Sein Atem ging allmählich ruhiger, und auch ich bewegte mich nur wie in Zeitlupe, um ihn nicht erneut zu erschrecken. Es sind immer magische Momente, wenn ich das erste Mal mit einem Pferd in den Dialog trete, man sich kennenlernt und ich mich langsam herantaste an diese zarten Seelen in diesen großen Körpern, die in ihrer Sensibilität und Emotionalität so sehr unterschätzt werden.

Ganz langsam, mit meiner Longe in der Hand, betrat ich den Longierzirkel. Ich schaute No-Name nicht mal in die Augen, kam einfach langsam etwas näher. In Bruchteilen von Sekunden geriet er in Panik. Zunächst raste er im Kreis. Mein Plan war, dass ich vorging wie immer und wie ich es bei Monty Roberts gelernt hatte: Ich wollte das Pferd in eine arbeitsaufwendige Tätigkeit versetzen und es vorantreiben. Sobald es die ersten Demütigkeitsgesten wie das Verkleinern des Zirkels, das Lecken und Kauen und das Kopfsenken zeigte, wollte ich es verlangsamen, mich passiv abwenden und es als Belohnung zu mir einladen.

So war der Plan. Bis dahin hatte er bei Tausenden und Abertausenden von Pferden funktioniert. Aber bei No-Name war alles anders. Ich spürte, dass er in einer eigenen Welt gefangen war, und dass er nicht mal mehr in der Lage war, das wahrzunehmen, was ich machte. Er warf keinen einzigen Blick in meine Richtung, sondern hatte nur eine Devise: rennen. Ich hatte den Eindruck, als ob er sich lieber zu Tode rennen würde, als auch nur annähernd in Erwägung zu ziehen, mit mir ein Gespräch zu beginnen. Egal, ob ich ihn viel oder wenig vorantrieb, er zeigte keinerlei Demütigkeitsgesten. Selbst an ein ganz sanftes Auswerfen eines ganz kleinen Stückchens meiner Longe war nicht zu denken. Es schepperte nur jedes Mal ohrenbetäubend, wenn er mit seinen Hufen gegen die Gitterelemente des Zirkels schlug, und das versetzte ihn wiederum in noch größere Panik. Schon meine physische Präsenz in der Reithalle war für ihn offenbar ein solcher Stress, dass er meine Anwesenheit nicht ertrug und nur auf Flucht sann.

Ich verspürte einen Stich in meiner Brust: Ich sollte hier mit meinen Künsten ein Pferd vor dem Schlachthof retten. Aber war das wirklich eine Entschuldigung dafür, dass ich es zu seinem eigenen Wohl in eine Situation zwang, die es offensichtlich in Todesangst versetzte? Mit Menschen macht man das ja auch nicht, oder? Wenn jemand Angst vor Schlangen hat und seinen Stress und seine Angst nicht mehr unter Kontrolle hat, dann sperren wir ihn ja auch nicht in eine Box mit zehn Schlangen und sagen: »Solange du in Schweiß ausbrichst, kämpfst und Todesangst hast, bleibt der Deckel zu, und wenn du endlich gelernt hast ruhig zu sein, mache ich ihn auf. Du wirst sehen, dann ist deine Schlangenphobie verschwunden.« Das mag nach wissenschaftlichen Gesichtspunkten funktionieren. Aber wenn das Angstniveau zu hoch ist und Stresshormone den Körper durchfluten, ist Lernen unmöglich.

Ich beschloss, nicht weiterzumachen, sondern verließ den Longierzirkel und setzte mich vielleicht zehn Meter entfernt auf einen Stuhl. Er war nun zwar mit seinem Verhalten dem Reiz »Mensch« erfolgreich entkommen, das machte es aus Trainingssicht nicht besser, aber das war mir in dem Moment egal.

Als er sich vor mir sicher fühlte und die Individualdistanz groß genug war, kam No-Name sofort zur Ruhe: Er verlangsamte und ließ mich von nun an nicht mehr aus den Augen. Selbst wenn ich nur meinen Arm bewegte, um mich an die Nase zu fassen, erschrak er auf allen vieren, das heißt, er sprang mit allen vier Hufen vor Angst gleichzeitig in die Luft.

Bewegte ich mich, erschrak No-Name so sehr, dass auch ich mich mit erschrak. Ich beschloss, es für heute gut sein zu lassen. Als er sich einigermaßen beruhigt hatte, ließ ich ihn frei durch den Sicherheitsgang in eine große vorbereitete Box laufen, wo er, umringt von anderen Pferden, sich an seine neue Bleibe gewöhnen konnte.

So kam ich keinen Schritt weiter. Nichts, was ich gelernt und bisher mit großem Erfolg angewendet hatte, würde bei No-Name funktionieren, das spürte ich. Ich musste nachdenken und einen Weg finden.

Die ganze Nacht lag ich wach und begann in den folgenden Tagen, immer intensiver Studien zu lesen, die mir im Laufe der letzten Monate von interessierten Wissenschaftlern zu den Demütigkeitsgesten und der Kommunikation im Longierzirkel zugeschickt worden waren. Außerdem las ich Literatur zum Verhalten und der Neurobiologie von Tieren, während ich tagsüber mit anderen Pferden arbeitete, die bei mir im Training waren, und Kurse gab.

Ich studierte erneut das Instinktmodell nach Konrad Lorenz und die Lehre von dem niederländischen Zoologen und Ethologen Nikolaas Tinbergen, der sich mit Schlüsselreizen befasste und bereits vor vielen Jahren Feldstudien betrieben hatte zum Verhalten von Tieren, und hoffte, auf diese Weise Ideen zu sammeln, die ich eventuell auf Pferde wie No-Name übertragen konnte.

Das Treiben im Kreis und das Erzeugen von Demütigkeitsgesten, wie es das damalige Textbuch der Pferdeflüsterer vorschrieb, erschien mir bei diesem angsterfüllten Pferd abwegig, da er ja gar nicht erst in der Lage war, sich vertrauensvoll in dieses Spiel fallen zu lassen. In das Spiel der Kommunikation mit mir. Geschweige denn in das Training, das vor uns lag. Er muss ja noch so viel lernen. Anfassen, ein Halfter tragen, vielleicht eines Tages einen Sattel tragen und durch die Welt geritten werden. All das lag vor ihm. Aber jedes Geräusch versetzte ihn in Angst und Schrecken, und die Gegenwart eines Menschen war für ihn das Allerschlimmste.

Ich beschloss, das Treiben im Kreis im Fall von No-Name nicht weiter auszuprobieren. Ich spürte, dass es noch etwas zu entdecken gab.

Wir beobachten uns gegenseitig

Damals hatten wir begonnen, mit Belohnung und Bestrafung das Training zu gestalten: Tust du, was ich will, belohne ich dich, tust du es nicht, schicke ich dich weg, und das ohne Peitsche und ohne Futter, sondern mit dem Gedanken: Ich bin dein Leittier. Als erster Ansatz war das gut, doch jetzt, Auge in Auge mit No-Name, fragte ich mich, ob das Ganze nicht eher einer menschlichen Perspektive entsprang? Wer konnte denn überprüfen, ob das Pferd das aus seiner Perspektive genauso sah, wie es gedacht war? Denn dann müsste die Methode ja immer und bei allen Pferden funktionieren. Wie definiert ein Pferd überhaupt die Rolle eines »Anführers«? Entspricht das überhaupt der Denkkapazität eines Pferdes? Kann ein Pferd sich die Funktion eines »Anführers in Gestalt eines Menschen« überhaupt vorstellen?

No-Name versetzte ja zudem das Treiben in Panik, auch wenn er zuvor ganz ruhig im Longierzirkel stand. Die Konsequenz, die ich ihm gegenüber anwandte, versetzte ihn also in Unruhe, statt ihn zur Ruhe zu bringen oder gar dazu, zu mir zu kommen und sich von mir anfassen zu lassen. Damit erreichte ich ihn also nicht, obwohl das Wegschicken bei den meisten Pferden funktionierte. Doch womit erreichte ich ihn dann?

Darauf würde mir kein Mensch, kein Fachmann eine Antwort geben können. Nur einer wusste die Antwort: No-Name selbst. Ich musste mich auf eine Reise begeben, bei der er als mein Führer fungieren würde. Mein Plan war, dass ich ihn mit Dingen und Situationen konfrontieren würde, die er jetzt fürchtete, also zum Beispiel ein Halfter, eine Bürste, ein Eimer, der irgendwo herumstand – eben alles, was mir so einfiel mit meinem Menschengehirn, und beobachten, wie er reagieren würde.

Langsam, Schritt für Schritt, bewegten No-Name und ich uns in den nächsten acht Tagen aufeinander zu. Manchmal kamen wir nur millimeterweise voran, manchmal gab es Rückschritte, manchmal ging es auch ein paar Zentimeter nach vorn.

Immerhin konnte ich ihn über die Gewohnheit, also das stetige Wiederholen von Abläufen, einigermaßen rasch dazu bringen, dass er ruhig aus der Box in den Longierzirkel ging. Ich konnte ihn auch darauf konditionieren, dass ich mich mit ihm im Longierzirkel befand. Das konnte ich daran erkennen, dass er immer ruhiger wurde. Er stand nun nicht mehr zitternd und schwitzend da, sondern begann willig und ruhig im Longierzirkel zu stehen, am Sand zu schnuppern oder mich ruhig zu beobachten, ohne Stresssymptome zu zeigen. Aber eine Restspannung lag selbst dabei immer noch in der Luft. Ich musste sekündlich damit rechnen, dass er in Panik verfiel und losrannte.

Wir beobachteten uns gegenseitig und nahmen gegenseitig Einfluss auf unsere Bewegungen. Dabei wurde mir immer bewusster, dass buchstäblich jede meiner Gesten zählte. Mein Handeln und das, was No-Name daraus übersetzte, hatte ganz offenbar nichts mit dem eigentlichen Wegschicken des Pferdes zu tun, um beispielsweise ein Lecken und Kauen in ihm zu erzeugen.

Eine Beobachtung ließ mich stutzig werden: Wenn ich in den Longierzirkel trat und Pferdeäpfel herausholte, klemmte sich No-Name ans andere Ende des Zirkels und warf dabei fast das Gitter um, um die größtmögliche Entfernung zwischen ihn und mich zu legen. In dem Moment, in dem ich den Longierzirkel wieder verließ, begann er mit dem Lecken und Kauen. Diese beiden Gesten mussten also mit dem vorangegangen Druck zu tun haben und nicht, wie wir bisher angenommen hatten, mit dem Wegschicken, wie ich es immer angenommen und praktiziert hatte. Auch beobachtete ich ein leichtes Absenken des Kopfes, wenn ich einfach nur dastand und mein Gewicht von einem Fuß auf den anderen, zu ihm hin oder von ihm weg, verlagerte. Dieses leichte Absenken des Kopfes schien wie eine »Vor-Geste« zum Senken des Kopfes oder dem Lecken und Kauen zu sein.

Noch etwas war hochinteressant: Es machte einen Unterschied, ob ich mein Gewicht minimal in seine Richtung verlagerte oder von ihm weg. Schon solch eine winzige Bewegung rief verschiedene Gesten in ihm hervor: Er begann zu lecken und zu kauen, senkte den Kopf und gähnte anschließend. Er zeigte also mit dem Gähnen eine Geste, der ich vorher nicht viel Beachtung geschenkt hatte. Aber da es nun wiederholt auftrat, musste das im Zusammenhang stehen. Ich dachte immer, das Pferd hat viel gearbeitet und nun ist es eben müde. Aber da gab es eindeutig einen Zusammenhang. Ich hatte ein ähnliches Verhalten früher schon bei Feldstudien an wildlebenden Mustangs in Kalifornien erlebt. Aber mit unseren gezüchteten Haustieren in Deutschland konnte man ja meistens direkt in einer Reithalle oder einem Longierzirkel mit der Kommunikation, Ausbildung oder der Arbeit beginnen. Außer eben mit Problempferden, die machten zu und brauchten eine ganz andere Annäherung. Da gab es noch keine verlässliche Methode und vor allem wurden Probleme eindeutig von Menschenhand produziert, was ich verändern wollte. Eine Methode muss immer, bei jedem Vertreter dieser Art oder Spezies funktionieren und Problemverhalten und Missverständnisse vermeiden. Das war das Ziel.

Ich hatte plötzlich das Gefühl, dass nicht ausreichend zwischen »Kommunikation« und »Konditionierung« im Umgang und bei der Ausbildung von Pferden unterschieden wird. Wann beginnt und endet Kommunikation und wann beginnt und endet Konditionierung? Wann also rufe ich eine lang anhaltende Verhaltensänderung hervor und wann führe ich einen Dialog mit dem Pferd?

Antworten auf all diese grundlegenden Fragen musste ich in No-Name selbst suchen und ich wusste, dass er sie mir geben würde.

Ein neuer Dialog

Zwischen No-Name und mir entstand nun ein vollkommen neuer Dialog. Es war mir bereits des Öfteren passiert, dass ich es schlecht aushalten konnte, wenn ich ein traumatisiertes Pferd von mir wegschickte und anschließend damit belohnt wurde, dass das Pferd mir folgte, denn nicht selten konnte ich Stresssymptome beim Pferd erkennen. Es durfte doch nicht sein, dass das Pferd Stress empfand! Natürlich hatte der Stress auch mit der Vorgeschichte des Pferdes zu tun, und ich wünschte mir oft, ich könnte ihn vermeiden.

No-Name wegzuschicken fühlte sich nicht gut und einfach nicht richtig an, abgesehen davon hatte es ja keinen Erfolg bei ihm. Mit einem einzigen Augenaufschlag konnte ich sofort den Fluchtinstinkt auslösen. Er tat mir entsetzlich leid. Er war so schreckhaft und konnte es fast nirgends aushalten. Was musste er wohl alles erlebt haben, dass er so wenig Vertrauen zu Menschen hatte?

Mir war klar: Wenn ich irgendetwas bei diesem Tier erreichen wollte, wenn ich wollte, dass es ohne Angst von mir lernte, wenn ich wollte, dass es mit mir in einen Dialog eintrat, dann musste ich zuallererst sein Vertrauen gewinnen. Aber wie?

Zunächst versuchte ich, ihn an den Longierzirkel und die Umgebung zu gewöhnen, und tatsächlich, nach und nach lernte er, ruhig in der Box zu stehen, das Umfeld anzunehmen und auch in der Reithalle ruhig zu stehen. Aber das reichte natürlich nicht. Und um weiterzukommen, würden meine gewohnten Methoden nicht funktionieren. Ich benötigte also ein anderes Belohnungs- und Bestrafungssystem als das, das ich sonst anwendete. Es musste vor allem etwas sein, das er annehmen konnte, ohne dass ich ihm Angst bereitete.

Ich spürte, dass ich auf dem richtigen Weg war, aber ich konnte das, wonach ich suchte, nicht greifen. Für das, was ich erreichen wollte – einen echten gewaltfreien Dialog zwischen Tier und Mensch – reichte das Pferdeflüstern nicht aus. Da ich selbst an meine Grenzen kam, fragte ich andere Experten um deren Meinung. Ich wollte wissen, ob man ein Pferd in seinem Herzen erreichen könnte und ob das messbar war? Das konnte mir kein Pferdefachmann beantworten, dafür brauchte ich die Wissenschaft. Ich musste messen, wann bei einem Problempferd Angst und Stress involviert waren. Denn das musste das Maß für den Informationsaustausch zwischen Pferd und Mensch sein.

No-Name hielt mich gut in Schach. Die kleinsten Einheiten arteten bei der kleinsten Unachtsamkeit sofort in sichtbaren Stress für ihn aus. Er schwitzte schnell und viel, es reichte schon, wenn jemand die Stalltür lauter zufallen ließ als gewöhnlich. Ich konnte seinen emotionalen Schmerz förmlich spüren, wenn seine Pulsrate nach oben schnellte.

Auf keinen Fall wollte ich mehr Druck auf No-Name ausüben als eben nötig. Alles Neue, das ich ihm beibringen musste, um ihn sicherer zu machen, sodass normale Menschen ihn handhaben können, war eine riesige Herausforderung. Er empfand jede Annäherung als Druck und das Entfernen des Druckes, sei es eine Hand, die sich näherte, ein Halfter, das da hing, oder Reize, die ihm Angst bereiteten, als unangenehm. Es trat sofort sichtbare Erleichterung ein, wenn sich der Druck entfernte. Das konnte ich an seinen Gesten ablesen.

Eines Abends riss mir jedoch der Geduldsfaden. Wieder war ich keinen Schritt weitergekommen. Es war, als würde er mit mir Katz und Maus spielen. Ich näherte mich ihm ganz langsam, wie etliche Male in den letzten Tagen, und er raste weg von mir. Ich fühlte mich hilflos. War das Pferdeflüstern doch der richtige Weg? Sollte ich ihn zwangsbeglücken und ihm alle Fluchtmöglichkeiten nehmen? Mir schossen bei dem bloßen Gedanken die Tränen in die Augen, aber ich musste weiterkommen. Ich ging also wieder in meine alte Heimat des Pferdeflüsterns zurück und beschloss, ganz klassisch vorzugehen, ihn im Kreis herum zu schicken, die Gesten zu holen und, wenn er nicht kam, die Gitterelemente ganz eng zusammenzuschieben, bis ich ihn berühren konnte. Das funktionierte in der Regel gut, und danach war das Eis meist gebrochen. Einmal Augen zu und durch. Ich wollte von ganzem Herzen bei ihm wissenschaftlich vorgehen und sein Stresslevel messen, bevor ich Zwangsmethoden anwendete oder ihn weiter im Kreis herum schickte, bis er irgendwann aufgab. Aber das konnte ich, solange ich ihn nicht anfassen konnte, alles vergessen: Für die exakten Messungen brauchte ich eine Speichelprobe, musste mit dem Stethoskop seinen Herzschlag abhören oder ihm ein Pulsmessgerät anlegen, und ich musste ihm Blut abnehmen. All das konnte ich jedoch vergessen, solange er nicht zuließ, dass ich ihn berührte.

Um auch nur einen kleinen Schritt mit ihm weiterzukommen, musste ich alle Register ziehen. Und dazu zählt in jedem Fall immer die Option, Fluchtmöglichkeiten zu minimieren, wenn sich das Pferd freiwillig nicht anfassen lässt oder es sich nicht freiwillig in meine Richtung bewegt, auf mich zugeht und seine Angst vor mir verliert. Ich beschloss, es mit dem Einengen zu versuchen. No-Name tobte. Er versuchte auszubrechen, stieg, bäumte sich auf, schlug gegen die Gitter, dass es nur so schepperte. Mir stockte der Atem, ich war nahe daran zu verzweifeln. No-Name war von schweißigem Schaum bedeckt. No-Name hatte keine Wahl, als sich mir zu unterwerfen. Ich fühlte, wie er sich mehr und mehr in sich verkroch, anstatt sich mir zu öffnen. Er konnte ja jetzt, wo der Kreis um ihn immer enger wurde, nicht weg. Seine Fluchtmöglichkeiten waren auf null reduziert. Die Alternative war Kampf oder Aufgeben.

Ich traute mich kaum zu atmen. Was ich mit all meinem Wissen diesem Pferd antat, fühlte sich plötzlich ganz massiv falsch an. Das war kein gewaltfreier Umgang mit Pferden. Es war wie damals, als ich ein junges Mädchen war: Ich konnte den Schmerz der Pferde körperlich spüren, wenn wir Sportreiter die Pferdeflanke mit der Peitsche antickten oder den Tieren solch scharfe Gebisse anlegten, dass die Mäuler bluteten.

Ist Pferdeflüstern wirklich gewaltfrei?

Ich brach ab, bevor ich No-Name berührte. Dieses Pferd sollte mein eigenes Schlüsselerlebnis werden. Ich wollte alles, was ich gelernt hatte, noch einmal auf den Kopf stellen und sorgfältig hinterfragen.

Ich wollte eine neue Trainingsmethode entwickeln, die schnell, effektiv, wirtschaftlich vertretbar und nachweislich stressfrei für das Pferd war. Neutrales, fundiertes Wissen war gefordert. Wir brauchten Fakten. Mir war klar, dass die bisherigen Methoden, auch die angeblich gewaltfreien, bei den Pferden Stress verursachten, aber ich konnte nicht nachweisen, welcher Weg der bessere war. Beweise mussten her, auch für mich selbst. Ich wollte etwas in der Hand haben, das ich sowohl traditionell ausgerichteten Pferdeleuten als auch Tiermedizinern unter die Nase halten und dabei sagen konnte: »Schau mal: Hier machst du dem Pferd Stress, aber wenn du es so machst, dann nicht. Erfolgreicher und besser für dich und das Pferd.«

No-Name zeigte mir deutlich, dass es so vieles in der Kommunikation zwischen Pferd und Mensch gibt, was wir nicht wissen. Während ich wie so oft in den letzten Tagen in der Halle stand und ihn beobachtete, fiel mir eine Szene ein, die ich bei einem Seminar in den USA beobachtet hatte: Ein »Pferdeflüsterer«, der fest davon überzeugt war, dass er gewaltfrei mit Pferden arbeitete, sollte einen bisher nie gerittenen Mustang an einen Reiter gewöhnen. Das Pferd war jedoch so wild, dass sich nicht einmal ein geschulter Rodeo-Cowboy länger als zwei Sekunden auf seinem Rücken halten konnte. Also schnallte der Pferdeflüsterer mit vielen Tricks dem armen Mustang eine Puppe auf dem Rücken fest. Der Mustang geriet derart in Panik, dass er schier einen Herzinfarkt bekam. Und selbst nach drei Tagen Aufenthalt im Longierzirkel hatte er noch immer solche Angst vor der Puppe, dass er wie verrückt im Kreis rannte und weder aß noch trank. Dennoch beschloss der verantwortliche Pferdeflüsterer, die Puppe so lange drauf zu lassen, bis das Pferd sich daran gewöhnt hatte. Er argumentierte, dass es sich hier um eine »negative Verstärkung« handele. Das Pferd habe ja eine Wahl: Entweder beruhigte es sich, dann würde man die Puppe entfernen, oder es rannte weiter, dann blieb die Puppe eben drauf.

Während ich diese Szene Revue passieren ließ und gleichzeitig No-Name im Auge behielt, fragte ich mich, ob mir der psychische Druck, der damals auf den Mustang ausgeübt wurde, nicht aufgefallen war. Doch, er war mir durchaus aufgefallen, aber ich hatte damals nicht die geringste Ahnung, welch katastrophale Stresswerte das Pferd entwickelt, wenn der Mensch es zu Dingen zwingt, die ihm zutiefst widerstreben oder vor denen es Angst hat. Mir lagen zwar keine Beweise vor, aber es konnte doch nicht sein, dass das zum Besten des Tieres war. Womöglich schadeten wir Menschen ihnen damit enorm. Das aber durfte unter keinen Umständen sein. Es musste doch andere Methoden geben.

Sprich zu mir, No-Name!

Also beschloss ich, alles, was ich gelernt hatte, über Bord zu werfen und mich No-Name zu nähern, als sei er ein weißes Blatt Papier, als hätte ich keinerlei Informationen über ihn. Ich wollte mich angstfrei, mit freiem Geist auf das Neue einlassen. No-Name sollte direkt zu mir sprechen und mir vermitteln, was ich tun sollte, damit es ihm möglich wurde, sich von mir anfassen zu lassen.

Jeden Abend, wenn alle meine Mitarbeiter, Schüler, Studierende oder Seminarteilnehmer weg waren, schlich ich mich von nun an allein in den Stall. No-Name empfand Druck, wenn ich mich ihm körperlich näherte, er wurde nervös und spannte sich körperlich an. Ich war Druck, der Stress in ihm auslöste. Ich versuchte also, so wenig Druck wie möglich auf ihn auszuüben und mich ihm körperlich nur so weit anzunähern, dass er es gerade so aushalten konnte. In Zeitlupe, denn mir durfte kein Atemzug entgehen. Mehr als einmal stand ich im Mondschein neben ihm in seiner Box und weinte Elefantentränen, weil ich das Gefühl hatte, dass wir keinen Millimeter weiterkamen. Und das, obwohl ich nun bereits vier Wochen mit ihm arbeitete und so viele verschiedene Dinge ausprobiert hatte. Noch immer konnte ich ihn nicht anfassen. Ich war verzweifelt. Ich las, forschte online und suchte mir kompetente Diskussionspartner vor allem aus der Ethologie, der Psychologie, der Pädagogik, der Tierforschung und diskutierte die Verursachung von Blockaden und welche Trainings und Coachings sinnstiftend und förderlich sind. Ich kontaktierte in einem Zeitraum von zwei weiteren Wochen nahezu jeden wissenschaftlich denkenden Experten, der mir einfiel und der sich mit Pferden, deren Gehirn und Verhalten beschäftigte. Vielleicht musste ich das Rad nicht neu erfinden, es nur in einen neuen, anderen sinnvollen Zusammenhang bringen.

Zugegeben – es fiel mir anfangs nicht leicht zu akzeptieren, dass ich bei diesem Pferd mit meinem bisherigen Latein ganz offensichtlich am Ende war. Aber No-Name hatte mich tief im Herzen erreicht, für ihn wollte ich meinen bisherigen Weg verlassen.

Gesten übersetzen, Dialog herstellen

Ich wollte versuchen, ihm ausreichend Raum zum Weichen zu geben, und wollte möglichst viele unkontrollierte Reaktionen wie zum Beispiel Wegweichen, wenn ich mich näherte, und Scheuen oder Luftanhalten und eine hohe Pulsrate, die ich an seiner Flanke ablesen konnte, vermeiden.

Ich ging dazu über, ihm so wenig Druck wie eben möglich zu machen, zum Beispiel genau zu beobachten, bis zu welchem Punkt ich mich mit meiner Hand oder meinen Füßen nähern konnte und sie dann genau an diesem Ort zu belassen, wenn er ein wenig schneller atmete. Entspannte er sich und atmete aus, nahm ich die Hand weg, damit er die Information verarbeiten konnte, dass er es zugelassen hatte, meine Hand bis dahin vorkommen zu lassen und sie sich wieder entfernte, wenn er Anspannung und dann auch Entspannung zeigte.

Jede noch so kleine körperliche Antwort des Pferdes

auf Reize, also zum Beispiel die sich nähernde Hand, die ich ihm präsentierte, versuchte ich zu registrieren und später zu interpretieren. Ich beobachtete genau, wenn sich irgendetwas bei ihm körperlich veränderte. Das konnten schon Kleinigkeiten sein wie ein Atemzug, der sich infolge eines Reizes veränderte.

Ich erarbeitete einen regelrechten Bewegungskatalog. Darin notierte ich jede körperliche Reaktion des Pferdes auf meine Reize von außen. Schob ich meine Hand etwa auf zwei Meter Entfernung in Richtung seines Kopfes, verlagerte er sein Körpergewicht auf das von mir abgewandte Vorderbein. Missachtete ich diese Geste und kam einfach näher, riskierte ich, dass er einen Schritt zur Seite machte – und musste wieder von vorn anfangen. Blieb ich unterhalb der Zweimetergrenze, veränderte sich nichts, ich kam aber auch nicht meinem Ziel näher. Ich versuchte, immer genau unterhalb des Punktes zu bleiben, an dem sich No-Name entschied, sich von mir wegzubewegen. Denn diese Reaktion kommt ja einem ausgelösten Fluchtinstinkt gleich. Die Notizen in meinem Bewegungskatalog sahen dann in etwa so aus:

– potenzielle Reaktionen auf einen angsteinflößenden Reiz von außen → Kopf stellt sich seitlich, Augen fokussieren den Reiz, Gewicht wird verlagert, Fluchtinstinkt wird ausgelöst.

Ich notierte die Reihenfolge. So wusste ich irgendwann genau, ab welcher Geste ich nicht mehr Druck ausüben durfte. Denn nach nur wenigen Wiederholungen wusste ich, dass ich dann jedes Mal wieder von vorn anfangen konnte.

Alle Fluchtreaktionen und Andeutungen des Pferdes zur Flucht, die ich beobachten konnte, ordnete ich gemäß der klassischen und modernen Instinktlehre ein:

Ich notierte sämtliche potenziellen Instinktverhalten des Pferdes wie Fluchtinstinkt, Überlebensinstinkt, Sexualverhalten, der Umgang mit Druck und Energieaufwendung etc. und jede Geste, die keinem Instinkt zuzuordnen war, wie zum Beispiel das Schlagen oder Kreiseln des Kopfes, Fußbewegungen oder Gewichtsverlagerungen, Anspannungen der Nasengegend, des Schweifes oder auch der Maul- und Augenpartie, Ohrenbewegungen und vieles mehr. Ich versuchte, immer feiner zu werden und No-Name immer schneller zu lesen, seine Reaktionen schon im Ansatz zu erkennen. Schon die erste leichte Kopfbewegung richtig zu deuten, die erste Gewichtsverlagerung, die erste Veränderung des Ausdrucks. All diese winzigen Zeichen, die ich lernte, als Vorboten der eigentlichen Reaktion einzuordnen und wichtig zu nehmen. Sie waren der eigentliche Schlüssel unserer Kommunikation! Ich wurde schnell so gut darin, No-Name in dieser Weise zu »lesen«, dass von außen gar nicht mehr sichtbar war, dass wir in Verbindung standen. Ich war der Reiz, er zeigte die Reaktion, aber ich kam immer mehr dahin zu sehen, was er denkt, anstatt auf viel körperliche Ausdrucksgestik angewiesen zu sein. Und tatsächlich: Nach und nach gelang es mir, anhand kleiner Zeichen zu erkennen, wie er in Kürze reagieren würde. Ich fand zum Beispiel lesbare Voranzeichen wie eine angespannte und immer fester werdende Nüster, was aussah wie ein Rümpfen einer Nase, noch bevor das Lecken und Kauen begann, und notierte die Reize, die dazu geführt hatten, zum Beispiel meine Gewichtsverlagerung in seine Richtung. Es war, als würde ich eine neue Sprache lernen, die nur aus winzigen Gesten bestand und für die ich keinen Übersetzer hatte. Mein Ziel war es, die Millisekunden zu erkennen, die von Bedeutung waren, bevor eine Geste sichtbar wurde, und festzustellen, wie lange es brauchte, bis das Pferd ein verändertes Verhalten aufzeigte oder andeutete.

Ich notierte jede Bewegung. Ich notierte, ob sie allein auftrat oder in Zusammenhang mit einer weiteren Bewegung. Kippte No-Name nur das Ohr in meine Richtung ab oder atmete er gleichzeitig aus? Oder kippte er gleichzeitig jedes Mal – oder nur manchmal – den Huf nach vorn? Wenn etwas mehrfach auftrat, notierte ich die Verbindung. Ich beobachtete, dass bestimmte Schweifbewegungen in Zusammenhang mit einem Nasenrümpfen und einer Kopfbewegung standen, und konnte schließlich alles Stück für Stück zu einer Form der Kommunikation oder besser einem Informationsaustausch zwischen uns zusammenfassen. Mein Bewegungskatalog, mein Vokabelheft der Gesten, füllte sich jeden Tag mehr.

Beobachtung ohne Bewertung spielte dabei eine große Rolle, es kann sonst leicht zu Missverständnissen kommen. Deshalb verzichtete ich auf jegliche Interpretation und versuchte, so neutral wie möglich zu erfassen, was wirklich geschah und was ich wirklich sah, ohne dem, was ich sah, eine bestimmte Bedeutung zuzuschreiben: »Er kippte den Huf, senkte den Kopf, als sich meine Hand 50 Zentimeter näherte« oder: »Als ich die Hand entfernte, hob sich der Kopf, und er leckte und kaute« oder: »Wenn ich die Hand im Druck 50 Zentimeter von seinem Kopf entfernt für 2 Sekunden in einer bestimmten Entfernung zu seinem Kopf hielt, machte er vorne rechts einen Schritt weg von mir.«

Mein Plan war einerseits, bei No-Name erfolgreich zum Ziel zu kommen, aber der Gedanke, genügend Informationen zu sammeln, um diese später an Hunderten anderer Pferde zu testen, zu überprüfen und zu erweitern, hatte längst in meinen Gedanken Fuß gefasst. Ich arbeitete am Fundament.

Das Ergebnis war magisch. Nach etwas Übung konnte ich an feinsten Muskelbewegungen erkennen, wann er beispielsweise sein Gewicht verlagern würde, um sich von mir wegzubewegen. Sobald er eine solche Reaktion zeigte, hielt ich in meiner Bewegung inne und blieb in meiner letzten Position. Nur nicht näherkommen, kaum atmen.

Auch No-Name hielt die Luft an, ich beobachtete ganz genau, wie tief er ein- und ausatmete und auch, wann er sein Zwerchfell anspannte. Und das Zwerchfell ist der wichtigste Atemmuskel und man kann seine Kontraktion gut von außen sehen. Wenn ich ein winziges Zeichen von Muskelentspannung erkennen konnte, ließ auch ich ein wenig nach, atmete tief aus oder verlagerte mein Gewicht sanft und nahezu unmerklich auf mein vom Pferd abgewandtes Bein. Und da war es wieder: Auch No-Name entspannte sich.

Ich konnte also einen von außen unsichtbaren Dialog herstellen, einen Informationsaustausch ohne Worte und ohne große körperliche Bewegungen. Wenn ich genau unterhalb des Punktes blieb, an dem No-Name begann, sich von mir wegzubewegen, konnte ich das Lecken und Kauen auslösen oder auch dafür sorgen, dass es nicht auftrat. Ich konnte auch genau den Reiz bestimmen, auf den er eine bestimmte Geste zeigte. Für mich entscheidend war, dass ich dadurch ziemlich genau sein persönliches Drucklevel ablesen konnte. Das war schon mal ein guter Fortschritt und fühlte sich zauberhaft an, denn alles ging extrem ruhig vor sich.

Von der Beobachtung zur Wissenschaft, vom Wort zum Bild

Als Nächstes übertrug ich die neuen Druckantworten, die ich von No-Name erhielt, auf andere Pferde, die ich im Training hatte. Zu dem Zeitpunkt befanden sich achtzig junge Hengste in meinem Trainingsstall in Bad Saarow. Ich überprüfte nun bei diesen Pferden, was es brauchte, um Gesten hervorzuholen. Gesten, die Voranzeichen waren für das Lecken und Kauen, oder für das Senken des Kopfes. Ich überprüfte, ob mein Bewegungskatalog von No-Name auf andere Pferde übertragbar war. Es war wichtig herauszufinden, ob jedes Pferd die gleichen Druckantworten, die ich mir bei der Arbeit mit No-Name notiert hatte, zeigen würde. Jedes Pferd hat ein anderes Druckniveau. Der Reiz, also zum Beispiel meiner sich annähernden Hand bei No-Name oder bei einem anderen Pferd das unbekannte Halfter, der Sattel, musste also nicht von mir, sondern vom Pferd bestimmt werden. Ob der Reiz eine Erregung, Empfindung oder Reaktion im Pferd auslöst, hängt davon ab, ob er einen Schwellenwert (Reizschwelle) überschreitet. Zeige ich dem Pferd ein Halfter, das es nicht kennt, also noch nicht als gefährlich oder ungefährlich einordnen kann, wird es auf dieses Halfter eine Reaktion zeigen. Kennt es das Halfter und hat es als unbedenklich abgespeichert, wird es keine Reaktion mehr zeigen. Ob das Pferd also für einen Reiz (Halfter, Hand, Sattel, alles was ihm unbekannt ist und Furcht auslöst) empfindlich ist, testete ich nun, um danach zu schauen, ob die Verhaltensantworten, also Reaktionen, die No-Name auf meine Hand gezeigt hatte, auch so von den anderen Pferden gegeben wurden.

Die logische Folgefrage war nun: Gibt es messbare Parameter, die mir aufzeigen, wann im Pferd Stress entsteht? Und damit meine ich nicht sichtbaren Stress eines schwitzenden, aufgeregten Pferdes, sondern den Stress, den nur ein äußerst aufmerksamer Zuschauer wahrnimmt. Bei einem Menschen zum Beispiel kann es das nervöse Wippen des Fußes oder das Abknabbern des Fingernagels sein. Bei Pferden bedeuten zum Beispiel das Lecken und Kauen, das Kopfsenken, Kopfwippen oder Kopfschlagen nichts anderes als Stress oder Druck. Anhand des von mir erstellten Bewegungskataloges fertigte ich nun gemeinsam mit einem Zeichner Bildtafeln an (Abb. 48 f.).

Nehmen wir das Beispiel des Leckens und Kauens. Ich hatte die Vermutung, dass das Lecken und Kauen des Pferdes das Resultat einer stressvollen Auseinandersetzung war, und somit in Training und Ausbildung des Pferdes ernst genommen und möglichst vermieden werden sollte. Im ersten Schritt beobachtete ich also, wann das Lecken und Kauen auftrat. Ich kontrollierte das gesamte Umfeld jedesmal, wenn die Geste auftrat: Was habe ich getan? Wie war das Umfeld? Kleinste Details konnten wichtig sein. Wir erstellten in Kooperation mit Verhaltensforschern, wie zum Beispiel Zoologen von der Colorado State University in den USA, Ethogramme, Schautafeln, die die kleinsten Gesten, Haltungen, Bewegungen zeigten. Mit ihrer Hilfe brachten wir Beobachtetes in die Bildform. Die Ethogramme füllten in kürzester Zeit mehrere Ordner.

Damit schufen wir die Grundlage für alle Beteiligten, Beobachter, Mitschreiber und involvierte Assistenten und Tierärzte, die dem Pferd Blut- oder Speichelproben entnehmen sollten. Sie wussten dank dieser Tafeln ge-

Biss- und
Beißandrohung

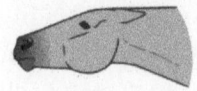 

Treiben oder Trennen
von Pferden

 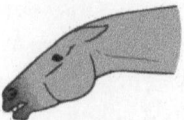

Energische Annäherung
von Hengsten

Aggression im Kampf-
geschehen unter Pfer-
den und auch Bocken
unter dem Reiter

Ausschlagen oder
Ausschlag-Androhung

Vorderfuß Ausschla-
gen, Steigen, auch
Angstantwort von kopf-
scheuen Pferden

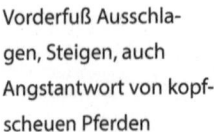  

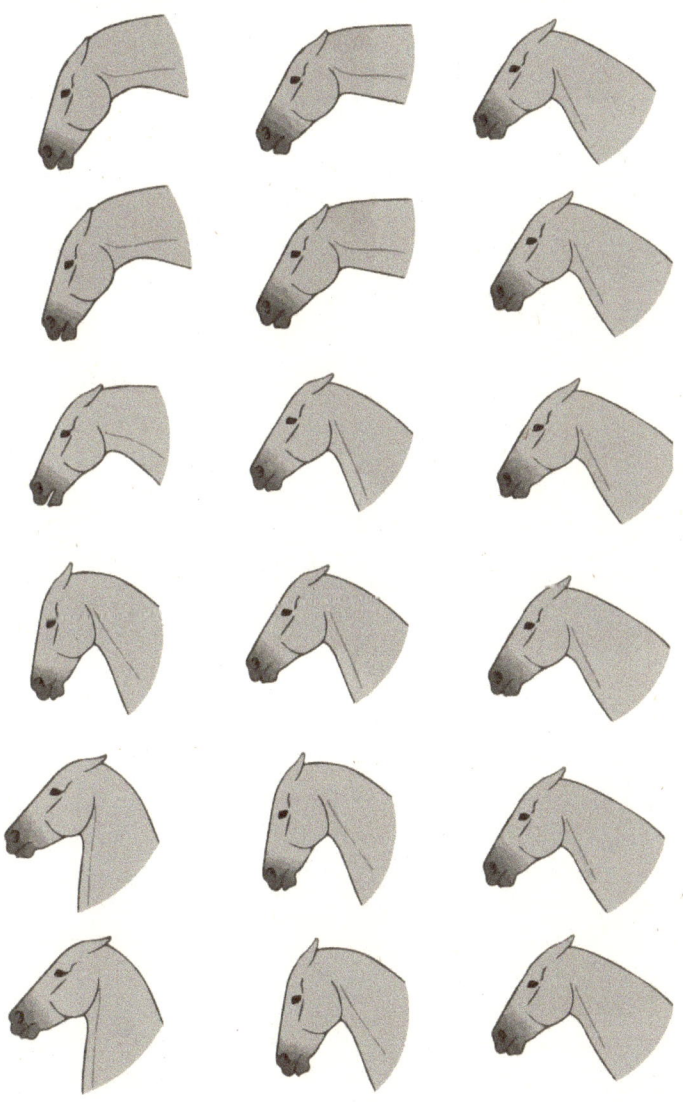

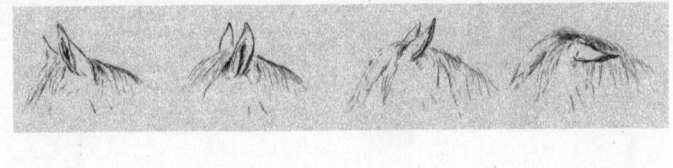

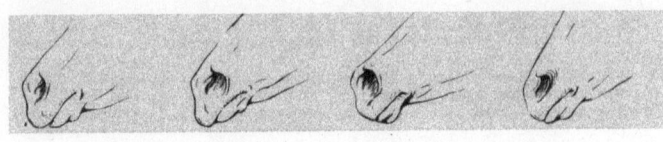

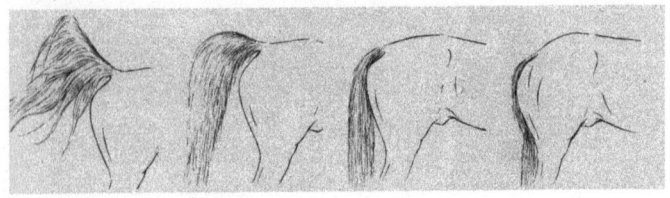

Verhaltensveränderungen der Pferde sind auch gut an den Nüstern, dem Pferdemaul sowie an Schweif- und Ohrenhaltung zu erkennen. Mit EBEC ist es möglich, frühzeitig bei einer Verhaltensänderung auf das Pferd einzugehen, um eine aggressive oder stressvolle Auseinandersetzung zu vermeiden.

nau, von welchen Pferdebewegungen ich ausging, und konnten ihre Beobachtungen wiederum darauf abstimmen. Dann formulierte ich meine Hypothese: Ich vermute, dass ein Pferd die Geste des Leckens und Kauens zeigt, wenn es zuvor großen Stress erlebt hat. Zum Beispiel, wenn es über eine Fluchtdistanz von 400–600 Metern von einem Menschen in einem Longierzirkel getrieben oder vertrieben wird. Wissenschaftliche Beweismethode für Stress war das Messen von Stresshormonen.

Mein Part war damit gespielt, nun war die Wissenschaft gefragt. Ich brauchte mehr Wissenschaftler, die mir halfen, meine Beobachtungen zu systematisieren.

Aus der Perspektive des Pferdes denken

So langsam dämmerte mir, dass meine Reise mit Pferden jetzt erst richtig losging, denn alle mir bekannten Trainingsmethoden entsprangen der Interpretation von Menschen und all die Glaubenssätze, denen Millionen von Pferdefreunden folgen, machen Sinn aus der Perspektive des Menschen und werden auch so erklärt. Selbst der Glaubenssatz, dass der Mensch die Rolle der Leitstute übernimmt, entspringt ja einer menschlichen Interpretation. Meine Beobachtungen legten mir nun aber nahe, dass ein Pferd ein zweibeiniges Lebewesen niemals als Pferd wahrnimmt, sondern immer als eine andere Spezies. Deshalb begann ich zu hinterfragen und zu recherchieren, wie Ethologen und Verhaltensforscher die Kommunikation zwischen Mensch und Pferd betrachten. Meine erste überraschende Erkenntnis war, dass diese Wissenschaftler einen großen Unterschied machten, je nachdem, ob Angehörige der gleichen Art (also Pferd und Pferd oder Mensch und Mensch) miteinander kommunizierten oder ob verschiedene Arten beteiligt waren.

Das war ein bedeutender und großer Schritt. Interspezifische Kommunikation kann beispielsweise bei Aggressions- und Verteidigungsritualen beobachtet werden, zum Beispiel, wenn No-Name vor mir floh.

Kommunizieren Tiere einer Art miteinander, also Pferde mit Pferden, dann ist das Intraspezifische Kommunikation, die nur dann gelingen kann, wenn alle Beteiligten denselben Code verwenden und die gleichen Regeln anwenden. Manches davon ist angeboren, anderes wird erlernt, ganz wie bei den Menschen.

Der Dreh- und Angelpunkt ist also das Codieren und Decodieren von Gesten und Signalen. Es wurde mir immer klarer, dass wir für ein Pferd nur durch unsere Körpersprache vorhersehbar werden. Unsere nonverbale Kommunikation verrät unsere Gedanken. Pferde lesen alle nonverbalen Zwischentöne und agieren dann so, wie sie die Nachricht, die ich nonverbal gesendet habe, decodieren.

Je bewusster wir uns dieser Vorgänge und Zusammenhänge werden, desto leichter können wir unsere Sicht auf die Dinge, unsere Gefühle und schließlich unser Handeln anpassen und damit auch das Verhalten eines Pferdes besser steuern. Denn das Pferd reagiert nur auf die Reize, die ich ihm präsentiere. Die Wahrnehmung des Pferdes ist eine ganz andere als die des Menschen. Man könnte sagen, es verfügt zwar über ein immenses emotionales Gehirn, aber kognitive Analysen zu erstellen ist ihm nicht wirklich möglich.

Wenn ich bei einem Pferd, das sich nicht anfassen lassen will, mit der Gewichtsverlagerung Stück für Stück in seine Richtung arbeite, anstatt eine erste Berührung zu erzwingen – wie bei No-Name – und nur so weit gehe, dass ich gerade *keine* instinktive Handlung wie den Fluchtinstinkt auslöse, habe ich größere Chancen, direkt auf die Lernfähigkeit des Pferdes einzuwirken. Ich vermeide eine erhöhte Adrenalinproduktion, dadurch befinde ich mich in einem direkten Informationsaustausch mit dem Pferd, der dann eine langanhaltende Verhaltensveränderung hervorrufen kann. Plakativ gesprochen muss mein Ziel im Training sein, dass das Pferd am Ende denkt: »Ich riskiere es, mich von dir anfassen zu lassen, du andere Spezies als ich.«

No-Names Realität war offenbar durch eine schlechte Erfahrung mit Menschen geprägt. Wenn er einem Reiz ausgesetzt war, der dem ursprünglichen Angsterlebnis ähnelte, dann löste das eine Angsthandlung in ihm aus. Wenn er zum Beispiel Schmerz durch einen Peitschenhieb empfunden hatte, dann konnte es zu der gleichen Angst- oder Fluchtreaktion kommen, wenn ich nur meine Hand hob, auch wenn ich gar keine Peitsche hatte. Die Assoziation reichte aus, um bei ihm eine Stressreaktion hervorzurufen.

Das Pferd bestimmt den Reiz, auf den es reagiert, wir können darauf keinen Einfluss nehmen. Wir können es nur beobachten und dann eine Trainingsstrategie erarbeiten, um ihm zu helfen, alte Erinnerungen zu überschreiben. Der Dreh- und Angelpunkt guter Kommunikation mit Pferden liegt also darin, die Gesten und Handlungen des Pferdes so neutral wie möglich wahrzunehmen und zu übersetzen, beobachtend, aber nicht bewertend. Das gegenseitige Codieren und Decodieren von Gesten und Signalen macht einen Dialog zwischen Pferd und Mensch zum Erfolg oder Misserfolg.

Lernpsychologie bei Pferden

Jedes Mal, wenn ich unbeobachtet und allein in den Stall ging, um mit No-Name zu arbeiten, wurde ich von der Magie ergriffen, wie wenig eigentlich notwendig ist, um eine Kooperation zu erreichen. Bei diesem Pferd reduzierte sich alles. Durch ihn wurde mir bewusst, dass ich an einer pferdezentrischen Perspektive arbeiten musste, indem ich versuchte, einen Dialog zwischen Pferd und Mensch herzustellen und die Gesten des Pferdes decodierbar zu machen. »Die Nachricht entsteht beim Empfänger« wurde eines meiner neuen Lieblingszitate. Wenn ich – der Mensch – eine Information sende und an den Empfänger – das Pferd – richte, ist es Sache des Pferdes, wie es diese Information auffasst und darauf reagiert. Seine Reaktion ist seine eigene, ganz persönliche Wahrheit. Ich, der Mensch, kann, wenn das Pferd vor der Trabstange verweigert, nicht einfach sagen: »Du spinnst, eine Trabstange ist nun wirklich kein Ungeheuer, jetzt geh halt drüber!« Seine Reaktion ist die Verhaltensantwort, ist seine Wahrheit. Ich muss die Einzigartigkeit eines jeden Pferdes beachten und respektieren und kann erst dann ethisch korrekt, sanft und umsichtig Einfluss auf seinen weiteren Weg nehmen. Ich darf ihm nicht meine Perspektive aufzwingen, das sorgt nur für Stress und Angst.

Ich begann, die Sinneswahrnehmung von Pferden zu studieren und konnte wertvolle Informationen über ihr Verhalten gewinnen. Als Fluchttiere verfügen Pferde über ein großes Wahrnehmungsvermögen, das ihnen erlaubt, sich konstant bewusst zu sein über Veränderungen, die in seiner Umgebung stattfinden. Eine Anerkennung und ein Verständnis des hochentwickelten sensorischen Systems des Pferdes sind wertvolle, nutzbare Werkzeuge für uns. Darum dreht sich meine ganze Reise und ich bin dankbar, dass Menschen weltweit heute von diesem Wissen profitieren können.

No-Name zeigte mir deutlich, dass er Entwicklungspotenzial hatte, und ich wollte erreichen, dass er es als wohltuend empfand, wenn ich mit ihm kommunizierte. Denn wie konnte ich das Pferd durch streicheln loben, wenn das aus seiner Sicht vielleicht gerade das Schlimmste für es war? Es ergab sich also nicht nur die Frage nach erweiterten negativen Konsequenzen für negatives Verhalten, sondern auch nach weiteren Möglichkeiten der positiven Konsequenzen für positives Verhalten. Nur Futter und Streicheln? Nein, da musste es noch mehr geben, womit man das Selbstwertgefühl des Pferdes und sein Wohlgefühl rund um Menschen und die Trainingsaufgaben steigern konnte.

Dass ich nichts Böses vorhatte, wenn ich die Hand in seine Richtung bewegte, das wusste bisher nur ich. No-Name hatte keine Ahnung. Er musste es erst einmal freiwillig zulassen, dass ich ihn anfasste. Dann würde er feststellen können, dass es nicht weh tut. Erst dann würde sich seine Angst vor der Berührung reduzieren. Um Belohnungen für No-Name zu finden, also Zustände, die er gerne aufsuchte, musste ich kreativer sein, denn in dem Punkt hatte ich noch immer, obwohl ich mich nun schon drei Monate mit No-Name befasste, keine Fortschritte gemacht. Er ließ sich nach wie vor nicht anfassen, wich immer wieder vor meiner Hand zurück – und ich las stapelweise Bücher über Lerntheorie beim Menschen. Ich arbeitete tagsüber mit Pferden und Studierenden und nachts war ich auf der Suche nach Antworten auf meine Fragen.

Spät abends, wenn sich niemand mehr in meinem Trainingsstall in Bad Saarow befand, ging ich im Dämmerlicht der Reithalle Abend für Abend mit No-Name oder den anderen Pferden in die Reithalle oder in den Longierzirkel und machte mich mit ihnen an die Arbeit. Ich wollte herausfinden, welche Reize die Tiere suchten und welche sie mieden, damit ich diese Reize in ein für sie sinnstiftendes Belohnungs- und Bestrafungssystem verpacken konnte. Vor allem sollte dieses System schnell und unmittelbar sein und stressfrei funktionieren.

No-Name war mein wichtigster Kandidat. Ich bat ihn, mich in seine Welt zu lassen, indem ich manchmal einfach nur dasaß und ihn genauso beobachtete, wie er mich beobachtete. Wir schlichen wie zwei Katzen umeinander herum. Und gleichzeitig dachte ich darüber nach, was dieser neue Weg, den ich hier beschritt, bedeuten würde. Ich wusste, es würde nicht einfach werden, meine neuen Erkenntnisse in der Fachwelt zu publizieren. Es würde vielleicht sogar für Widerstand sorgen bei Menschen in meinem Umfeld, seien es Schüler, Fans, Studierende oder Pressevertreter. Aber das war mir egal. Ich wollte diesen Weg auf jeden Fall weitergehen.

Auf der Schwelle zu einer neuen Trainingsmethode

Für mein weiteres Vorgehen griff ich auf die klassischen Verhaltensforscher der 1930er-Jahre zurück, Oskar Heinroth, Konrad Lorenz und Nikolaas Tinbergen. Diese Forscher gingen von dem damals grundlegend neuen Ansatz aus, dass die äußerst vielfältig und komplex erscheinenden Verhaltensabläufe von Tieren aus bestimmten Grundbausteinen des Verhaltens aufgebaut sind, den sogenannten Erbkoordinationen oder Instinktbewegungen. Es gibt also Verhaltensweisen von Tieren, somit auch von Pferden, die angeboren sind. Das brachte mich auf die Idee, Instinktverhaltensweisen des Pferdes abzuleiten in ein Belohnungssystem für Verhalten von Pferden. Denn Instinktverhalten ist ja ein Verhalten, also eine Aktion, die das Pferd natürlicherweise aufsucht, darauf müsste man doch zurückgreifen können, auch wenn das Pferd Probleme hatte? Ich hatte ja meine Ethogramme und begann nun kleine Versuche, negative und positive Konsequenzen für No-Names Verhalten aus dem Instinktverhalten des Pferdes abzuleiten. Und siehe da: Wir machten Fortschritte. Winzig kleine, aber stetige. Je sanfter ich mit ihm arbeitete, je mehr ich meine Bewegungen entschleunigte, desto näher ließ er mich an sich heran. Ich näherte mich mit meiner Hand, las anhand der Ethogramme genau ab, wann er sich mit einer möglichen Wegbewegung oder Flucht mental beschäftigte, zog die Hand weder zurück noch brachte ich sie näher. Ich verharrte an genau dieser Position und wartete etwa zwei Minuten – und plötzlich entspannte er sich, sein Zwerchfell entspannte sich und er atmete tief ein und aus. Daraufhin nahm ich den Druck heraus. Ungläubig schaute er meiner Hand hinterher. Am nächsten Tag wiederholte ich den gleichen Prozess. Er atmete aus und schaute unmittelbar auf meine Hand, um zu sehen, ob sie sich wieder entfernte. Und genau das geschah. Meine Trainingseinheit war kurz, klar und nicht länger als zwei Minuten.

Am dritten Tag, als ich am frühen Morgen, lange bevor der Betrieb in der Akademie losging, wieder in seine Box ging, begann ich zunächst mit der Handbewegung in seine Richtung und er reagierte diesmal noch schneller, er schaute direkt zu meiner Hand, ich entfernte sie sofort und langsam, ließ also den Druck, den meine Hand auf ihn ausübte, als positive Konsequenz für das Hinschauen nach, und ich konnte schon näher an ihn herankommen. Ich war nur einen Schritt von ihm entfernt. Also begann ich den gleichen Prozess mit meinem Fuß. Ich verlagerte mein Gewicht immer wieder zu ihm hin und von ihm weg, ganz langsam und vorsichtig, immer seine Reaktion im Blick. Und plötzlich passierte es: Ich spürte seinen Atem in meinen Haaren. Ganz langsam und vorsichtig schob er seine Nüstern in meine Richtung und untersuchte meine Haare. Er schlich mit der Nase an meinem Hals entlang und entdeckte mich. Ich bewegte mich keinen Millimeter, hielt ganz still, atmete tief und vertrauensvoll ein und aus.

Mein Herz hüpfte auf und ab, dass es fast schmerzte – es war dasselbe Gefühl, wie wenn man frisch verliebt ist und der geliebte Mensch plötzlich vor einem steht.

Das Eis war gebrochen. No-Name hatte verstanden, dass von mir keine Gefahr ausgeht, sein olfaktorisches System, seine Sinnesorgane gaben nun über die Amygdala, den Cortex die richtigen Informationen weiter, nämlich nicht mehr »sie ist eine Gefahr, renn weg«, sondern »sie ist in Ordnung, das kannst du riskieren«. Tränen liefen mir über die Wangen, so bewegt war ich von seinem Mut und seinem Vertrauen. Es war mir gelungen, dieses Vertrauen herzustellen, indem ich ein neues System von Konsequenzen angewendet hatte. Und es hatte funktioniert – beim schwierigsten Pferd, das mir bislang begegnet war.

Ganz langsam verließ ich die Box. Mein Herz sprudelte förmlich über vor Glück. Nun war es ganz klar: Es gab eine Möglichkeit der Kommunikation mit Pferden, also dem Ermöglichen des Codierens und Decodierens von Gesten und Signalen und der Anwendung der Lerntheorien mit ihren Konsequenzen für Verhalten. Es gibt also einen interspezifischen Kommunikationsprozess, den ich mit Pferden praktizieren kann, damit sie meine Körpersprache und meine körperlichen Signale verstehen. Wenn ich ihnen beispielsweise in die Augen schaue, dann sollen sie sich daraufhin wegbewegen. Wenn ich die Augen absenke, sollen sie zu mir kommen. Im Falle von No-Name hatte ich offensichtlich das instinktive Entdeckungsverhalten aktiviert, ein angeborenes, ungelerntes Verhalten. Aber er hatte auch erlernte Verhaltensweisen gezeigt: Er hatte eine bewusste Entscheidung getroffen, während er sich mir näherte.

Den Durchbruch bei No-Name hatte ich einem erfolgreichen Dialog zwischen Mensch und Pferd zu verdanken. Es war mir gelungen, dem Pferd zu signalisieren, dass ich es als kompetenten Gesprächspartner wahrnahm. Ich hatte mich in seine Box gestellt und ihm durch Gesten und Signale gezeigt: »Ich werde herausfinden, wie du wirklich denkst und fühlst und was dich davon abhält, mit mir in einen Dialog zu treten.« In dem Moment wurde mir klar, dass ich einen neuen Trai-

DIE EVOLUTION DES

1884

DOMINANZ-
TRAINING AUS
DER PERSPEKTIVE
DES MENSCHEN

**KLASSISCHE UND
TRADITIONELLE
PFERDEWIRTSCHAFT**

1905

KONDITIONIERUNG
AUS SICHT
DES RAUBTIERS

**CLICKER-
TRAINING**

PFERDETRAININGS

1998

NONVERBALES
TRAINING AUS
DER PERSPEKTIVE
DES MENSCHEN

**PFERDEFLÜSTERN
NATURAL
HORSEMANSHIP**

2006

WISSENSCHAFT
AUS DER
PERSPEKTIVE
DES PFERDES

**EVIDENCE-BASED
EQUINE COMMUNICATION®
(EVIDENZBASIERTE PFERDE-
ZENTRISCHE KOMMUNIKATION)**

EBEC®

ningsansatz gefunden hatte, und ich war sicher, daraus konnte ich eine Methode entwickeln, die alle Menschen, die mit Pferden zu tun hatten, lernen und anwenden können. Ich würde ein Team von Experten zusammenstellen, mit dem ich das Pferdetraining auf eine neue Evolutionsstufe heben konnte.

Ein Traumpartner für meine wissenschaftlichen Studien

Für die Verwirklichung dieses Vorhabens brauchte ich einen starken Partner, der über viele Pferde verfügte und den ich dafür begeistern konnte, dass ich seine Pferde trainierte und dabei Studien durchführte. Es war gar nicht so einfach, solch einen Traumpartner zu finden, doch schließlich fand ich ihn in Gestalt von Paul Schockemöhle, dem ehemaligen Europameister im Springreiten, der gemeinsam mit dem erfolgreichen Geschäftsmann Ulrich Kasselmann mit dem Gestüt Lewitz ein bemerkenswertes Zentrum der modernen Pferdezucht geschaffen hatte. Auf insgesamt dreitausend Hektar Land lebten damals, im Jahr 2009, rund viertausend Pferde in Laufstallungen und Gruppenhaltung. Das Gestüt Lewitz galt als das größte Gestüt der Welt und stand für Zucht, Innovation und Vision.

Paul Schockemöhle war dafür bekannt, dass er weltoffen war und tiermedizinischen Neuerungen gegenüber sehr aufgeschlossen, vor allem wenn es darum ging, Pferde leistungsfähiger zu machen. Ein umfangreiches Gesundheitsmanagement und die gestütseigene Tierklinik boten den Pferden eine gute Versorgung. Alles sah für mich nach optimalen Voraussetzungen aus. Meine

Idee war, ihm vorzuschlagen, die Pferde auf Lewitz kostenfrei zu trainieren. Im Gegenzug dürfte ich Studien durchführen, mit dem Ziel, meine eigene pferdezentrische Methode zu entwickeln und wissenschaftliche Gewissheit über Gewaltfreiheit, Kommunikation und die Anwendung der Lerntheorien bei Pferden zu bekommen.

Das Lewitzer Gestüt produzierte damals jährlich siebenhundert bis achthundert Fohlen, die es auszubilden galt. Es könnte also eine großartige *Win-win*-Situation für beide Seiten werden. Ich nahm also all meinen Mut zusammen, rief Paul kurzerhand an und bat ihn um ein Treffen. Wir kannten uns von einigen Veranstaltungen. Er war sofort bereit dazu, und so fuhr ich aufgeregt in die Lewitz, eine herrliche, geschützte Wiesenlandschaft in Mecklenburg-Vorpommern. Paul Schockemöhle empfing mich auf dem Gestüt in seinem Büro. Wir schüttelten uns die Hand, tranken Kaffee und plauderten. Paul zeigte sich mir gegenüber extrem bodenständig und sehr interessiert. Auch als ich die Katze aus dem Sack ließ und sagte, dass ich gerne Studien bei ihm auf dem Gestüt durchführen und eine wissenschaftliche Methode erarbeiten wollte. Das erleichtere mich nun doch, denn zu dieser Zeit griff ich in den Medien das herkömmliche Training von Pferden oft an. Auf einem so großen Gestüt arbeiteten aber natürlich Mitarbeiter unterschiedlichster Provenienz und alle mit unterschiedlichen Methoden, da waren Konflikte vorprogrammiert.

Paul kümmerte das aber gar nicht. Er war interessiert, offen und hörte mir ganz genau zu, als ich ihm meine Pläne erläuterte. Wir beschnupperten uns gegenseitig und nach einem ausführlichen Gespräch und einer Kanne Kaffee sagte er: »Na, Frau Kutsch, wir zwei können das ja mal miteinander probieren!« Ich freute mich ungemein. Dass eine Koryphäe wie Paul Schockemöhle, der eigentlich ein Traditionalist war, meine Pläne unterstützte und mir seine Stalltüren öffnen wollte, war schon ein kleiner Durchbruch, mit dem ich nicht unbedingt gerechnet hatte.

Paul machte mit mir eine Tour hinter die Kulissen des Gestüts, um mir alles zu zeigen. Das Gestüt war riesig und ich war beeindruckt von der Masse an Pferden und den Zuchtgedanken von Paul. Angesichts der schieren Größe der Anlage, auf der fast zweihundert Mitarbeiter beschäftigt waren, bekam ich allerdings ein wenig kalte Füße. Es fiel mir schwer, mir vorzustellen, wie ich hier Pferde trainieren sollte, ohne den ganzen Betrieb auf den Kopf zu stellen oder Mitarbeiter gegen mich aufzubringen. Doch ich schüttelte diese Gedanken ab. Immer schön der Reihe nach. Die Psychologie des Menschen in Bezug auf Pferde ist ein ganz eigenes Thema, mit dem ich mich schon immer intensiver beschäftigen wollte – und bis heute will –, aber das war jetzt nicht der richtige Zeitpunkt. Hier sollte es darum gehen, systematisch eine neue, streng wissenschaftliche, messbare und nachhaltige Trainingsmethode zu entwickeln. Und dafür waren die äußeren Voraussetzungen auf Gut Lewitz geradezu ideal.

Als ich mit Paul von Halle zu Halle schritt und er mir alles zeigte und erklärte, meinte ich allerdings bereits förmlich das Misstrauen zu spüren, das mir entgegenschlug. Solch ein Gestüt ist wie ein eingeschworener Verein und ich sah in vielen Gesichtern die unausgesprochene Frage: »Was will die denn hier?«

Wir schauten uns die gestütseigene gynäkologische Tierklinik mit ihren einzelnen Abteilungen an, besuchten die Bereiche für die Aufzucht, die Absetzerhallen, in denen die sechs Monate alten Fohlen standen, die gerade von der Mutterstute »abgesetzt«, also getrennt worden waren, die Anreitbereiche und die Freispringhallen. Alles war riesig, und einen Moment lang dachte ich wieder: »Vielleicht ist das hier eine Nummer zu groß für mich?!« Aber es war eine einmalige Chance. Ich beschloss für mich, einfach mal zu machen und zu sehen, was passieren würde. Denn wenn ich es gar nicht erst versuchte, konnte ich auch nichts lernen und würde nie erfahren, wie es ausgehen würde. Zur Not würde ich eben geteert und gefedert vom Gehöft reiten. Also los.

Paul wirkte auf mich wie ein guter Partner. Einer, mit dem man Skat spielen, ein Bier und einen Schnaps trinken und arbeiten konnte. Jemand, der vor Ideen und Visionen nicht zurückscheute, sondern bereit war, Neues auszuprobieren.

Fast einen ganzen Tag verbrachten wir damit, das Gestüt zu besichtigen. Am Ende der langen Tour äußerte ich ihm gegenüber allerdings die Sorgen und Bedenken, die mich zwischendurch beschlichen hatten. Paul beruhigte mich jedoch.

Wir würden in der Lewitz als Erstes die »Kutsch-Halle« bauen, eine neue Reithalle nach meinen Vorstellungen, denn ich benötigte einen leichten Zugang aus den Stallungen, sodass alles sicher war und kein Pferd, wenn es sich mal losriss oder Angst bekam, einer Verletzungsgefahr ausgesetzt war. Meine eigene Reithalle auf dem Gestüt Lewitz, in der nur ich mit meinem Team arbeiten würde. Hier sollte ich für das Anreiten der zwei- bis dreijährigen Pferde verantwortlich sein und konnte dabei mit meinem wissenschaftlichen Team die ersten Studien anfertigen. Mich interessierte zum Beispiel brennend, ob es beim Anreiten, also wenn ein Pferd den ersten Sattel, die erste Trense und den ersten Reiter auf seinem Rücken tragen soll, besser ist, dem Pferd innerhalb von dreißig Minuten alles zu präsentieren, oder ob das für das Pferd, das noch nie geritten wurde, nicht eine totale Reizüberflutung bedeutet? Wäre es vernünftiger, sich mehr Zeit zu nehmen? Unter Pferdefachleuten ist das bis heute ein häufiges Diskussionsthema und es gibt die unterschiedlichsten Meinungen. Am liebsten wollte ich das Pferd selbst fragen. Ich wollte es fragen, ob es ihm lieber wäre, wenn ich erst einen Longiergurt verwendete, also nur einen Gurt, der um den Bauch gespannt wird, und dann einen Sattel, oder ob es gleich den Sattel spüren wollte, auch wenn es ihm kurze Zeit Stress bereitete. Ich wollte auch eine Antwort auf meine Frage, ob sich aufgrund der unterschiedlichen Herangehensweise das Abwehrverhalten des Pferdes anders gestalten ließe. Nämlich sanfter und ruhiger. Denn manchmal hatten Pferde Angst vor dem ersten Sattel, sprangen zur Seite oder bockten stark, bevor oder wenn der Sattel fest gegurtet war. Manchmal traten die Pferde auch aus nach dem Gurt. Wenn eine Methode aber gewaltfrei sein sollte, dann sollte sie ein solches Abwehrverhalten minimieren können. Manche Pferde akzeptieren den Sattel oder die Trense und andere Materialien und sind ganz artig. Wenn man, wie ich, aber plötzlich Tausende von Pferden trainierte und anritt, also nicht nur zehn oder zwanzig, dann fallen einem aggressive Verhaltensweisen durchaus mehr auf, die ich natürlich katalogisieren wollte. So viele Gedanken und Ideen bewegten mich. Und hier war die Gelegenheit, alles gründlich zu studieren.

Ein Handschlag zwischen Paul und mir reichte aus,

um zu starten. Ein paar Wochen später begann der Bau und ich konnte auf mein Ziel zusteuern. Der Handschlag mit Paul bedeutete für mich rückblickend eine Lebensentscheidung. Mit der neuen Methode würde ich mir meinen Traum erfüllen: Ich würde jedem Pferd, dem ich begegnete, helfen können, einen friedlichen Weg zu finden, an der Seite des Menschen zu leben. Es sollte eine Methode sein, die jeder erlernen konnte. Und die Zusammenarbeit mit Paul Schockemöhle würde einen Riesenschritt auf meinem neuen Weg bedeuten.

Lernen aus der Vergangenheit

Solange die Halle noch im Bau war, beschloss ich, herauszufinden und zu kategorisieren, worauf rohe, ungerittene Pferde grundsätzlich vorbereitet sein müssen, wenn sie angstfrei durchs Leben kommen sollen. Das Ziel war auch, eine Methode zu entwickeln, die die Produktion von »Problempferden«, die später mühsam korrigiert werden müssen, vermied.

Am Anfang sollte ein Blick in die Vergangenheit stehen: aus den Unmengen von Daten, über die das Gestüt verfügte, wollte ich Trainingsaufgaben kategorisieren. Ich durfte den Datenbestand der gesamten Tierklinik auf Lewitz sichten und sortieren und wertete in den folgenden sechs Monaten die gesamte tiermedizinische Statistik von Tausenden von Pferden aus: Wie und bei welchen Aktivitäten verletzen sich die Pferde besonders häufig? Wann sind die untrainierten Pferde besonders aufgeregt? Was funktioniert auch mit unvorbereiteten, wilden Pferden und wo treten Probleme auf? Auf welche Aufgaben mussten wir die Pferde also besser vorbereiten? Besonders häufig treten zum Beispiel Probleme beim Verladen auf.

Die EDV war nicht ganz so fortschrittlich wie der Rest des Gestüts. Vieles war noch auf Karteikarten festgehalten und nicht in praktischen Datensätzen. Gemeinsam mit einem Team von Helfern ging es an das systematische Einspeisen und Auswerten dieser Unmenge von Daten. Um den Betrieb tagsüber nicht zu stören, konzentrierten wir uns darauf, die Daten nachts auszuwerten.

Ich bin sicher, dass noch nie zuvor jemand Zugang zu einer solchen Menge von Daten über Pferdewirtschaft hatte, und bis heute bewundere ich Paul für seine Offenheit und sein Vertrauen mir gegenüber. Ihm leuchtete ein, dass die Pferde am Ende einen Vorteil haben würden, aber dass auch die Mitarbeiter zufriedener wären, wenn der Dialog zwischen ihnen und den Tieren besser funktionierte. Also gab er grünes Licht für alles, was ich machte. Die Teammitglieder und ich arbeiteten bis zur Erschöpfung, aber wir wurden belohnt durch unglaublich viele spannende neue Ergebnisse und Erkenntnisse.

Kleinigkeiten im Fütterungsablauf beispielsweise oder bei Gruppenzusammenstellungen, die für Verletzungen der Pferde untereinander sorgten. Es wurde deutlich, dass wir Menschen viel öfter gegen die Natur des Pferdes verstoßen, als wir das annehmen. Wenn beispielsweise ein neues Pferd in eine Gruppe kommt, es wird verkauft, ein neues hinzugekauft oder im Gestüt muss eines nach einer längeren Krankheit wieder in den Herdenverband integriert werden – all das sorgt für Unruhe im Herdenverband, wie wir feststellen konnten. Es kann zu Abwehrverhalten unter den Pferden kommen, die den Neuling nicht in den Herdenverband lassen wollen. Immer wenn Individualdistanzen unterschritten werden, wenn es Konkurrenz um die Ressourcen Futter, Wasser oder Sozialpartner gibt oder wenn das Platzangebot begrenzt ist, kann es zu Drohverhalten und Aggression kommen. Die Kosten für aggressive Auseinandersetzungen sind vermehrter Energieaufwand, Kampfstress, erhöhtes Feindrisiko und Verletzungsgefahr. Nach einigen Auswertungen waren wir uns einig, dass wir Unfallgefahren vermindern wollten. Die Fragestellung war, wie müssen wir Pferde integrieren, wenn Gruppen neu durcheinander gewürfelt werden, um Schlagverletzungen der Pferde gegeneinander zu reduzieren? Ich arbeitete an verschiedenen Alternativen und restrukturierte Abläufe pro Pferd. Das Pferd stand im Mittelpunkt und sein Verhalten wurde zum Maßstab all unserer Entscheidungen. Ich kam der pferdezentrischen Perspektive immer näher. Heute profitiert die AKA von diesen Inhalten, die wir an pferdeinteressierte Menschen weitergeben können. Alle Beteiligten befanden sich in einem Perspektivenwechsel vom Mensch zum Pferd. Das war spannend. Paul freute sich über jedes Ergebnis und war interessiert, welche Lösungsvorschläge wir erarbeiteten.

Viertausend Pferde befanden sich kontinuierlich »on Tour« im Gestüt. Zunächst erfassten wir, wann und wo welche Pferde in welchem Alter wohin transportiert wurden, wie lange sie dort bearbeitet wurden – also zum Beispiel gynäkologischen Untersuchungen oder Besamungen unterzogen wurden –, welche Unfälle oder sonstige Zwischenfälle es gab, was gut und was weniger gut klappte und wohin die Pferde anschließend transportiert wurden. Jedes einzelne Pferd wurde nun nach Nummern und Zielen und Nutzungsformen in einer riesigen Datenbank angelegt, in der wir vermerkten, wie lange Verletzungen brauchten, um zu heilen und wie hoch die Kosten waren, um das Pferd nach einem Zwischenfall wieder auf die Spur zu kriegen. Auch ob der Unfall oder die Verletzung durch ein Einnehmen einer pferdezentrischen Perspektive hätte vermieden werden können oder es sich um einen Einzelfall handelte, der eben vorkam in der normalen Arbeit mit dem Pferd. Wir hielten fest, ob ein Pferd nach einem unangenehmen Erlebnis zum Beispiel im Untersuchungsstand schwieriger zu handhaben war als vorher, oder ob sich nichts verändert hatte. Wir schauten uns also auch an, wie sich die Mitarbeiter verhielten: Waren sie gestresst, wenn ein Pferd ein Fehlverhalten zeigte? Wie lange blieb man gelassen und wann riss jemandem der Geduldsfaden? Alles wurde in unseren Computerdateien festgehalten. Jedes einzelne Pferd, jede Nummer hatte eine Datei in unserer EDV und alles, was mit jedem einzelnen Pferd passierte, wurde kontinuierlich in einer eigens programmierten Software, die ich dafür programmieren ließ, erfasst. Hatte ein Schmied ein Pferd, was die Hufe nicht gab, wurde sich nicht lange damit aufgehalten, es wurde in der Datenbank von dem Schmied eingetragen und wir analysierten das Verhalten. Die EDV erfasste auch die Halle, den Standort, wo das Pferd gerade zu finden war. Hatte ein Gynäkologe in der Datei erfasst, dass eine Stute gestresst im Untersuchungsstand stand und Probleme hatte, konnte ich in der EDV später ablesen, ob sich das auf die Fruchtbarkeit der Stute ausgewirkt hatte. Über einen Zeitraum von drei Jahren hinweg erfassten wir so annähernd 6.500 Pferde. Denn eines sollte man nie vergessen: Die Pferdewirtschaft besteht aus Wirtschaftsunternehmen, in denen Profis arbeiten, die mit ihren Pferden Geld verdienen wollen. Im professionellen Zuchtbetrieb geht es nicht darum, dass ich mich stundenlang mit meinem geliebten Privatpferd befasse und nach bestem Wissen und Gewissen improvisiere. Nein, in einem so professionellen Betrieb geht es um bezahlte Arbeitsstunden – allerdings sind die Ergebnisse der Forschung, die wir hier herausfanden, auch für jeden privaten Pferdeliebhaber von großer Bedeutung.

Das war ein anderer interessanter Aspekt meiner Auswertungen: Was kostet am Ende eigentlich wie viel Arbeitszeit? Ist es wirtschaftlicher, wenn man das Pferd auf den Besuch beim Hufschmied vorbereitet, also antrainiert und anschließend alles anstandslos läuft oder wenn der Schmied mit einem untrainierten und ängstlichen Pferd zu kämpfen hat? Würde ich am Ende beweisen können, dass eine wissenschaftsbasierte Trainingsmethode wirtschaftlich effizienter ist als das Althergebrachte?

Wieder war es ein Schlüsselpferd, das mich weiterbrachte. Eine zuckersüße Stute, die ich besonders ins Herz geschlossen hatte (ja, ich verliebe mich auch andauernd in Pferde, die in mein Leben kommen, seufz), wurde in einen Untersuchungsstand zur gynäkologischen Untersuchung gebracht. Dabei erschreckte sie sich so sehr, dass sie trotz geschlossener Tür aus dem Stand sprang und sich dabei schwer verletzte. Ein Fall, der mir bei der Datenauswertung schon öfter untergekommen war. Die kleine Stute tat mir schrecklich leid und mir war klar: Wir mussten unbedingt das Unfallrisiko bei Untersuchungen minimieren. Deshalb entwickelte ich kurzerhand ein Anschnallsystem für Pferde im Untersuchungsstand, für das ich Anschnallgurte der Flugzeugindustrie verwendete. Paul war begeistert und stattete umgehend alle Untersuchungsstände in der Lewitz mit diesem Anschnallgurtsystem aus und die Unfallrate ging deutlich zurück.

Durch diese Aktion wurde mir aber auch klar, dass wir die Ursache beheben mussten und nicht das Symptom. Wir verminderten zwar mit dem Gurtsystem das Unfallrisiko, aber wir erreichten nicht, dass die Pferde angstfreier wurden, wenn sie etwas Neues machen sollten, was sie noch nicht als »okay« oder angenehm abgespeichert haben. Sie sollten ja angstfrei und freiwillig in den Untersuchungsstand gehen. Es musste doch möglich sein, die ängstlichen Pferde bereits vorher durch die Anwendung klassischer Konditionierung und der Lerntheorien auf den Untersuchungsstand vorzubereiten.

Gemeinsam mit einer Tiermedizin-Studentin, die damals in Lewitz eine Bachelorarbeit anfertigte, und den Mitarbeitern der Tierklinik begannen wir mit Pauls Genehmigung eine erste kleine Studie mit sechzig Stuten. Dreißig sollten mit meiner in der Entwicklung befindlichen Methode darauf trainiert werden, über einen gewissen Zeitraum ruhig und konzentriert im Untersuchungsstand still zu stehen. Die anderen dreißig Stuten sollten herkömmlich gehandhabt werden, also einfach reinführen und schauen was passiert, hoffen dass alles glatt läuft, im schlimmsten Fall eben sedieren, also das Pferd medikamentös beruhigen, so ist es in der Pferdewirtschaft allgemein in Zuchtbetrieben üblich.

Paul baute mir für diese Studie eigens eine Halle in dem Bereich des Gestüts um. Ich bekam sechs Untersuchungsstände zur Verfügung gestellt, die optimal für das Training ausgestattet wurden. Die Untersuchungsstände hatten eine gewisse Breite und wurden dann enger. Sie wurden mit rutschfestem Boden ausgestattet, damit ein aufgeregtes Pferd nicht stürzen konnte. Es wurde eine wundervolle, riesige Halle, ein Trainingsparadies für Zuchtstuten, mit ausreichend Raum und Licht. Hier bereitete ich die ersten dreißig Stuten für den Untersuchungsstand vor, wobei die Gynäkologen und die Mitarbeiter des Gestüts nicht wussten, um welche Stuten es sich handelte.

Die Geburtsstunde von EBEC

All die einzelnen Entwicklungsschritte, die Überlegungen, Ideen und die Freude über gelungene Zwischenergebnisse teilte ich mit dem Team. Ich wohnte auf dem Gelände des Gestüts und mein Haus wurde bald zu dem Ort, an dem sich alle abends trafen. Bei der »Frau Kutschi« wurde gerne noch mal auf ein »Kaltgetränk mit Schirmchen« vorbeigeschaut, um zu sehen was es Neues in der Lewitz gab.

Es waren anspruchsvolle, schlaflose Zeiten, so unglaublich spannend. Paul und die interessierten Mitarbeiter wurden im Lauf der Zeit zu meinen engsten Vertrauten, später dann auch viele Berufsreiter, die für Training und Ausbildung unter dem Sattel verantwortlich waren.

Zunächst aber musste ich schauen, ob sich das vorbereitende Training der Stuten auf den Untersuchungsstand nach meiner Methode als effizient gestaltete, denn ich integrierte schon die ersten Ansätze meiner neuen Vorgehensweise, die durch No-Name entstanden war, und sie war extrem erfolgreich und schnell. Ich hielt Trainingszeiten fest, die Pulsrate der Pferde im Training, wir maßen das Kortisol im Speichel und das Adrenalin im Blut und stellten fest, dass es funktionierte! Es war die erste Testphase in der Realität direkt am Pferd. Wenn die Stute zum Beispiel in den Untersuchungsstand hineinging und wir langsam die Türen vorn und hinten schlossen, dann lasen wir genau die Geste, die wir im Ethogramm festgelegt hatten: Achtung, die Stute ist kurz davor, aus dem Stand zu springen oder loszurennen. Dann machten wir nicht weiter, erhöhten den Druck nicht, warteten ab, bis das Zwerchfell sich entspannte, die Stute ausatmete, und genau dann ließen wir sie wieder durchgehen und entfernten den Druck, bis wir das Neugierdeverhalten erzielten und sich die Stute von allein mit dem Untersuchungsstand auseinandersetzte. Genau der gleiche Ablauf wie bei No-Name, meiner Hand und meinen Fußbewegungen, nur jetzt war der Reiz der Untersuchungsstand oder die sich öffnende oder schließende Tür dazu. Ich konnte die Ethogramme nun auf andere Situationen übertragen. Und ein von mir eingewiesenes Team konnte damit arbeiten. Alle Stuten lernten innerhalb kürzester Zeit, also vielleicht innerhalb von nur fünf Trainingseinheiten à zehn Minuten ruhig in und aus dem Untersuchungsstand zu gehen. Und so lange darin zu bleiben, wie ein geschulter Gynäkologe für die Besamung brauchte. Es war unglaublich. Es war eine aufregende Studie für mich, es ging schließlich um einen Blindtest, bei dem am Ende verglichen wurde, welche Pferde besser abschnitten – diejenigen, die ich nach meinen neuen Erkenntnissen trainierte, oder die anderen?

Es ist, als würde ich dem Benutzer sagen: »Wenn Ihr Pferd den Kopf so und so hält, den Schweif dann so oder so anhebt, anschließend die Hufe so setzt, dann dürfen Sie keinen weiteren Druck ausüben, denn dann wird das

Pferd im nächsten Schritt ausschlagen, steigen oder andere unerwünschte Dinge tun.«

Das war die Geburtsstunde der neuen Methode, einer interspezifischen Kommunikation mit Pferden, die die Lerntheorien so integriert, dass Konsequenzen für ein Verhalten aus dem natürlichen Verhalten des Pferdes abgeleitet werden konnten. Die Methode, die ich später kurz und knapp »EBEC« taufte – »*Evidence-Based Equine Communication*«.

Wir erstellten weitere, erweiterte Ethogramme, untersuchten, wie das Stressniveau sich körperlich ausdrückte, sobald im Blut Kortisol oder Adrenalin messbar wurde oder sich eine gesteigerte Pulsrate zeigte. Es gab solche Auswertungen damals nicht. Und so entstanden die ersten Ethogramme, die einem Laien oder Pferdetrainer direkt am Pferd eine Vorstellung davon gaben, wenn die Grenze des auszuübenden Drucks erreicht war. Die Ethogramm waren wie ein Vokabelheft, leicht anwendbar für jedermann, unabhängig vom eigenen Erfahrungsschatz.

Im nächsten Schritt ging es darum, auszuwerten, wer im Untersuchungsstand bei der gynäkologischen Untersuchung und der späteren Besamung besser zurechtkam: die von mir nach meiner Methode vorbereiteten oder die unvorbereiteten Pferde. Es war ein Blindtest, denn außer mir und meinem Team wusste ja niemand, welche Pferde vorbereitet waren. Und das Ergebnis war bahnbrechend: Trotz der zusätzlichen Trainingszeit waren die Stuten, die für den Untersuchungsstand vorbereitet waren, viel schneller und erfolgreicher besamt und tragend als die herkömmlich vorbereiteten Jungpferde. Auch für den gesamten späteren Kreislauf wie das Einfangen, Halftern und medizinische Untersuchen waren die vorbereiteten Pferde besser zu gebrauchen, denn sie waren »artiger« und wurden von den Menschen mehr geliebt als die unartigen, denn sie erfuhren im gesamten weiteren Ablauf auch viel mehr positive Zuwendung durch die für sie verantwortlichen Menschen. Denn auch die hatten weniger Sorge um ihre Gesundheit, wenn alles reibungslos ablief.

Wir beobachteten die Stuten, die an meiner Blindstudie teilgenommen hatten, noch über einen längeren Zeitraum, um festzustellen, ob sie das, was sie gelernt hatten, auch behielten. Das Ergebnis war beeindruckend und atemberaubend: Wir sparten durch das vorbereitende Training Zeit, Stress, Mitarbeiter, Verletzungen, Samen und Sedationsmittel. Vor allem aber lernten die Stuten zu lernen: Wenn sie eine kleine Ahnung von dem hatten, was als Nächstes drankam, boten sie sofort ein Verhalten an. Öffnete sich die Tür des Untersuchungsstandes, boten sie an rauszugehen, indem sie sanft den Huf anhoben, zog man aber kurz und einfühlsam am Halfter und drückte damit aus »warte, noch nicht«, dann boten sie direkt das Stehen an und stellten es auch nicht in Frage, bis der Mensch losging, der die Stute aus dem Untersuchungsstand herausführen musste. Wenn ihr Verhalten dann richtig war, weil es zum Beispiel mit einem Streicheln am Hals positiv verstärkt wurde, das angebotene Verhalten sich also als richtig erwies, dann folgten sie diesem Weg problemlos und schnell. Sie waren nachweislich schneller bereit, neue Lösungsansätze in Form von Körperbewegungen anzubieten, als die Pferde, die kein Training durchlaufen hatten. Zudem waren auch die Mitarbeiter viel fröhlicher, wenn ein Pferd sich besser bearbeiten ließ. Es war ein Durchbruch.

Freispringen

Insgesamt blieb ich vier Jahre auf dem Gestüt Lewitz, bis ich alle Ergebnisse hatte. In der Lewitz hatte ich die denkbar besten Voraussetzungen, um intensiv an der Weiterentwicklung meiner neuen Methode zu arbeiten und zu forschen. Hier hatte ich alles an einem Ort und musste nirgendwo hinreisen, um an bestimmten Pferden zu forschen und weitere Hypothesen aufstellen zu können. Die Pferde, mit denen ich arbeitete, wurden im Gestüt Lewitz geboren und gingen bis in die reiterliche Ausbildung, die Zucht, den Hochleistungssport oder dann in den Verkauf.

Paul lud mich ein, dem Freispringen zuzuschauen und von ihm zu lernen, wie er den weiteren Lebensverlauf der jungen Pferde für die Zucht oder den Sport bestimmte. Er selbst bestimmt, ob ein Pferd in den Sport oder in die Zucht geht, mit welchen Hengsten eine Stute besamt wird und vieles mehr. Er beurteilt die Pferde dabei im Freispringen. Es gibt ein paar Sprünge an der langen Seite in einer kleinen Reithalle und das Pferd springt frei, ohne dabei geritten oder geführt zu werden. Ein wichtiger Prozess in der Bewertung der Veranlagung, denn Paul ist davon überzeugt, hier am besten die natürlichen Qualitäten und das Springvermögen der Pferde beurteilen und bewerten zu können.

Was braucht ein Pferd als Grundlage neben der anatomischen Voraussetzung, um im Freispringen gut zu funktionieren, was sind die Voraussetzungen, die ein Pferd erfolgreich machen? Wie sind die gängigen Abläufe? Denn nun, nach den guten Ergebnissen des Trainings für den Untersuchungsstand war allen klar, dass ein Pferd umso leistungsfähiger ist, je ruhiger es ist.

Das musste logischerweise auch für das Freispringen gelten.

Viele Monate verbrachte ich in den Freispringhallen, um von Paul zu lernen, und erhielt die Möglichkeit, Tausende von Pferden in ihrem Verhalten beobachten zu können. Ich sah immer schneller und immer besser, wenn ein Pferd frei in die Halle geführt wurde, ob es Angst hatte, sich anspannte, ob es in der Vergangenheit gute Erfahrungen gemacht hatte oder schlechte. Ich schulte und verfeinerte mein Auge. Ich lernte, wie Paul Zuchtauswahl bestimmte und entdeckte neue nonverbale Ausdrucksformen des Pferdes. Im Freispringen hatte ich die Möglichkeit, im Absprung vor dem Sprung und bei der Landung genau neben dem Pferd stehen zu können und Bewegungsabläufe im Springsport besser zu verstehen und zu studieren. Ich analysierte jede Bewegung genau. Die Anatomie des Pferdes, aber auch das Einschätzen persönlicher Veranlagung und Qualitäten ist von großer Bedeutung. Bein, Rücken, Springvermögen. Paul, das Freispringteam und ich saßen sogar Weihnachten und Silvester in der Freispringhalle, beurteilten Pferde und fachsimpelten. In diesen Monaten beobachtete ich Tausende Pferde und lernte auch immer mehr darüber, wie sie untereinander kommunizieren. Und immer stärker fiel mir dabei auf, wie sich das Verhalten der Pferde veränderte, sobald Menschen involviert waren. Ich bekam einen immer geübteren Blick für jede Bewegung der Pferde untereinander und in der Interaktion mit mir oder anderen Menschen.

Ich beobachtete, sammelte Daten über die Abstammung und Leistungen von Pferden, wertete Pauls Entscheidungen aus und stellte viele Fragen. Es sollte endlich Schluss sein mit dem »Vermuten« und den vorgefassten Meinungen. Ich wollte den Vermutungen mit Fakten und sachlichen Informationen begegnen können. Das wurde von nun an mein Ziel.

Ich untersuchte den gesamten Lebensweg der Pferde von Geburt an. Ich beobachtete jeden Ausbildungsschritt, den ein Pferd hinter sich bringen musste, bis es geritten wurde. So konnte ich später lehrbar machen, was von mir zertifizierte Trainer einem Pferd alles beibringen mussten, wenn sie mit EBEC Pferde trainierten. Man muss sich vorstellen, dass alles, was wir Menschen mit Pferden machen, in ihrer Natur oder DNA eigentlich nicht vorkommt und somit ein wenig auch gegen ihre Natur ist. Es muss von uns die Chance bekommen, alles zu lernen, was ihm natürlicherweise Angst bereitet, dafür muss der Mensch aber zunächst lernen, was das genau ist, was ihm Angst bereitet. Ich nahm die Perspektive des Pferdes ein, lief also stetig in den Hufen eines Pferdes und sammelte Beobachtungen, was ihnen schwerer fiel zu erlernen und was leichter. Und das bei einer großen Masse von Pferden. Ein Pferd so ganz allein friedlich lebend in seinem Herdenverband würde niemals Sport betreiben, sich satteln oder gar reiten lassen. Daher kann es vor dem Unbekannten Angst entwickeln. Wir müssen uns bewusstwerden, dass wir ihnen alles, was wir Menschen mit ihnen machen wollen, beibringen müssen, damit keine Angstzustände entstehen, und damit auch keine Problempferde mehr. Das war ja das Ursprungsziel, mit dem ich angetreten war. Ich wollte herausfinden, ob es einen Weg gab, dass Problempferde nicht mehr produziert werden. Daher musste ich einen Katalog erarbeiten, in dem festgelegt wurde, was trainiert werden muss, weil es ansonsten zu Problemen und Missverständnissen zwischen Pferd und Mensch kom men kann. Beide Spezies haben unterschiedliche Ziele. Paul scherzte zwar immer: »Ich mache die Leistung über die DNA und nicht du mit dem Training«, aber dennoch ließ er mich vollständig gewähren. Alles wurde erfasst, ich konnte wirklich alles beobachten, was einem Pferd im Laufe seines Lebens so passieren kann. Einfangen, Anfassen, Führen, Halftern, Putzen, Anbinden, allein sein oder wie man sich in einer Reithalle zu bewegen hat. Ein Pferd weiß nicht, wenn es das erste Mal in seinem Leben in eine Reithalle kommt, dass es dort einen Kreis gehen soll. Wir müssen sehr klar sein, wenn wir dem Pferd beibringen, was wir in dieser Reithalle von ihm verlangen. Uns Menschen sind aus unserer Perspektive so viele Dinge klar, dem Pferd aber nicht. Das müssen wir akzeptieren und in unser Training integrieren. Alles muss für das Pferd sinnstiftend aufeinander aufbauen. Ansonsten kommt es zu Missverständnissen. Es würde sich als soziales Herdentier niemals allein in einer Reithalle aufhalten. Es hat allenfalls im Kopf, wieder raus zu seinen Freunden zu kommen und dort zu fressen. Es muss die Möglichkeit erhalten, von uns zu lernen, was wir erwarten. Auch kleinste Details können sehr wichtig sein. Zum Beispiel das Einsteigen in einen Pferdeanhänger. Uns ist klar, dass wir auch wieder aussteigen nach dem Einsteigen, und zwar vorwärts rein und rückwärts raus. Das Pferd weiß das aber erst, wenn es den Prozess erlernt hat. Trainieren wir diesen Prozess nicht, kann es zu Unfällen und Angstzuständen kommen, die das Angstbewusstsein für Neues nährt. Wirtschaftlich ist es effizienter und ethisch sowieso. Man muss nur wissen, wie es geht, und dazu brauchten wir eine Methode. Wir hatten in meinem ersten Jahr im Gestüt achthundertfünfzig Geburten und an diesen achthundertfünfzig Pfer-

den konnte ich nun ihre Entwicklung vier Jahre lang beobachten und einen allgemeingültigen Trainingskatalog
erstellen. Eine Art Trainingscheckliste.

Zunächst katalogisierte ich alles, was ein Pferd im
Laufe seines Lebens lernen musste und womit es konfrontiert werden würde. Beim Thema Effizienz und Un-
fallvermeidung in den Untersuchungsständen hatten
wir ja bereits sehr positive Erfahrungen mit einem früh-
zeitigen gezielten Training gemacht. Nun arbeitete ich
mich Stück für Stück durch den ganzen Aufgabenkata-
log und führte weitere Blindstudien durch. Es ging dabei
um die Vorbereitung für den Schmied, darum, es für das
Halfter führig zu machen, das Verabreichen von Wurm-
kuren, das erste Satteln, die erste Trense, den ersten Reiter und die anschließenden reiterlichen Lektionen. Stets
erfassten wir genau, wie der Prozess ohne ein gesteu-
ertes Training des Pferdes ablief, welche Probleme auf-
treten konnten, welches Verletzungsrisiko es gab und
wie viel Zeit das gezielte Training in Anspruch nahm.
Mein Team und ich trainierten zwischen sechzig und
zweihundertfünfzig Pferde auf eine bestimmte Aufgabe
und verglichen anschließend die Ergebnisse mit untrainierten Pferden.

Ich testete, welche Verstärker wir anwenden konnten,
welche funktionierten und welche nicht. Wie sollen wir
ein Pferd belohnen, wie bestrafen, in welchem Timing,
wie häufig mit welchen Wiederholungen? Wann hatte
das Pferd Stress und wann nicht? Wie viel Stress war vertretbar und wann war das Pferd am nächsten Tag schlechter als vorher? Was landete im Kurzzeitgedächtnis und
was im Langzeitgedächtnis? Es kam ein unglaublicher
Fundus an Informationen zusammen. Ich war manchmal selbst überrascht, in welchen Vorgehensweisen, die

in der Pferdewirtschaft gängig sind, ich bestätigt wurde, und welche sich als absolut ungeeignet herausstellten, weil sie Angst im Pferd hervorrufen. Meine Forschungsergebnisse bestätigten mich mehr und mehr darin, dass ich auf dem richtigen Weg war. Um nur ein Beispiel zu nennen: »Futter zur Belohnung« ist eine gängige und althergebrachte Methode, wenn ein Pferd etwas richtig gemacht hat. Es war häufig ein Diskussionspunkt. Ich wollte nicht mehr diskutieren, sondern wissenschaftliche Fakten haben. Früher, schon als Pferdeflüsterin, war ich der Ansicht, dass das Futter als Belohnung für Pferde nicht der richtige Weg war.

Ich untersuchte nun, auf einer wissenschaftlichen Basis, wann und ob Futter als Belohnung funktioniert, und es stellte sich heraus: Futter ist tatsächlich nicht das beste Belohnungsmittel für Pferde. Das konnte ich anhand von Untersuchungen und Beobachtungen wissenschaftlich nachweisen. Der Grund ist ziemlich komplex, aber bei genauerem Hinschauen einleuchtend: Pferde produzieren Speichel hauptsächlich dafür, um ihren Mund zu befeuchten und die Nahrung im Mund aufzuweichen, damit sie leichter in die Speiseröhre und schließlich in den Magen gelangen kann. Dafür verfügt das Pferd über drei Paar Speicheldrüsen, an den Seiten des Pferdekopfes, im Bereich zwischen Kiefer und Ohr- bzw. Halsansatz. Allein die Ohrspeicheldrüse produziert bei einem durchschnittlichen Pferd zwölf Liter Speichel. Anders als beim Menschen und auch anders als beim Hund, beginnt die Speichelproduktion beim Pferd jedoch nur während des Kauens, niemals aber beim Anblick von Futter. Das Pferd hat, wenn es Futter sieht, also weder eine Assoziation zu Leistung noch kann es mit seiner Gehirnstruktur die Information verknüpfen.

Also konnte das Verabreichen oder das Vorenthalten von Futter keine positive oder negative Konsequenz für positives oder negatives Verhalten sein, also sind dies keine geeigneten Verstärker, nach denen ich suchte. Unsere nächste Aufgabe lag also darin, positive und negative Konsequenzen für Verhalten zu designen, die für das Pferd verständlich waren.

Wie kommunizieren Pferde, wie kommunizieren Menschen?

Kommunikation ist Informationsübermittlung, nicht nur zwischen Menschen, sondern auch zwischen Mensch und Pferd. Wenn ich mit dem Pferd kommunizieren und Informationen austauschen will, muss ich das so tun, dass das Pferd mich versteht und ich das auch überprüfen kann. Es hilft nicht in der Menschensprache mit Worten zu kommunizieren, da dies nicht der Natur des Pferdes entspricht und unsere Worte inhaltlich nicht verständlich sind für das Pferd. Die Körpersprache ist da schon wesentlich geeigneter, da Pferde untereinander auch über Körpersprache Informationen austauschen.

Der wissenschaftliche Begriff für den Austausch von Informationen innerhalb einer Art nennt man »intraspezifische Kommunikation«. Den Informationsaustausch mit anderen Spezies nennt man dagegen »interspezifische Kommunikation«. Als Mensch muss ich mich darin üben, mein Bewusstsein dafür zu schärfen, welche Botschaften ich dem Pferd überhaupt senden möchte. Wenn ich mir dessen immer bewusst bin, gelingt Informationsvermittlung am besten, da man in Gegenwart von Pferden permanent durch bewusste oder unbewusste Gesten Nachrichten sendet und empfängt.

Da das Pferd über ein anderes Kommunikationssystem als der Mensch verfügt, muss ich als Mensch extrem klar, verlässlich und konstant in meiner Informationsvermittlung sein. Zudem ist das Gehirn des Pferdes ein wenig anders strukturiert als das des Menschen. Wissenschaftler wissen noch relativ wenig darüber. Beim Thema Emotionen allerdings ist man sich einig. Ein Pferd hat Emotionen und diese können von uns Menschen oder von Umweltreizen ausgelöst werden. Der richtige Umgang mit Emotionen ist ein Dreh- und Angelpunkt der Kommunikation mit dem Pferd, von ihm hängen Erfolg oder Misserfolg ab. Denn Emotionen setzen Hormone frei, die das Verhalten des Pferdes beeinflussen. Ich muss mir also darüber im Klaren werden, welche bewussten, vor allem aber, welche unbewussten Botschaften ich dem Pferd senden will.

Ein Beispiel: Tänzelt mein Pferd nervös an meinem Strick, wird, wenn sich an der Situation nichts ändert, beim Pferd als Nächstes sehr wahrscheinlich der Fluchtinstinkt ausgelöst. Das Pferd versucht, sich vom Menschen loszureißen und will, je nach Stresslevel, nur noch weg von ihm. In Ställen wird einem in solchen Situationen häufig von außen zugerufen: »Jetzt setz dich doch mal durch!« Das ist aber nicht möglich, wenn ich nicht wirklich weiß, worüber und wie ich jetzt eigentlich mit dem Pferd »sprechen« kann.

Jetzt ist entscheidend, dass ich weiß, was ich zu tun habe, damit meine Botschaft beim Pferd ankommt. Denn wenn ich die Kommunikation mit dem Pferd beherrsche, kann ich bereits auf das Tänzeln kompetent antworten und es entkräften. Jeder kann diese Art der

Kommunikation lernen, man muss nur wissen, was die Gesten und Signale des Pferdes wirklich bedeuten.

Gefühle kontrollieren unser Handeln

Pferde agieren extrem aus dem emotionalen Gehirn heraus, daher sind ihre Verhaltensantworten auch so schnell, vor allem wenn sie Angst bekommen. Und uns Menschen muss bewusst sein, dass alles zunächst Unbekannte einmal Angst auslöst. Bringen wir den Pferden alles, was wir in dem Aktionskatalog zusammengefasst haben bei reduzieren wir die Angstsituationen und können das volle Potenzial des Pferdes ausschöpfen, ohne die lästigen Angstantworten, die Pferde ständig geben. Gehen wir langsam vor und lesen alle Informationen aus den Ethogrammen sorgsam ab, dann können wir auf die Empfindungen eingehen. Pferde agieren schneller als wir. Wir verpassen viele Bewegungen des Pferdes, auf die wir eingehen könnten, wären wir aufmerksamer und wüssten, wonach wir schauen müssen. EBEC ermöglicht uns das.

Das limbische Gehirn ist ein Kommandoposten, der fortwährend Informationen aus verschiedenen Körperbereichen erhält und darauf entsprechend reagiert: Atmung, Herzrhythmus, Blutdruck, Appetit, Schlaf, Libido, die Ausschüttung von Hormonen und selbst das Immunsystem unterliegen seinen Befehlen. Aufgabe des limbischen Systems ist es offenbar, die verschiedenen Funktionen dynamisch im Gleichgewicht zu halten. Aus diesem Blickwinkel sind unsere Emotionen – und es ist anzunehmen auch die des Pferdes – nichts anderes als das bewusste Erleben eines großen Zusammenspiels physiologischer Reaktionen. Das emotionale Gehirn kennt daher den Körper viel besser als das kognitive Gehirn. Aus diesem Grund kommt man oft leichter über den Körper als über die Sprache an die Gefühle heran. Auch über Berührungen. Daher ist es auch effizient, als eine positive Konsequenz für positives Verhalten Berührungen bei einem Pferd einzusetzen.

Wenn ich Pferde am Hals oder zwischen den Augen sanft streichele, tritt eine schnelle Entspannung ein. Stelle ich vorher in meiner körperlichen Gegenwart Druck für das Pferd dar, kann ich das daran klar erkennen, dass das Pferd beginnt zu lecken und zu kauen, wenn sich meine Hand entfernt. Lecken und Kauen ist eine extrem wertvolle Kommunikationsgeste für uns. An ihr können wir sehen, wie ein Reiz vom Pferd empfunden wird.

Die Ursache für diese Geste liegt in Veränderungen des vegetativen Nervensystems. Im Ruhezustand wird der Organismus durch den Parasympathikus (auch als »Erholungsnerv« bezeichnet) gesteuert. Er dient dem Stoffwechsel, der Erholung und dem Aufbau körpereigener Reserven. Wird ein Lebewesen Stress ausgesetzt, schaltet das Nervensystem in den Sympathikus. Dieser bewirkt eine Leistungssteigerung des Organismus und bereitet den Körper auf Angriff oder Flucht vor. In der Folge steigen unter anderem Herzfrequenz und Blutdruck und der Stoffwechsel wird angeregt, die Pupillen werden weit und die Bronchien erweitern sich. Die Schweißdrüsensekretion steigert sich, der Speichelfluss verringert sich. Es entsteht das Gefühl von trockenen Lippen und trockenem Mund. Wird der Stress für das Lebewesen weniger, übernimmt wieder der Parasympathikus, die Symptome lassen nach. Herzfrequenz und

Blutdruck nehmen ab, die Pupillen verkleinern sich und die Bronchien verengen sich wieder, die Speichelproduktion wird wieder aufgenommen. Das Pferd zeigt diesen wieder beginnenden Speichelfluss durch die Gesten »Lecken und Kauen«. Diese Gesten sind also ein Indikator dafür, dass das Pferd Stress ausgesetzt war und sich nun wieder entspannen kann.

Im Pferdetraining ist die Kenntnis über die Abläufe im Organismus des Pferdes hilfreich, um angsteinflößende und schmerzverursachende Reize zu identifizieren und das Training entsprechend anpassen zu können. Der sanfte, empathische Umgang mit Druck ist im Umgang mit Pferden von großer Bedeutung und ein bedeutender Informationsaustausch. Was man körperlich erlebt, hat einen direkten Zugang zum emotionalen Gehirn, ist direkter und oft wirksamer als jener über das Denken und die Sprache.

Die Yale University bewies, dass das emotionale Gehirn über Fähigkeiten verfügt, den präfrontalen Kortex, den am höchsten entwickelten Bereich des kognitiven Gehirns, abzuschalten (*to go offline*). Unter der Einwirkung von außergewöhnlichem Stress reagiert der präfrontale Kortex nicht mehr und verliert seine Fähigkeit, das Verhalten zu steuern. Schlagartig gewinnen die Reflexe und instinktiven Verhaltensweisen die Oberhand. Sie sind schneller und näher an unserem genetischen Erbe, daher hat die Evolution ihnen für Notsituationen den Vorrang eingeräumt. Sie sind besser als abstrakte Überlegungen dazu geeignet, uns beim Überleben behilflich zu sein.

Im Training und in der Ausbildung von Pferden muss man die Reaktionen des Gehirns auf Stress sorgfältig beachten. Wenn der Trainer alles richtig macht, braucht das Pferd nur wenige Wiederholungen, um sich das Gelernte zu merken, versteht schnell und wird die gelernte Verhaltensantwort immer wieder anbieten, wenn ein ähnlicher Reiz präsentiert wird.

Ein Beispiel: Mein zurückgelegter oder verändert angelegter äußerer Schenkel als Galopphilfe. Ist auf den Reiz ›nach hinten gelegter Reiterschenkel‹ dem Pferd klar, dass dies bedeutet ›ich muss angaloppieren‹, dann wird die Verhaltensantwort des Pferdes auf den Reiz »zurückgelegter Schenkel« Angaloppieren sein. Wenn das Pferd jedoch auf den zurückgelegten Schenkel nicht umgehend das Angaloppieren als richtige Verhaltensantwort anbietet, hat der Trainer es dem Pferd noch nicht ausreichend beigebracht. Es ›versteht nicht‹, es ist noch nicht ausreichend trainiert und die richtigen Bereiche im Gehirn des Pferdes sind noch nicht angesprochen. Wichtig ist, dass der Reiter nun auf keinen Fall vom Schenkel als Signal abweicht. Greift er stattdessen auf die Peitsche zurück, um das Pferd anzutreiben, dann konditioniert er das Pferd auf den Peitschenhieb als Signal und nicht auf den Schenkel. Eigentlich ganz einfach.

Das ewige Thema Verladen – es geht ganz einfach

Eine natürliche Methode, ein Gleichgewicht zwischen den beiden Gehirnen des Pferdes herzustellen, ist zweifelsohne, den Herzrhythmus zu optimieren, indem ich ruhiger und klarer mit ihm arbeite und die Erregung oder Nervosität des Pferdes nicht überhand nehmen lasse, damit das Pferd Stress besser standhalten und seine Ängste unter Kontrolle bringen kann. Nehmen wir an, wir haben ein traumatisiertes, phobisches Pferd im Verladetraining. Es beginnt, vor Angst hektisch zu atmen und lässt Pferdeäpfel fallen. Ein Anzeichen von Furcht, die gleich in Angst übergehen wird, sofern ich es weiter stresse. Wenn ich gelernt habe, mit den Ethogrammen zu arbeiten, dann erkenne ich die Zeichen von Angst schon frühzeitig und weiß, was dahintersteckt: Das hektische Atmen deutet auf einen gestiegenen Puls, das Abäppeln geschieht, weil sich der Magen verkrampft, und die Folge davon sind zitternde Beine an der Verladerampe. Das Pferd ist nun nicht mehr in der Lage, angemessen auf die Situation zu reagieren und die Aufgabe, in den Anhänger zu steigen, zu bewältigen. Vor allem nicht, wenn wir nun den Druck durch weitere angsteinflößende und für das Pferd unverständliche Konsequenzen erhöhen. Also zum Beispiel, wie es in Ställen häufig geschieht, von hinten mit Schaufeln oder Peitschen oder Longen zu agieren, das Pferd anzuschreien und selbst zwangsläufig Aufregung zu signalisieren. Das Adrenalin schaltet im Gehirn des Pferdes alles Kognitive ab und es kann passieren, dass das Pferd steigt oder sich sogar überschlägt. Schlimme Verletzungen können die Folge sein. Und selbst wenn dem Pferd bei der Aktion nichts passiert ist, wird es mit Sicherheit künftig kaum mehr in einen Anhänger zu bekommen sein. So kreiert man »Problempferde«.

Es geht aber auch ganz anders. Bei einer groß angelegten und spannenden Studie zum Thema Verladen konnten wir herausfinden, dass es großartig funktioniert, wenn Pferde schon in ganz jungen Jahren an das Fahren im Pferdeanhänger gewöhnt werden. Das gelang uns, indem wir sie schon vor der ersten Fahrt im Pferdeanhänger auf einige Dinge vorbereiteten, die beim Fahren oder

Pausieren auf der Tour passieren können: zum Beispiel Einsteigen, Aussteigen, dass eine kleine Seitentür vorn sich eventuell öffnet und auch wieder schließt und sogar ein Mensch dadurch einsteigen oder wieder aussteigen kann, die Stange hinter der Hinterhand sich verriegelt und wieder entriegelt, die Klappe auf und zu geht, ohne dass es ein Signal zum Ein- und Aussteigen des Pferdes ist, der Motor an- und ausgeht, man losfährt und wieder bremst und vieles mehr. Durch die Anwendung von EBEC lernen Pferde das Stück für Stück in einzelnen kurzen Trainingseinheiten. Das Wichtigste ist, dem Pferd zu vermitteln, dass all diese Dinge nichts damit zu tun haben, dass es eigenständig aussteigen darf. Es benötigt einen fest etablierten Reiz und nur auf den hin ist Aussteigen angesagt, zum Beispiel der Strick vorn wird gelöst und ein Zug am Halfter ist das Signal zum Rückwärtsgehen. Mache ich das als Mensch nie anders, wird das Pferd immer erst auf diesen Reiz warten und erst genau dann als Verhaltensantwort das Rückwärtsgehen zum Aussteigen geben.

Es funktionierte hervorragend: Eines der Pferde, das an der Studie teilgenommen hatte, erlebte später einen Hängerunfall. Im selben Anhänger stand ein Pferd, das wir nicht trainiert hatten. Das trainierte Pferd blieb kontrolliert und verhältnismäßig ruhig, orientierte sich am Menschen und den Reizen, die es erlernt hatte. Es wusste, es durfte nur auf den Zug am Halfter hin und den neben ihm stehenden mitgehenden Menschen rückwärts aus dem Anhänger gehen. Es blieb sogar ganz ruhig im Anhänger stehen, als man Teile des Anhängers mit lauten Metallsägen zerschnitt, damit die Tür sich öffnen konnte. Es achtete nur darauf, welches ihm bekannte Signal der Mensch zeigte. Blieb der ru-

hig, blieb auch das Pferd ruhig und erlitt kein Folge-
trauma.

Das andere Pferd geriet außer Kontrolle und ging nicht
wieder in den Anhänger, war fortan verladeschwierig.

Ein anderes Pferd, ein wertvolles Zuchtpferd, das dem
Vater des Weltcup- und Olympiareiters Tjark Nagel gehörte, ging ebenfalls zu mir »in die Schule«. Ich bereitete es auf alles vor, gemäß dem von mir erarbeiteten
Trainingskatalog. Der Besitzer berichtete mir später Folgendes: Nach meinem Training kam das Pferd auf die
Weide zu Pferden von anderen Züchtern. Ein Jahr später
holte er es ab zum Anreiten. Alle anderen Züchterkol-
legen hatten große Schwierigkeiten, ihre Pferde einzufangen und zu verladen. Beim einen oder anderen kam
es sogar zu größeren Schwierigkeiten beim Verladen,
weil das Pferd nicht in den Hänger wollte. Er hingegen
betrat einfach die Koppel, ging zu seiner Stute, fasste
sie problemlos an, halfterte sie, führte sie am durchhängenden Strick allein auf den Anhänger und fuhr von
dannen.

Für mich war diese Rückmeldung unendlich wertvoll,
bewies sie mir doch, dass die neue Trainingsmethode
nachhaltig war: Selbst ein Jahr nach dem Training hatte
das Pferd nichts von dem vergessen, was es gelernt hatte.

Wie Pferde sehen

Pferde haben eine grundsätzlich andere Augenanatomie
als wir Menschen. Das beginnt beim Scharfsehen, dem
Farbsehen, den Vergrößerungen und Verkleinerungen
und der Tatsache, dass die Augen seitlich am Kopf sitzen. Das Gesamtgesichtsfeld des Pferdes ist unter ande-

rem durch diese seitliche Position mit ca. 330 Grad viel größer als das des Menschen, während das räumliche Sehen nur in einem Sichtfeld von ca. 60–70 Grad funktioniert, und somit ein viel kleineres Feld abdeckt als beim Menschen.

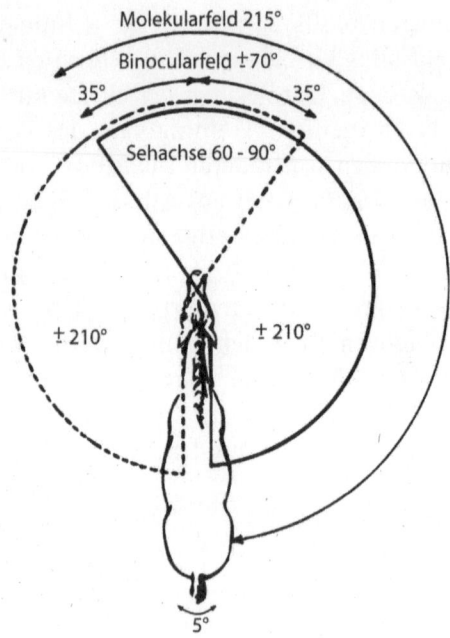

Ich habe mich an vielen Studien zu diesem Thema beteiligt, da sie einen großen Einfluss auf den harmonischen Umgang mit dem Pferd und somit auf das erfolgreiche Training haben. Ein Pferd kann mit einem Auge in die eine Richtung schauen (monokular) und mit dem anderen in die andere. Nur bestimmte Teile seines Umfelds, wie zum Beispiel ein Eimer, der genau vor ihm steht, sind mit beiden Augen (binokular) einsehbar.

Im Training eines Pferdes ist es daher von allergrößter Bedeutung, zu wissen, wo man dem Pferd auf welche Distanz einen Reiz, Stimulus oder eine Lernaufgabe zeigt. Gehe ich zu nah heran, um es ihm zu zeigen, kann es sein, dass es den Reiz überhaupt nicht sehen kann. Beim Anreiten eines Sprungs muss ich immer berücksichtigen, dass das Pferd den Sprung anders sieht als ich. Perspektivenwechsel eben. Häufig machen Menschen den Fehler, dass sie mit den Pferden besonders nahe herangehen an einen Gegenstand, um ihn ihnen zu zeigen. Sie nehmen also die menschzentrische Perspektive ein, um dem Pferd etwas zu zeigen, und versuchen, ihm dadurch die Angst davor zu nehmen. Der Mensch selbst kann es dort gut sehen, ein Pferd kann es dann aber nur noch schlechter sehen. Um ihm zu helfen, müssen wir versuchen, mit seinen Augen zu sehen. Perspektivenwechsel eben.

Je besser wir verstehen, wann das Pferd wo welche Informationen mit welchem Auge abspeichert, desto größer wird der interspezifische Kommunikationserfolg sein. Wenn ein Pferd zum Beispiel vor einem Pullover scheut, der in der Reithalle über der Bande hängt, dann müssen wir beachten, mit welchem Auge es den Reiz wahrnimmt. Wenn es den Pullover mit beiden Augen wahrnimmt, dann kann es sein, dass es beim nächsten Mal vor dem Reiz erneut scheut, auch wenn es ihn dann vielleicht nur mit einem Auge wahrnimmt. Wenn es aber den Pullover nur mit dem rechten Auge wahrgenommen hat, habe ich das Problem nur auf dieser Seite.

Auch das räumliche und das Entfernungssehen ist beim Pferd viel schlechter als bei uns Menschen. Selbst die Naheinstellungen lassen zu wünschen übrig. Daher kann etwas eigentlich Angenehmes wie ein Möhrensack für das Pferd auch aussehen wie etwas Bedrohliches – vielleicht ein im Busch lauerndes Raubtier?

Schlimm ist es, wenn ein Pferd zum Beispiel beim Ausreiten vor dem umgefallenen Mülleimer scheut und ich als Reiter dann mit einer angsteinflößenden Konsequenz reagiere, indem ich ihm die Beine in die Rippen haue, die Peitsche gebe oder es anschreie. Denn dann wird das Pferd meine Reaktion künftig mit dem umgefallenen Eimer assoziieren und beim nächsten Mal denken: »Da ist wieder dieses Etwas, das mir letztens so viele Probleme bereitet hat.«

Pferde können zwar Reize in Bewegung deutlich besser erkennen als wir Menschen, also den vorbeihuschenden Hasen beim Ausritt zum Beispiel. Unbewegliche Reize – der sitzende Hund am Wegesrand, der umgefallene Mülleimer, der Pullover über der Bande oder der Möhrensack in der Stallgasse – ist je nach Positionierung für das Pferd nur schwer als solches zu erkennen. Entscheidend ist also, dass wir richtig reagieren, wenn wir uns mit einem Pferd einem Gegenstand oder Reiz nähern, der dem Pferd komisch vorkommen kann. Das Pferd muss die bestmögliche Chance bekommen zu erkennen, wobei es sich bei diesem Reiz handelt.

Um beim Beispiel des umgefallenen Mülleimers zu bleiben: Das Erinnerungsvermögen des Pferdes ist sehr stark und auch Monate oder Jahre später kann es dieselbe Abwehrhaltung präsentieren, wenn es auf denselben Reiz – zum Beispiel den Mülleimer – trifft. Ein Mensch hätte die Situation im Zweifel längst aus dem Gedächtnis gelöscht, weil sie aus seiner – der menschzentrischen – Perspektive keine überlebensnotwendige Abspeicherung benötigt. Für ihn ist es ja nur ein umgefallener Eimer, nichts anderes. Das Pferd aus seiner pferdezentrischen Perspektive kann darin jedoch auch nach vielen Jahren eine Bedrohung sehen, für die es obendrein vom Menschen auch noch Schläge, einen Sporenstich oder andere als unangenehm empfundene Konsequenzen für sein Verhalten bekommt.

Zwischen zwei Welten

Es ist wundervoll, wenn man sein Hobby zum Beruf machen kann. Aber das kostet auch Mut und bringt Unsicherheiten mit sich. So ging es mir in der Zeit zwischen 2009 und 2011, als ich meine Tätigkeit vom Pferdeflüstern zum pferdezentrischen, auf wissenschaftlichen Erkenntnissen basierenden Training weiterentwickelte. Ich hatte schnell zahlreiche große und kleine, bedeutende und interessante Erkenntnisse gewonnen, als ich noch allein mit No-Name und anderen Pferden im Training experimentierte und dann wesentlich fundierter während der vier Jahre im Gestüt Lewitz. Die Ergebnisse meiner wissenschaftlichen Untersuchungen zeigten mir auf, dass vieles im Umgang mit Pferden noch viel feiner, effizienter und besser werden würde, wenn wir das Belohnungs- und Bestrafungssystem für das Verhalten eines Pferdes verändern und junge Pferde besser vorbereiten auf die Welt, die sie erwartet. Zu einem Gesamtbild einer »Methode« brachte ich diese Erkenntnisse aber am Anfang noch nicht zusammen. Immer nach dem Motto »Der Weg ist das Ziel« ging ich voran, Schritt für Schritt, und musste dabei oft aus meiner Komfortzone heraustreten. Dabei kann man sich schon mal unsicher fühlen. Ich musste das »alte«, vertraute Vorgehen am Pferd über Bord werfen und in eine neue Richtung verändern. Dabei war das »neue« Vorgehen noch nicht wirklich greifbar. Mit wissenschaftlichen Studien ist das so eine Sache: Man macht eine Studie und das Einzige, was man danach mit Gewissheit weiß, ist, dass man noch mehr Studien braucht, bevor man etwas abschließend beurteilen kann. Das kann frustrierend sein, ist aber Teil des Prozesses.

Anfangs ging ich ganz simpel an die Sache ran, ich bin ja keine studierte Wissenschaftlerin, sondern Kauffrau. Ich musste mich mit einer neuen Gruppe von Menschen beschäftigen, nämlich Wissenschaftlern, und selbst lernen, neutraler zu beobachten und Interpretationen wegzulassen. Wenn man noch keine Kompetenz besitzt in einem neuen Metier, ist man zunächst verunsichert. Man fühlt sich so dumm, aber das muss man aushalten, es ändert sich mit zunehmender Kompetenz. Das sage ich auch immer meinen Schülern. Einfach mal Dummheit aushalten, das wird sich dann schon fügen mit wachsender Kompetenz. Ich musste lernen, nicht mehr zu interpretieren, dass ein Pferd nicht in den Anhänger will, weil es nicht in die Tierklinik will. Sondern stattdessen neutral zu beobachten: Es geht bis zur Anhängerrampe und schaut dann mit dem Kopf nach oben, also hat es Angst vor dem Dach über seinem Kopf.

Meine erste Hypothese zu den Gesten, dass das Lecken und Kauen nicht als eine positive Demutsgeste interpretiert werden konnte, sondern mit Stress in Verbindung stand, brachte wirklich viele Steine ins Wackeln. Schon als ich die ersten Tests dazu machte, in denen ich untersuchte, wann und wo und wie im Longierzirkel Lecken und Kauen und das Senken des Kopfes gezeigt wird, und bereits die ersten fünf Pferde hintereinander weg alle gleich reagierten, wusste ich: »Mist, das wird unschön für mich persönlich.« Das Ergebnis war einfach zu klar und ich war auch wirklich erstaunt, fast sprachlos. Und dann kamen noch zwanzig weitere und alle machten das Gleiche. Da gab es kein »Wenn und Aber«, hier lagen Fakten auf dem Tisch und dann ging die Reise ins Ungewisse los.

Meine neuen Erkenntnisse ließ ich nach und nach auch in meine weltweiten Seminare und Lehrgänge für pferdebegeisterte Menschen einfließen, sodass mein Unterricht immer mehr Farbe bekam. Dass man einen interspezifischen Kommunikationsprozess mit einem Pferd machen kann und erst mal die nonverbale Kommunikation gegenseitig decodierbar macht, war neu, genauso wie das Wegschicken als negative Konsequenz für negatives Verhalten entfiel. Und ich wandte erstmals neue Belohnungs- und Bestrafungskonsequenzen im Rahmen der Lerntheorien an. Mehr Beobachten, mehr üben, jede kleine Geste zu sehen und sie richtig aus der Pferdeperspektive zu deuten. Allein das Senken des Kopfes im Longierzirkel hatte ja nun schon eine vollkommen neue Bedeutung gemäß der frisch erstellten Ethogramme bekommen. Ich hatte herausgefunden, dass es zu einem schwingenden Kopfschlagen kommt, wenn das Stressniveau im Pferd ein gewisses Maß überschritten hat. Das war eine sehr unschöne Geste, die es zu vermeiden galt. Und wenn sie auftrat, musste dies auf jeden Fall zum Beenden der freien Arbeit im Kreis führen.

Nach den ersten Studien auf dem Gestüt Lewitz musste ich ziemlich schnell unterscheiden lernen: Was war Kommunikation mit dem Pferd, was war gelerntes Verhalten, also Ergebnis von Training und Ausbildung? Stück für Stück entwickelten wir neue Techniken und es ging langsam. Manchmal kam ich mir vor, als hätte ich zwar ein Gaspedal und eine Kupplung, aber noch keine Karosserie. Ich sprach mit vielen Pferdefachleuten, zeigte ihnen Studienergebnisse, demonstrierte am Pferd und fragte nach ihrer fachkundigen Einschätzung. Dabei stieß ich immer wieder auf große Widerstände. Nicht alle Menschen in der professionellen Pferdewelt sind eben offen für Neuerungen. Die meisten hängen an ihren liebgewonnenen Trainingsmethoden wie an einer Heimat.

Einige Jahre lebte ich also zwischen zwei Welten: zwischen der Welt der Pferdeflüsterer, die immer noch meine Heimat war, und der Welt des wissenschaftlich basierten Pferdetrainings, die nach und nach meine neue Heimat wurde, bei der mir aber noch die Routine fehlte, und wo lange Zeit noch viele Fragen offen waren. Das verunsicherte mich natürlich. Manchmal fühlte ich mich richtiggehend allein, denn mit wem hätte ich meine Gedanken und Ideen diskutieren können? Manche meiner Vertrauten meinten sogar, ich solle doch einfach beim Pferdeflüstern bleiben. Aber das ging nicht. Es wurden immer mehr wissenschaftliche Studien publiziert, die die Methoden des Pferdeflüsterns und die der traditionellen und klassischen Reiterei und des Clicker-Trainings, also des Trainings über Futter in Frage stellten, und die ich nicht ignorieren konnte. Es ging mir dabei nicht darum, eine Methode als »falsch« und eine andere als »richtig« darzustellen, sondern das Beste für das Pferd zu erreichen. Und wenn klar nachgewiesen war, dass eine bestimmte Herangehensweise für ein Pferd mit Stress verbunden war, dann musste das verändert werden, fertig.

Ich startete im Jahr 2009 erste Test-Vorführungen, die sich von meinen früheren Seminaren und Vorführungen deutlich unterschieden. Problempferde sind meiner Meinung nach das Ergebnis von menschlichem Versagen im Umgang mit dem Tier, das muss man heute nicht mehr zur Schau stellen. Stattdessen führte ich Pferdeliebhabern vor, wie man die Körpersignale des Pferdes entschlüsseln kann. Ich machte nun nicht mehr vor Publikum Bestien zu Lämmern, sondern ich rief die Bestie im Pferd einfach nicht mehr hervor, weil ich die Reize anders einsetzte und die Bewegungen des Pferdes damit bewusst kontrollierte. Es war ein ganz neuer Ansatz und das Beste war: Das Publikum verstand, wovon ich redete und worauf ich hinauswollte. Das war ein unglaublich schönes Gefühl. Nach und nach stellte sich die Gewissheit ein, dass ich auf dem richtigen Weg war.

TEIL II:

AMERIKA ZUM ZWEITEN

Hochmotiviert, hier weiterzumachen, nutzte ich die Zeit bis Ende 2010 und vertiefte mich immer mehr in wissenschaftliche Literatur und Forschungsergebnisse zu den Themen Lerntheorie, Instinktlehre, Verhaltensforschung, Behaviorismus und Hirnforschung, um die Methode für jedermann erlernbar zu machen. Ich suchte weiter weltweit den Kontakt zu Professoren, die sich mit der Verhaltensforschung von Pferden beschäftigten und tauschte mich mit Forschern in Australien, der Mongolei, Kanada und den USA aus. Ich traf mich nahezu weltweit mit Menschen, die Studien mit Wildpferden umsetzen, und nahm später in Nevada an einer Studie des *Bureau of Landmanagement* zum Verhalten wildlebender Mustangs teil. All das geschah, ohne dass in Deutschland jemand etwas davon mitbekam. Zu der Zeit gab es einigen Pressewirbel in Deutschland rund um die Andrea Kutsch Akademie, doch ich wollte mich nicht aus dem Konzept bringen lassen und nicht die Fahrtrichtung ändern, forschte also immer weiter: Kurs halten, das Universum, also die ganze positive Energie, die ich so hochmotiviert und fröhlich für das gute, große Ganze in die Welt schicke, wird es schon richten. Alles wird gut. Manchmal auch einfach nur atmen und nicht so viel pushen. In der Ruhe liegt die Kraft, gell?

Und plötzlich geschah etwas Wunderbares: Das Schiff nahm seine Fahrt ganz von allein auf. Internationale Pferdewissenschaftler suchten den Kontakt zu mir. Sie sahen mich als Brücke von der Wissenschaft in die Pferdepraxis und als Verbindung zu den Pferdefreunden, denen man helfen wollte. Und genau das wollte ich sein. Ich brachte Leben in die Studien, die die Wissenschaftler anfertigten, indem ich die Ergebnisse am Pferd in der Praxis anwandte. Damit war beiden Seiten geholfen: Ich musste mich nicht mehr um die Umsetzung von Studien bemühen, sondern konnte sagen, was ich in Bezug auf Pferde wichtig und untersuchenswert fand. Und auch für die Wissenschaftler war es eine fruchtbare und emotionale Kooperation, denn sie sahen, dass ihre Arbeiten lebendig wurden und in der Praxis Sinn ergaben.

Dann, 2013, schickte mir das Leben wieder einmal einen Menschen, der eine Schlüsselrolle auf meinem weiteren Weg spielen sollte: Hayley Randle, eine Professorin für Biologie und Psychologie aus Wagga Wagga in Australien. Hayley ist unter Wissenschaftlern bekannt dafür, neue Wege zu gehen und sich um Qualitätsverbesserung beim Lernen und Unterrichten einzusetzen, zudem hatte sie sich auf Pferdeverhalten spezialisiert. Sie ist ein Reviewer für zahlreiche pferdespezifische PhDs international. Ich kontaktierte sie und erzählte ihr von meinen Ideen und Fortschritten. Sie war begeistert und es stellte sich heraus, dass sie selbst frustriert darüber war, wie viele Abschlussarbeiten wertvolles Wissen lieferten, weltweit, aber kein Pferdeprofi das verstehen oder gar in die Praxis ans Pferd transferieren konnte. In den Schreibtischschubladen der Wissenschaft lagen viele Ergebnisse über Pferdeverhalten, die aber niemand den eigentlichen Pferdemenschen zur Verfügung stellen konnte. Die wertvollen Ergebnisse vegetierten und verstaubten vor sich hin. »Wir sind Wissenschaftler und uns fehlt die Verbindungsinstitution, die Schlüsselorganisation, die unser Wissen für Pferdemenschen verständlich an den Mann bringen kann«, klagte sie. Das war natürlich ein »perfect match«, wie man in Amerika sagt. Wie Pferde funktionieren wusste ich ja nun gut genug. Kurzerhand reiste ich 2013 zu einem wissenschaftlichen Kongress nach Vancouver, Kanada, um Hayley zu treffen. Ich mochte Hayley sofort, wir lagen auf einer Wellenlänge. Sie verstand sofort, was mein Anliegen war, sicherte mir Unterstützung und weitere Vernetzung mit anderen Forschern zu und stellte mir noch dazu ein Messgerät vor, dessen Entwicklung damals noch in den Kinderschuhen steckte. Mit diesem Gerät war es möglich, den Druck des Zügels auf das Zügelmaul in Newton zu messen. Hayley freute sich riesig, dass ich das Messgerät in der Andrea Kutsch Akademie mit meinem Team testen wollte.

Das Gerät half mir herauszufinden, wie groß der Druck sein durfte, den der Reiter auf das Pferdemaul ausüben konnte, bevor es für das Pferd schmerzhaft wurde und sein Organismus Stresshormone ausschüttete. Dieses Wissen ist deshalb so extrem wertvoll, weil man normalerweise keine Maßeinheit für den »richtigen« Druck hat. Jeder Reiter zieht eben nach seinem Gefühl am Zügel, in der Hoffnung, dass das Pferd »pariert«.

Durch Hayley und ihr Zügelmessgerät konnten wir die Reizintensität messen und folglich steuern. Das Prinzip konnte man doch auch auf andere Reize im Pferdetraining übertragen! Dann konnten wir den Druck stufenweise nachlassen und erhöhen, wie bei einem Lautstärkeregler, wie eine verfeinerte Steuerung, viel feiner als ein Peitschenhieb natürlich.

Die entscheidende Frage bei meinen Messungen war: Wie viel oder wenig Reiz brauche ich eigentlich aus Sicht des Pferdes? Wenn ein körperlich starker Mann glaubt, nur schwach am Halfter, dem Zügel, der Longe oder dem Strick zu ziehen, könnte der Druck aus der Sicht des Pferdes wahrscheinlich so stark sein, dass es schon längst Stress empfindet – und der Reiter glaubt, noch nicht mal richtig angefangen zu haben. Ein zart gewachsenes junges Mädchen dagegen zieht vielleicht so sanft, dass das Pferd den Reiz womöglich nicht mal bemerkt.

Durch die Versuche, die ich mit dem Zügelmessgerät machte, wurde die Reizbestimmung und Wirkung eines Impulses, also zum Beispiel eines Zugs am Zügel als Signal für das Stehenbleiben des Pferdes, das gerade vorwärtsläuft, lesbar gemacht. Es soll verstehen: »Ziehen am Zügel heißt stehen bleiben«, wenn du, Pferd, gerade am durchhängenden Zügel vorwärtsgehst. Die Frage ist nur, wie komme ich dahin, dass das Pferd schon bei ganz wenig Druck »versteht« und die richtige Reaktion anbietet, die ich dann belohnen kann. Nicht so sehr »wie doll muss ich ziehen«, das hatte Hayley ja schon herausgefunden, es ging im nächsten Schritt darum, wie ich für unendlich viele andere Trainingssituationen Reize nahezu unsichtbar auf das Pferd einwirken lassen konnte und das korrekte Verhalten aus der Perspektive des Pferdes bejahen oder verneinen konnte, so dass es »versteht«. Egal wie körperlich stark oder schwach ein Reiter oder eine Reiterin ist – beide müssen das gleiche Ergebnis erzielen können und das Pferd darf, wenn es ausgebildet wird, keinen Stress empfinden.

Wir wussten von vorherigen Studienergebnissen, zu denen mir Hayley Zugang verschaffte, dass ein Kürzerfassen des Zügels von nur zehn Zentimeter Zügellänge bereits 10 N mehr Druck auf das Gebiss im Pferdemaul ausübt. Der zunehmende Druck zeigt an Pferden ein Abwehrverhalten, das in der Körpersprache sichtbar und nun durch unsere Ethogramme für uns lesbar wurde, zum Beispiel aufgerissenes Pferdemaul, angelegte Ohren, abwehrendes Schweifschlagen etc. Wir sahen es nun also in Newton ablesbar auf dem Laptop, der mir anzeigte: »Bis hierher und nicht weiter« – egal ob das Pferd den Reiz »Zug oder Druck im Maul heißt verlangsamen oder stehen bleiben«, schon verstanden hatte oder nicht. Das Ziel war es, so wenig wie möglich ziehen zu müssen, damit diese für das Reiten elementar wichtige Information angstfrei vom Pferd verstanden werden konnte. Und zwar messbar gewaltfrei, stressfrei, angstfrei. Fröhlich, wohlwollend, lernbegierig. Von Herzen auf einer gemeinsamen Ebene.

Dass ich über die Kommunikation zwischen Pferden und Menschen forschte und Pferde immer erfolgreicher mit ganz neuen Kommunikationsmethoden trainierte, sprach sich in der Pferdewelt immer mehr herum. Studenten und Studentinnen aus aller Welt, die sich mit Pferdewissenschaft beschäftigten, fragten mittlerweile bei mir an, ob ich Studien begleiten würde, das neue modulare Lehrgangsprogramm der Andrea Kutsch Akademie schlug im Herbst 2010 erfolgreich ein. Es waren bewegende Zeiten, die mich mit großem Glück erfüllten. Aber ich sehnte mich zunehmend nach einem Rückzugsort, nach einem Platz, an dem ich mich ganz auf meine Ideen und neue Ziele konzentrieren konnte. Ein Platz, an dem ich mich sammeln und unabhängig an der neuen, meiner eigenen Methode arbeiten konnte. Und wieder war es das, was viele Menschen »Zufall« nennen, was mir auf die Sprünge half und mir den Weg wies.

Kalifornien, ich komme!

»Kennst du La Jolla bei San Diego?«, fragte mich einer meiner engsten Freunde am Telefon.

»Nein«, erwiderte ich. »Warum fragst du?«

»Du redest doch immer davon, dass du hier mal raus musst. La Jolla ist so wunderschön. Du wirst den Windansea Beach lieben, für mich ist er einer der schönsten Strände der Welt. Und ich bin sicher, dass du dort hervorragend arbeiten kannst und Abstand bekommst.«

Das klang nach einer sehr guten Idee. Ich liebe Strand und Meer, egal ob Sylt, Barbados oder die Ostsee. Das Meer befreit meine Gedanken, es beflügelt mich und ich muss immer grinsen, so glücklich macht es mich. Ich kann das Meer fühlen in meinem Herzen. Ich kann mich gedanklich im Meer verlieren und stundenlang am Strand spazieren gehen, auf einen Glühwein oder ein Glas Wein irgendwo einkehren und dann wieder nach Hause wandern.

»Das klingt nach einer sehr guten Idee, ich würde am liebsten heute losfliegen!«

»Wenn du willst, stelle ich den Kontakt zu einem meiner Anwaltskollegen in San Diego her. Er heißt Howard, ist Rechtsanwalt und wohnt in einem schönen Haus in Rancho Santa Fe im County San Diego. Howard ist sehr hilfsbereit und wird dich super gern als seinen Hausgast begrüßen. Du brauchst nur den Flug zu buchen.«

Nach einem kurzen Telefonat mit Howard buchte ich einen Flug nach San Diego. Für den nächsten Tag! Reisen für Kurzentschlossene nennt man das wohl. Für mich ist das nichts Ungewöhnliches, ich liebe solche spontanen Dinge, die das Universum oder das Leben von allein regelt. Wenn man sich darauf einlässt, weil alles fließt, dann ist das wahnsinnig aufregend, schön und vertrauensvoll. Dieses Urvertrauen ins Leben habe ich schon immer in meinem Herzen. Ich kann dann einfach an einen unbekannten Ort fliegen und weiß, dass alles gut ist, so wie es passiert, und dass es ist, wie es ist.

Bei der Idee, mal eben nach Kalifornien zu fliegen, um ruhige Momente zu erleben, die neu für mich sein würden, weil ich nämlich seit Ewigkeiten nicht mehr so richtig allein gewesen war, legte mir das Universum keinen Stein in den Weg. Alles floss und fühlte sich gut an. Der Flug war günstig, das Ticket verfügbar, der Freund, Howard, würde mich in San Diego am Flughafen abholen und mir in seinem Haus eine wunderschöne Zeit ermöglichen.

Na dann mal los! Ich packte ein paar Klamotten zusammen, regelte das Nötigste im Büro, fuhr zum Flughafen und freute mich auf die nächsten 14 Tage USA.

Als ich endlich im Flugzeug saß, trank ich genüsslich ein Glas Sekt und dachte: »Auf in neue Abenteuer.« Alles hat einen Sinn, und heute war der Tag, um glücklich zu sein. »*There are only two days in the year that nothing can be done. One is called yesterday and the other is called tomorrow. Today is the right day to love, believe, do and mostly live.*«[3]

Nicht eine Sekunde dachte ich darüber nach, was ich da eigentlich machte, wo die Reise hingehen würde, ob ich in Urlaub flog, vor etwas weglief oder schlicht meine Ruhe wollte. Ich ließ mich einfach ins Leben fallen. Wie konnte ich auch ahnen, dass dieser Spontanflug nach Ka-

---

3   Dalai Lama

lifornien innerhalb kürzester Zeit mein Leben komplett verändern würde?

Howard holte mich tatsächlich am Flughafen ab und begrüßte mich freundlich. Er war ein großartiger und großzügiger Gastgeber und sehr interessiert an meinen Plänen, beziehungsweise meinen Nicht-Plänen. Ich beschloss, diese Reise als eine Urlaubsreise ohne weitere Bedeutung einzuordnen und jeden Tag zu schauen, was passieren würde. Erholen, glücklich sein, privat sein, atmen, Sonne und Meer und neue Bekanntschaften genießen.

Ich hatte einige Studien mitgenommen, die ich am Strand lesen wollte, aber ansonsten wollte ich einfach nur mal raus. In Deutschland brodelte eine unangenehme Gerüchteküche rund um die »Andrea Kutsch Akademie«, auch dem wollte ich einfach mal entkommen. Es fühlte sich alles so gut an, nach einer »Fügung«, so als wäre alles richtig und sollte genau so und nicht anders sein. Auch fühlte ich mich in Kalifornien so gar nicht fremd oder neu. Es war merkwürdig. Es war fast ein Gefühl, als würde ich nach Hause kommen, obwohl ich noch nie in San Diego gewesen war. Ich genoss kulinarische Köstlichkeiten und die amerikanische Leichtigkeit des Seins: »*How are you?*« – »*I am great, thank you, how are you?*« – »*Very well, thank you so much!*« – »*And what are your plans today?*« – »*Going to the beach.*« – »*Oh SWEEEET, enjoy, I love the beach!*« Da ist niemand übellaunig und griesgrämig oder denkt womöglich: »Du blöde Kuh kannst zum Strand gehen, während ich hier schlecht gelaunte Kunden bedienen muss. Dir muss es ja gut gehen, wenn du dir das leisten kannst!« Solche Art von Neid oder Fokussierung auf das

Negative scheinen die Kalifornier nicht zu kennen, sie können gönnen und leben und leben lassen.

Ich machte es also wie die Kalifornier, genoss einfach das Leben, freute mich, wenn die Sonne schien und das Meer und der Himmel blau waren. Die Amerikaner waren mir, der zielstrebigen, fleißigen Deutschen gegenüber erfrischend offen und interessiert. Ich wurde überall freundlich willkommen geheißen und alle, die ich traf, freuten sich, dass es mir in Kalifornien so gut gefiel.

Endlich musste in meinem persönlichen Leben gerade einmal *nicht* alles einen Sinn haben. Die Anerkennung unserer Fachhochschule und die parallele Umstrukturierung des Bildungsprogramms der Andrea Kutsch Akademie hatten mir viel Kraft und Energie geraubt. Nach all den beruflichen Anstrengungen, Veränderungen, Weiterentwicklungen und Missverständnissen der letzten Jahre war ich jetzt einfach mal ganz leichtfüßig happy. Mein Team in Deutschland hatte alles im Griff und ich ließ einfach mal die Füße im Meer baumeln, füllte meine Lungen mit der frischen Meeresluft und mein Herz mit dem leichten Sein. Die Stille, nur durchbrochen vom Aufschlagen der Wellen auf den weichen Sandstrand, war sanft und wohlig. Mir wurde klar, dass ich seit Jahren mein Handy nicht aus der Hand gelegt hatte. Und in den letzten Monaten hatte ich dabei das Gefühl gehabt, wie ein Pferd vor einer Meute hungriger Löwen zu fliehen. Ein Gefühl der Erleichterung stellte sich ein, dass jetzt alles pausierte, ein wahrer Segen, der mich ermutigte, mich jetzt zu erholen, bevor ich mich in ein neues Leben stürzte.

Ich fand ein tolles Fitnessstudio, sprang, so oft ich konnte, ins Meer, las die mitgebrachten Studien und freute mich auf die weiteren Schritte in meinem Leben.

Und da war diese unfassbar schöne Windansea Beach, eine langgestreckte, felsige Küstenlinie, ein berühmter Surfer-Strand mit starken, interessanten Wellen in La Jolla. Man trifft direkt auf die Beach, wenn man die Nautilus Street entlangwandert. Ich verliebte mich förmlich in dieses kleine Stückchen Strand, es übte auf mich eine geradezu magische Anziehungskraft aus. Ich hatte an so vielen verschiedenen Orten am Meer gelebt, es konnte nicht einfach nur die Beach-Atmosphäre sein. Da war noch etwas anderes.

Fasziniert von dieser Energie, dieser Anziehungskraft, lief ich vorbei an zuckersüßen kleinen Ein-Zimmer-Beach-Cottages, alle in unterschiedlichen Farben, in unmittelbarer Strandnähe. Und während ich so unbeschwert durch die kleinen Straßen wanderte, spürte ich, dass etwas fehlte. Und zwar die Schwere und Anspannung der letzten Monate in Deutschland. Sofort wusste ich es: Hier wollte ich gerne wohnen. »Ich wandere mal kurz aus«, schoss es mir wie ein Blitzgedanke durch den Kopf. »Du bist verrückt«, meldete sich meine Vernunft. »Du kannst nicht einfach so in die USA ziehen und dein ganzes Leben über Bord schmeißen. Du hast Ziele, du arbeitest an einer großartigen Sache und das geht nur in Deutschland. Amerika ist nicht Mallorca, wo du schnell mal mit dem nächsten Flieger hinkannst. Amerika ist komplizierter, größer, weiter. Spinn nicht rum, Andrea!«

Meine andere Hirnhälfte konterte: »Aber vielleicht wäre das mal eine ganz tolle Kombination für mich zu diesem Zeitpunkt!«

Ja, warum eigentlich nicht? Ich war Single, frei und hatte ein großartiges Netz von Wissenschaftlern in der ganzen Welt, mit denen ich arbeitete. Denen war es egal, wo ich mit meinem Laptop saß und von wo aus ich telefonierte und Kontakt hielt. Und wenn ich Studien durchführen musste, würde ich ohnehin immer an den jeweiligen Standort reisen. Ob ich dafür von Hamburg für zwei Wochen nach Frankfurt zog oder von Amerika, machte keinen großen Unterschied. Der Flug nach Los Angeles dauerte zwölf Stunden, die Fahrt nach Frankfurt auch schon gute fünf Stunden. Und heutzutage geht so vieles online. Bloß weil ich gerade an einem Forschungsprojekt der Universität von Sydney beteiligt bin, heißt das ja noch lange nicht, dass ich deshalb in Australien leben muss. Und für die Lehrgänge und Seminare an der AKA konnte ich hin- und herfliegen, das lief ohnehin in einem festen Rhythmus. Wer stoppt mich eigentlich, wenn ich denke: »Das geht doch nicht!«? Nur mein Kopf? Mein Unterbewusstsein? Meine alte Landkarte? Meine Erziehung? Alte Glaubenssätze meiner Familie, die sie mir als Kind eingetrichtert haben aus ihrer persönlichen Weltwahrnehmung? Mein inneres Kind (»Das macht man nicht! Du spinnst ja, Träumerin! Du bist so rastlos, komm doch mal zur Ruhe!«)?

Wenn ich mir vorstellte, jeden Morgen am Windansea Beach aufzuwachen und das Meeresrauschen zu hören, begann mein Herz vor Aufregung und Freude zu klopfen. Doch je konkreter ich darüber nachdachte, desto unsicherer wurde ich. Woher kamen diese plötzlichen USA-Gedanken? War das hier wirklich Fügung, war das eine verrückte Idee oder wollte ich gar weglaufen und alles hinter mir lassen? Das würde mich womöglich eines Tages einholen.

Um ganz sicher zu sein, dass meine Entscheidung den richtigen Beweggründen entsprang, brauchte ich Unterstützung. Ich wollte verstehen, was die treibende Kraft hinter meinen plötzlichen Wünschen war.

Gesagt, getan, ich nahm mir psychologische Hilfe, denn ich wollte hinschauen, bevor ich mich in etwas verrannte oder mich weiter begeisterte. Zum Glück gibt es Skype und ich hatte ein aufschlussreiches Gespräch mit einer Psychologin. Das Ergebnis war eine deutliche Bestätigung: Machen Sie das, wohin Ihr Herz Sie zieht! Mit dieser Sicherheit im Herzen schaute ich noch einmal offener in die Umgebung, die ich so mochte. Ich fühlte mich einfach nur wohl in meinen Shorts, meinen Flip-Flops, dem immer schönen Wetter und konnte vom Meer einfach nicht genug bekommen.

Kurzerhand aussteigen und ein neues Leben beginnen? Das hatte ich schon einmal getan, vor elf Jahren. Damals, im Jahr 1999, war ich erfolgreiche Jungunternehmerin mit einer eigenen Marktforschungsagentur in Hamburg. Mein damaliger Lebensgefährte, der Polospieler Thomas Winter, hatte mir zu Weihnachten einen Kurs bei dem Pferdeflüsterer Monty Roberts in Buellton in Kalifornien geschenkt. Ich machte den Kurs und blieb anschließend einfach dort, um das Pferdeflüstern voll und ganz zu erlernen. Ich stürzte mich Hals über Kopf in eine neue Ära, trotz einer festen Beziehung und einem etablierten Leben in Hamburg. Diese Entscheidung hat mein Leben damals in ein vollkommen neues Paralleluniversum katapultiert. Und es war eine wunderschöne Erfahrung und Lebensreise, die ich nicht bereue. Warum das spontane Konzept nicht noch mal wiederholen? »Machen und schauen, was passiert« war immer schon mein Motto.

Und dieses Mal ging es ja nicht darum, alles Bisherige hinter mir zu lassen und womöglich den Beruf zu wechseln. Nein, es ging ja nur um die private Lebensentscheidung. Ich würde einen Zweitwohnsitz in Kalifornien haben. So eine dicke Sache war das ja nun auch nicht. Nur zu! Und dann spielte mir der Zufall in die Hände.

Die neue Rolle des Pferdetrainers: Weg vom Leittier, hin zum Lehrer

Am nächsten Morgen lief ich bei Sonnenaufgang ganz amerikanisch mit meiner Kaffeetasse »cup to go« in der Hand durch die Nautilus Street und fühlte mich wieder so merkwürdig heimisch. Als ich mit einer Studie ausgestattet am Strand auf meiner Decke lag und Notizen machte und etwas Neues zur Konditionierung von Verhalten bei Tieren herausfand, genoss ich meine neue Anonymität.

Das Rangordnungsverhalten von Pferden war das Thema, mit dem ich mich in diesen Tagen besonders intensiv beschäftigte. Denn darauf basieren viele Trainingskonzepte. Die Idee dahinter ist, dass der Mensch zum »Anführer einer Herde von zweien«, also ein Mensch über ein Pferd, wird. Die Studien zum Thema Rangordnungsverhalten interessierten mich deshalb besonders. Begeistert las ich mich ein in Studienmaterial zum Thema »Leben von Tieren in Herdenverbänden« und inhalierte alle Informationen, die Rangordnungsverhalten belegten. Es war mir wichtig zu sehen, ob und wie Pferde zu Leittieren in ihrer Herde werden, und durch welche Art der Kommunikation von Pferd zu Pferd das geschieht.

Sollte die Rangordnung sich primär durch aggressive Auseinandersetzungen etablieren, dann würde ich anhand eigener Studien herausfinden, ob das auch auf die Interaktion zwischen Pferd und Mensch übertragbar ist oder nur bei Pferden untereinander sinnvoll funktionierte. Pferde – gerade Wildpferde – leben in sozialen Verbänden mit klaren Hierarchien. Neben Junggesellenverbänden sind das meist Familien- bis Großfamilienverbände, in der Regel in Form eines Harems. Manchmal gibt es Auseinandersetzungen innerhalb dieser Verbände, aber die Pferde meiden Auseinandersetzungen nach Möglichkeit. Nicht Aggressivität, sondern eher Toleranz und Aggressionsvermeidung gewährleisten die Stabilität innerhalb des Verbandes. Ihr angeborenes Sozialverhalten zwingt Pferde zwar, eine Rangordnung zu erstellen. Ist sie aber einmal festgelegt, finden keine ernsthaften Auseinandersetzungen mehr statt.

Ich schloss daraus, dass Menschen es unbedingt vermeiden sollten, sich mit dem Pferd in irgendeiner Weise aggressiv auseinanderzusetzen.

Vor allem, das wurde mir immer klarer, durfte ich mich nicht in Rivalität, Wettbewerb oder Konkurrenzverhalten mit dem Pferd verzetteln. Ich musste die Voraussetzungen schaffen, dass ich in einen kompetenten Dialog mit ihm eintreten konnte. Und – ich war immer noch Mensch und nicht Pferd und somit auch nicht wirklich Bestandteil einer Pferdeherde.

Es ging also wieder um Kommunikation: Wie konnten die Signale des Menschen für das Pferd verständlich werden? Ich würde eine Art Zeichen- oder Gestensprache erfinden müssen, damit wir uns verständigen konnten.

Pferde orientieren sich primär an optischen, akustischen und insbesondere olfaktorischen Merkmalen. Ich hatte häufig beobachtet, dass Pferde, wenn sie sich auf mich einlassen, mich beschnupperten und an mir rochen, als würden sie meinen Pulsschlag prüfen. Das konnte man sicher für die Kommunikation einsetzen.

Und ich wollte die Pferde da abholen, wo sie sich am

wohlsten fühlen: in der aggressionsfreien Zone. Konflikte in einer Ausbildungssituation sind schließlich alles andere als zielführend. Denken Sie nur mal an Ihre eigene Schulzeit. Haben Sie nicht auch besser gelernt und sich das Gelernte besser gemerkt, wenn Sie etwas gerne gemacht haben, wenn Sie motiviert und ohne Angst vor Bestrafung waren? »Hausarrest, bis du die Schulaufgaben gemacht hast!« – das mag ja im ersten Moment funktionieren. Aber wenn ein Kind richtig am Thema interessiert ist, dann wird es nicht nur das Nötigste tun, sondern sich geradezu selbst übertreffen. *Konfliktsituationen vermeiden* stand nun in meinem Notizheft ziemlich weit oben, dick unterstrichen. Und: *Mehr die Haltung des Gegenübers einnehmen und in den Schuhen bzw. den Hufen des Pferdes laufen.*

Noch etwas fiel mir in den Studien zur Konfliktlösung von Pferden untereinander auf: Wie oft und wie

AKA | DIE 5 MASTER PRINZIPIEN VON EBEC®

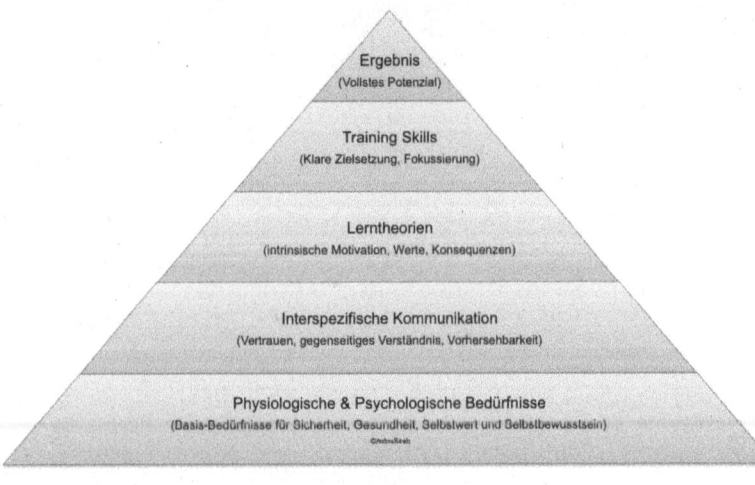

heftig Pferde aggressive Reaktionen zeigen, hängt unter anderem davon ab, wie viel Futter, Wasser und Sozialpartner es gibt, wie groß der Platz ist, der dem Pferd zur Verfügung steht. Ist alles vorhanden, reduzieren sich die Konfliktsituationen deutlich. Hieraus resultierte nun am Strand von Windansea in mein Notizbuch geskribbelt, die erste Stufe in der EBEC-Pyramide, die das Fundament meiner Methode darstellt.

Cottage for rent

Nach diesen bewegenden Stunden am Strand von Windansea Beach schlenderte ich wieder zurück durch die Nautilus Street in La Jolla, vorbei an diesen zuckersüßen Cottages, in die ich mich schon so verknallt hatte. Das mit der grünen Tür hatte es mir am meisten angetan. Es sah aus wie aus einer alten, längst vergessenen Zeit, eine hohe Palme stand stolz vor der Tür wie ein Wächter. Ach, wie schön es doch wäre, wenn …

Mittlerweile hatte ich jedoch hier und da ein wenig mit den Leuten aus der Umgebung geplaudert und erfahren, dass an diese Cottages so gut wie nie heranzukommen war. Sollte jemals eines frei werden, käme das einem Wunder gleich, denn die Mietverträge werden laut Aussagen der Nachbarn über Generationen weitervererbt. Das konnte ich mir also getrost abschminken. »Ach, das Universum wird es schon richten, einfach mal loslassen den Gedanken«, dachte ich und beschloss, nichts weiter zu unternehmen.

Das Universum hatte aber offenbar gut zugehört und sich etwas für mich ausgedacht. Wenige Tage vor meiner Abreise schlenderte ich wieder barfuß durch die Nautilus Street, mit meinem Morgenkaffee in der Hand. Was sah ich da? Eine kleine, etwas grimmig schauende, untersetzte Frau drückte vor dem süßen kleinen Cottage mit der grünen Tür ein Schild in den Rasen. Als ich näher kam und die Aufschrift entziffern konnte, glaubte ich, meinen Augen nicht zu trauen: *For rent* stand darauf. *Zu vermieten.*

Mir stockte der Atem und mein Herz hämmerte wie verrückt. Ganz ruhig bleiben, Andrea. Ich spazierte erst mal unauffällig weiter und meinte, die Blicke der Frau im Rücken zu spüren. Echt jetzt? Fragen über Fragen schossen mir durch den Kopf: Geht das überhaupt? Darf ich als Deutsche in den USA ohne Visum überhaupt was mieten? Wie oft würde ich denn dann hierhin pendeln? Pendeln zwischen San Diego und Hamburg, geht das überhaupt, und ist das nicht viel zu teuer? »Sag mal Kutsch, geht's noch?«, hörte ich meine innere Stimme sagen. Aber ich liebte diese Umgebung und das kleine Cottage. Was, wenn ich einfach nur ein Zwei-Zimmer-Cottage am Strand hätte? Ich wollte die Leichtigkeit des Seins noch mal leben. Alles reduzieren. Ganz leicht sein. Ich bin in einer schönen Umgebung mit den einfachen Dingen zufrieden, es braucht nicht viel zum Glücklichsein. »Machen!«, sagte meine innere Stimme in diesem Moment.

Ich drehte um, schlenderte auf die andere Straßenseite und begann mit der Frau den typisch amerikanischen »easy going«-Dialog: »*Hi, how are you?*« – »*Great, thank you, and you?*« – »Wunderbar, ich heiße Andrea, und ich habe Interesse an diesem Cottage. Kann ich es mir mal ansehen?« – »Na klar! Ich bin Dianne Schweitzer, schön, dich kennenzulernen! Das Cottage ist noch nicht leergeräumt, aber ab nächsten Monat ist es frei.« Wunder-bar!

Dianne und ich mochten uns sofort und ich schlug ein, ohne das Cottage von innen gesehen zu haben. Doch als sie mir erklärte, ich müsse eine Kaution in bar hinterlegen, eine amerikanische Telefonnummer angeben und ein amerikanisches Bankkonto vorweisen, brach mir der Schweiß aus. »Keine Panik, Andrea, wir trinken jetzt erst mal einen Kaffee, ich erkläre dir alles und helfe dir, einen Weg zu finden. Wir können zu meiner Bank gehen, die werden dir sicher helfen.«

Wir gingen in mein nahe gelegenes Lieblings-Morgencafé, zu dem fleißigen, nun mittlerweile zum Freund werdenden, Vahik, der vor 20 Jahren aus dem Iran oder Irak eingewandert war und sich hier in Vahik's Café eine gute Existenz aufgebaut hatte. Hier traf sich die Nachbarschaft. Ich spitzte die Ohren. Sie erklärte mir, was ich alles zu tun hatte und wie das Mieten in Amerika funktionierte, und ich unterschrieb den Vertrag. Dianne und ich verabschiedeten uns herzlich voneinander und ich zog aufgeregt zurück zu Howard.

Je mehr ich nachdachte, desto weniger wusste ich, ob ich mich freuen oder weinen sollte. »Sag mal Kutsch, geht's noch? Hast du gerade ein beach cottage in La Jolla gemietet?« – »Ja, habe ich!« – »Wow, yippieh, das wird toll!« Mir brummte der Schädel, je nachdem welche Perspektive ich einnahm. Da stürzte ich mich lieber wieder in die Arbeit, nahm mir meine Notizen vor und schmiedete Pläne.

Optimale Lernbedingungen schaffen, Aggression ausschalten, eine Sprache finden, die Pferd und Mensch versteht

Ich rekapitulierte: Alle psychologischen und physiologischen Grundbedürfnisse müssen erfüllt sein, damit das Pferd optimale Lernvoraussetzungen erhält und sich vertrauensvoll auf mich einlassen kann. Es sollte keinen Stress empfinden, zum Beispiel wegen der Trennung von seinen anderen Herdenmitgliedern. Es muss sich angstfrei, zufrieden und konzentriert voll und ganz mit mir, meinen Gesten und Reizen, die ich ihm präsentiere, auseinandersetzen können.

Pferde vermeiden aggressive Auseinandersetzungen nicht nur deshalb, weil sie grundsätzlich friedliebende Tiere sind, sondern auch, weil aggressive Auseinandersetzungen sie unnötig Energie kosten, Stress verursachen und die Gefahr von Verletzungen steigern. Um die Rangordnung aufrechtzuerhalten und den anderen in die Schranken zu weisen, genügen meistens geringfügige Gesten wie Ohrenanlegen, Verziehen der Nüstern und Mundwinkel. Sie zeigen Droh- und Imponiergehabe, unterlassen aber einen Angriff. Das war ein wichtiger Punkt und er legte nahe, dass wir Pferdetrainer mit Wegscheuchen und Ausschließen schon weit über das Ziel hinausschossen, weil wir Stress verursachten.

All die Beobachtungen und Ergebnisse, die ich zusammentrug und auswertete, ließen nur den einen Schluss zu: Der Mensch wird *nicht* Teil einer Pferdeherde, wenn er versucht, die Gesten des Pferdes zu kopieren. Diese Erkenntnisse warfen vieles, was ich bisher gelernt und wonach ich gearbeitet hatte, über den Haufen. Wenn ich in Zukunft anders arbeiten wollte, musste ich jedoch unbedingt weitere Tests machen, um herauszufinden, ob meine neuen Ideen wirklich tragfähig waren. Ich wollte prüfen, wie das Trainingsergebnis aussieht, wenn der Trainer potenzielle aggressive Auseinandersetzungen vermeidet und nur ganz kurze, jedenfalls keine heftigen kommunikativen Interaktionen einsetzt. Das Vertreiben oder Umherjagen als negative Konsequenz für das »Nicht-bei-mir-bleiben-wollen«, wenn ich es frei laufen lasse, oder das Schlagen des Pferdes mit einer Peitsche, weil Pferde sich untereinander auch schlagen etc. – all das wollte ich vermeiden und Raum schaffen für neue Kommunikationsformen. Ich war elektrisiert und schmiedete Pläne.

Noch von Amerika aus rief ich Paul Schockemöhle an und fragte ihn, ob ich mit einer Gruppe von interessierten Teilnehmern meiner Lehrgänge und Wissenschaftlern für eine mehrwöchige Studienzeit in die Lewitz kommen könnte. Zu meiner riesigen Freude sagte er sofort zu. Er würde mir einen Laufstall mit hundertsiebzig zweijährigen Pferden zur Verfügung stellen und einen Teil des Gestüts, in dem ich in Ruhe und ungestört abseits des täglichen Betriebes arbeiten könnte.

Lernen ermöglichen. Das war der gut klingende Plan.

Wenige Tage später stieg ich in den Flieger nach Deutschland, mit riesigen Plänen für weitere Studien im Gepäck – und als stolze Mieterin eines Zwei-Zimmer-Cottages am berühmten Windansea Beach von La Jolla. »Yes baby, you go girl!«

Im Geiste hörte ich meine Freundin Susi sagen: »Kreisch, wie aufregend ist das denn. Ach Kutsche, bei dir mache ich mir nie Sorgen. Du fällst immer auf die Füße, egal wo auf der Welt du bist.«

Na hoffentlich behielt sie auch dieses Mal recht, dachte ich still und heimlich, als Los Angeles langsam unter mir in den Wolken verschwand.

Team und Pferde am Start

Kaum war ich wieder in Deutschland, stürzte ich mich in die Arbeit. Hundertsiebzig zweijährige Stuten warteten in der Lewitz auf mich. Schon von Amerika aus hatte ich mein »Dreamteam« für die anstehenden Untersuchungen zusammengestellt. Es bestand aus etwa dreißig Vertrauten und wissbegierigen Unterstützern. Alle hatten sofort zugesagt, noch ohne zu wissen, worum es eigentlich ging.

Das Team setzte sich aus sehr unterschiedlichen Menschen zusammen: aus Trainern, die ich bereits ausgebildet hatte und die fest zur Andrea Kutsch Akademie gehörten, aus Uni-Absolventen, die ihre wissenschaftliche Methodik mitbrachten, Pferdetrainern mit herkömmlichen Methoden, einigen Gestütsmitarbeitern, aber auch einem Menschen-Coach und einer Psychologin. Denn mir war klargeworden, dass wir Menschen, wenn wir mit den Augen des Pferdes schauen wollten, die eigene Perspektive verlassen mussten. Und das fällt allen schwer, mich selbst eingeschlossen! Es bedeutet, alte, liebgewordene Gewohnheiten aufzugeben, die Komfortzone zu verlassen, sich selbst emotional einzulassen. Da würden sicher einige Emotionen auf uns warten, und die sollten ausgeglichen, aufgefangen, neutralisiert werden, um unsere wissenschaftliche Methodik nicht zu gefährden.

Deshalb die psychologischen Fachleute: Sie sollten beobachten, gegensteuern und bei Bedarf jedem für ein Gespräch zur Verfügung stehen, falls mal etwas aus den Fugen geriet. Hier sollten nicht nur Pferde gecoacht werden, sondern auch Menschen über sich und andere lernen, das war mir wichtig. Wir mussten ja auch Menschen in ihrem Handeln, Denken und Fühlen besser verstehen oder besser auf sie eingehen, sonst würde es immer wieder Streit geben wegen unterschiedlicher Ansichten über die Ausbildung und Kommunikation mit Pferden. Wir wollten Konflikte und Aggressionen minimieren – bei Pferden, aber auch bei Menschen. Denn das frühere Pferdeflüstern hatte sich zwar als gewaltfreie Kommunikation mit Pferden einen Namen gemacht. Es gab aber ungelöste Fragen: Wenn in einer unserer öffentlichen Vorführungen ein verladeschwieriges Pferd problemlos auf den Anhänger ging, draußen mit den Besitzern bei der Abreise am späten Abend auf dem Parkplatz danach aber nicht, dann hieß es: »Die können es halt nicht.« Das hat mich immer belastet. Auch die Formulierung, dass wir gewaltfrei sind, war unglücklich. Bei denen, die es anders machten, kam häufig das Gefühl auf: »Ich bin gewaltvoll mit meinem Pferd« und das tat mir immer leid. Da dachte ich, das ist nicht rund mit der gewaltfreien Kommunikation, das hat noch viel Potenzial. Denn ich kann nicht mit Pferden wirklich gewaltfrei kommunizieren, wenn ich innerlich mit Menschen nicht auch gewaltfrei kommuniziere. Da stimmte etwas nicht, da konnte ein bisschen psychologische Grundschulung sicher keinem schaden, um auch diesen Bereich weiterzuentwickeln und nach Lösungen zu schauen, emotional im menschlichen Miteinander.

Team und Pferde standen am Start. Es konnte losgehen. Ich wollte a) eine gemeinsame Kommunikationsform finden, bei der ich nicht zum Pferd würde und ein Pferdeverhalten oder ein Raubtierverhalten zu kopieren versuche. Und b) Lernen ermöglichen mit Konsequenzen, die das Pferd annehmen und verstehen kann. Negative Konsequenzen, wenn es eine Verhaltensweise anbot, die von mir unerwünscht war, und positive Konsequenzen für eine Verhaltensweise, die ich mir wünschte.

Um die interspezifische Kommunikation genauer zu untersuchen, listete ich sämtliche Gesten auf, die ich im Longierzirkel beobachten konnte und als »Kommunikation« interpretieren konnte.

Es ging also eher darum, sich dem Pferd gegenüber als Mensch »verständlich zu machen«, so nach dem Motto: »Ich schaue jetzt mal hundert Pferden in die Augen und schaue genau, was sie machen, und halte das fest auf einem Blatt Papier. Dann öffne ich meine Hand und schaue, was sie machen. Dann schließe ich meine Hand und notiere das Verhalten. Meine Schulter frontal zum Pferd, meine Schulter abgewendet vom Pferd, mein Rücken zum Pferd, alle Gesten lösen ein Verhalten aus, wenn ich dafür sorge, dass das Pferd mich dabei beobachtet, und ich will schauen, bei wie vielen Pferden was natürlicherweise passiert.« Die Antwort des Pferdes würde mir zeigen, welche Nachricht ich ihm durch mein Verhalten gesendet hatte. Wenn das Pferd von mir wegraste, dann hatte es offenbar eine meiner Gesten als Aufforderung verstanden, genau das zu tun. Wenn die Verhaltensantwort das berühmte Lecken und Kauen – also Stress – war, dann musste ich herausfinden, welcher Reiz dieses Verhalten ausgelöst hatte.

Ich würde die Kommunikation zwischen dem Pferd

und mir ermöglichen, indem ich dafür sorgte, dass sich meine und die Körpersprache des Pferdes aufeinander einstellten, ähnlich wie bei der Einstellung einer Radiofrequenz. Ich musste so weit kommen, dass das Pferd imstande war, meine Gesten und Signale zu decodieren, damit ich keinen Stress im Pferd produzierte. Als Nächstes erfasste ich jedes »Instinktverhalten« und die dazugehörigen Schlüsselreize, die im Training beobachtbar sind, also zum Beispiel den Fluchtinstinkt, den ich auslösen kann, wenn ich dem Pferd einen unbekannten Reiz präsentiere, zum Beispiel einen ersten Sattel, den es noch nie gesehen hat. Oder eine flatternde Plastiktüte, die das Pferd sieht und es zur Flucht animiert. Auch eine menschliche Geste kann eine instinktive Fluchtreaktion im Pferd auslösen.

Dann beschäftigten wir uns mit der Wahrnehmung des Pferdes. Wir schauten ganz genau, ab wann (also zu welchem Zeitpunkt) das Pferd was (also welchen von außen wirkende Umweltreiz) nachweisbar wahrnimmt und notierten in Tabellen in unseren Computern diese messbaren Parameter, wie Wahrnehmung des Reizes, zum Beispiel die wehende, unbekannte Plastiktüte, die Distanz und die kleinstmögliche Reaktion des Pferdes. Denn nur einen Reiz, den das Pferd tatsächlich wahrnehmen kann, kann der Trainer auch als Reiz im Sinne der operanten Konditionierung verwenden. Hell und Dunkel, Geräusche, Gerüche, Farben, Berührungen – jedes Tier nimmt täglich Milliarden von Signalen aus seiner Umwelt wahr. Wie bei uns Menschen trennt ihr Gehirn dabei wichtige Informationen von unwichtigen. Und es verknüpft die Sinneseindrücke mit früheren Erfahrungen. Nur so können Tier wie Mensch überhaupt verstehen, was sie da wahrnehmen. Beim Menschen könnte eine Kombination von Eindrücken folgendermaßen lauten: grau gestreift, klein, vier Beine, schlanker Körper, Fell – eine Katze! Oder beim Pferd: starr, unbeweglich, Stange, bunt, hoch, breit – ein Sprung!

Wir hatten ja bereits durch Studien, die ich in Kalifornien durchforstet hatte, ein gutes Verständnis für das Sozialverhalten der Pferde. Das war wichtig, um abzuleiten, was Pferde gut finden oder auch nicht so gut. Zum Sozialverhalten gehört alles, was Tiere derselben Art miteinander machen – kämpfen, sich gegenseitig das Fell pflegen oder umeinander werben. Pferde verhalten sich unterschiedlich, je nachdem, ob sie in einer Gruppe sind, oder von ihren Artgenossen getrennt werden, zum Beispiel, wenn der Trainer allein in der Halle mit ihnen arbeiten möchte.

Da es sich bei den Zweijährigen in der Lewitz um untrainierte, fast wild gehaltene Pferde handelte, hatte ich relativ neutrales, rohes »Pferdematerial« zur Verfügung, an dem ich meine Tests durchführen konnte. Wir gingen dabei extrem strukturiert und sachlich vor. Aus der ersten Studienphase bei Paul in den Jahren 2006 bis 2009 wussten wir, was ein Pferd alles können muss, um Reitpferd zu werden und das unabhängig von seiner späteren tatsächlichen Nutzungsform. Wir wussten zudem, dass es zunächst in der Lage sein muss, einem Longierzirkel oder einer Reithalle mit einer ruhigen Pulsrate zu stehen, damit es in der Lage ist zu lernen, also Stufe 1 der EBEC-Pyramide. Wir brauchten also erst einmal diese neutrale Ausgangslage. Das hieß, alle Pferde mussten ruhig und entspannt im Longierzirkel stehen, ohne nach ihren Artgenossen zu rufen oder Angst in der Halle als solches zu haben. Das war die Trainingsphase Nummer Eins. Es war bereits durch Ethogramme, die ich zwischen 2006 und 2009 erstellt hatte und die ich dann im Jahre 2010 auch mit Ethogrammen anderer Verhaltensforscher zusammengeführt und durch ihre Erkenntnisse kontinuierlich ergänzt hatte, festgelegt, wie exakt wissenschaftlich definiert ein ruhiges Pferd auszusehen hatte. Interpretationen mussten ausgeschlossen werden. Der eine Mensch, der sich viel um Pferde herumbewegt, denkt vielleicht sein Pferd ist ruhig, wenn es nicht steigt oder bockt, aber ein wenig tänzelt und für einen anderen wäre das ein unruhiges Pferd. Jedes körpersprachliche Signal war festgelegt, wie der Kopf ruhig ist, die Ohren sich bewegen, die Füße stehen, jedes Pferd bekam also die gleiche emotionale Ausgangssituation, die wir an seinen Gesten ablasen. Wir wissen heute ganz genau, wie ein ruhiges, neutrales Pferd aussieht, sein Schweif, sein Kopf steht und was es ausdrückt, wenn sich das verändert. Erst wenn alles so aussah, wie wir ein ruhiges, zufriedenes Pferd wissenschaftlich fundiert definiert, konnten wir beginnen, Reize oder Gesten zu zeigen und Antworten abzulesen.

Und da war es wieder, das Lecken und Kauen: Es kam ständig und andauernd, jedes Mal, wenn wir auch nur ein kleines bisschen Druck ausübten. Oder das runde Kreiseln und Schlagen des Pferdekopfes: Es zeigt eine Reizüberflutung und damit eine emotionale Überforderung des Pferdes. Sieht man diese Geste, sollte man die Einheit beenden und klarer werden, lieber kleine Häppchen präsentieren. Einem Kind, das gerade das Einmaleins lernt, kann man auch nicht den Dreisatz beibringen. Erst mal muss sich das Einmaleins festigen, bevor ich den nächsten Schritt machen kann. So ist es auch beim Pferd. Bringe ich ihm bei, auf die Geste meiner seitlich zu ihm gedrehten Schulter hin zu mir zu kommen und es rennt einfach weiter im Kreis und schlägt dabei mit dem Kopf, oder rennt zur Tür und versucht, den Ausgang zu finden, dann muss ich noch mal zurück zum Einmaleins: entspannt in den Longierzirkel und wieder zurück zu seinen Freunden, die draußen warten, zu gehen. So entsteht eine interspezifische Kommunikationsform zwischen Pferd und Mensch und ein Verständnis, was das Pferd erst braucht, bevor es den nächsten Schritt erlernen kann, im übertragenen Sinne Einmaleins und Dreisatz.

EBEC funktionierte und wurde immer runder in seiner Anwendung. Ich sah ein Licht am Ende des Tunnels und träumte davon, dass unsachliche Endlosdiskussionen zwischen Pferdemenschen ein Ende haben.

Doch nicht alle im Team sahen das so eindeutig. Für manche war der Schritt, die eigene Vorgehensweise im Umgang mit Pferden zu verändern und Neues lernen zu müssen, zu groß. Es gab heftige Diskussionen, zum Beispiel um das Belohnen von Pferden, und manche im Team begannen, gegeneinander zu arbeiten.

Eine menschliche Herausforderung

Pia tat sich extrem schwer mit den neuen »Umgangsformen« zwischen Mensch und Pferd, die wir nun systematisch ausprobierten. An einer Testgruppe von vierzig Pferden wollten wir verschiedene Belohnungssysteme testen, um herauszufinden, wie Pferde aus ihrer Perspektive am schnellsten eine positive Verstärkung für ihr Verhalten als solche erkennen können.

Pia arbeitete mit Pferden aus einer Testgruppe, in der wir einen neuen, wesentlich komplexeren Weg der

Belohnung testeten. Es sollte diesmal kein Futter, kein Streicheln geben: Sie hatte ein fest vorgegebenes und neu entwickeltes Verhaltensethogramm, das sie anwenden sollte. Die Pferde sollten lernen, allein von ihrer Herde aus dem Stall weggeführt zu werden. Wenn das Pferd beim Verlassen des Stalls nervöse Körpersignale zeigte, wie Umschauen nach den zurückbleibenden Herdenmitgliedern, Tänzeln, flache Atmung, dann musste Pia das Pferd an dem Ort halten, wo die Nervosität begann. Wenn es wieder tiefer atmete und sich entspannte, sollte sie es belohnen, indem sie es sofort zurück in den Laufstall führte zu der dem Pferd bekannten, heimelig gewordenen Herde. Für Pia bedeutete das, dass sie das Pferd belohnen sollte, auch wenn das eigentliche Ziel, nämlich das erfolgreiche Entfernen von der Herde, noch längst nicht erreicht war. In Pias Vorstellung war das himmelweit entfernt vom »richtigen Verhalten« des Pferdes und von allem, was sie als Pferdetrainerin gelernt hatte. Alles in ihr sagte: »Pack das Pferd in den Longierzirkel und lass es darin so lange wiehern und umherrennen, bis es dort ruhig wird, und bring es dann erst zur Belohnung in den Stall und zu den anderen zurück.« Das war ihr altes Muster und sie war fest davon überzeugt, dass dies der richtige Weg war. Unsere Messungen sprachen jedoch eine ganz andere Sprache, denn sie ergaben ein unglaublich hohes Stresslevel beim Pferd, wenn es im Longierzirkel wiehernd umherlief. Das produzierte Adrenalin blieb eine gefühlte Ewigkeit im Organismus und verhinderte eine langanhaltende Lernerfahrung.

Pia wollte jedoch trotz dieser unumstößlichen Ergebnisse unbedingt an dem festhalten, was sie gelernt hatte, und versuchte auch andere aus dem Team davon zu überzeugen, dass das, was wir hier machten, niemals zielführend sei und nicht praktikabel. Es würde ewig dauern, bis so ein Pferd lernte, allein in einem Longier- zirkel zu bleiben und ein bisschen Rennen und Wiehern habe noch keinem Pferd geschadet, das machten sie in der Wildnis ja auch. Das war natürlich sehr bedauerlich, denn es trübte die gute Stimmung im Team erheblich.

Zusammen mit den Psychologen beobachtete ich Pias Verhalten und auch die Dynamik, die hieraus entstand. Das war genau das, was Menschen so oft in Stallungen erleben, wenn sie mal Dinge anders machen wollen als andere. Plötzlich empfand ich viel Empathie für all die Fans von mir, die mir berichteten, dass es psychologisch so schwerfällt, in Stallungen neue Wege mit ihren Pfer- den zu gehen. Für all diejenigen wollte ich psychologi- sche Inhalte in unser Lehrgangsprogramm integrieren, damit man sich und andere besser versteht und weiß, wie man sich begegnen kann, wenn solche Konflikte auf- tauchen. Pia verließ das Projekt und nahm gleich noch zwei andere Teammitglieder mit. Schade, aber lehrreich. Wissenschaft sichert neutrale Ergebnisse, die der aktuel- len überprüfbaren Wahrheit entsprechen. Das neutrali- siert und nimmt Emotionen raus. Manchen Menschen gelingt es, ihre Einstellung und ihr Handeln im Umgang mit Pferden zum Positiven zu verändern, und manche wollen an alten Mustern hängen bleiben. Jeder hat für sich die Wahlmöglichkeit.

Die Magie des Verstehens

Durch die große Anzahl an Pferden im Gestüt Lewitz und dadurch, dass wir das Verhalten von jedem einzel- nen intensiv beobachteten und aufzeichneten, waren wir relativ bald in der Lage, auch instinktive Verhaltensweisen vorhersagen zu können. Das versetzte mich in die Lage, Lerntheorien effizient mit einem vollkommen neuen Belohnungs- und Bestrafungsmodell für das Verhalten des Pferdes einzubauen. Um es hier nur kurz zusammenzufassen: Je schneller der Mensch die sanften, minimal sichtbaren Gesten des Pferdes erkennt und daraus Konsequenzen zieht – zum Beispiel ein abkippendes Ohr in Richtung eines angsteinflößenden oder unbekannten Reizes, desto weniger Stresshormone produziert das Pferd. Die Dialoge mit den Pferden wurden mit der Zeit für Außenstehende nahezu unsichtbar. Alle – selbst die ganz untrainierten, vollkommen rohen und zuvor extrem ängstlichen – Pferde liefen nun so artig, brav und zufrieden an unserer Seite, dass ich selbst mein Glück kaum fassen konnte. Pia war zu früh ausgestiegen.

Positives im Ansatz zu belohnen, indem man dem Pferd das gibt, was es gerne mag, funktioniert hervorragend. Timing ist allerdings alles bei der Anwendung. Das erfordert viel Übung. Es zu erlernen ist magisch, aber nicht einfach. Sobald ein Schlüsselreiz in die Wahrnehmung des Pferdes kam, lasen wir es an der Geste unmittelbar ab und hatten eine passende Rückantwort, die das Pferd sofort verstand und somit kooperierte. Das Pferd entfernt sich mit uns von der Herde, die es gerne mag und bei der es gerne ist (Instinkt: Sozialverhalten oder Herdentrieb). Dann ist es erst glücklich mit uns, nimmt uns wahr, ist zufrieden vielleicht für die ersten 50 Meter. Wenn es sich dann aber umschaut und mit festgelegten Gesten Beunruhigung anzeigt, gehen wir mit ihm wieder so weit zurück zur Herde, vielleicht 20 Meter, bis wir erkennen, dass sich die Atmung, die Kopfhaltung wieder ändern. Dann entfernen wir uns wieder und können uns nun vielleicht bereits problemlos 60 Meter weg entfernen. So erfährt das Pferd, dass seine Beunruhigung angenommen wird, von uns wahrgenommen wird und wir, bevor gesteigerte Nervosität eintritt, wohlwollend eine Reaktion darauf zeigen. So erarbeiten wir uns Inhalte miteinander, sicher und immer ruhig, denn die Gesten sind klar. Mit Hilfe der Ethogramme und der Ableitung instinktiver Verhaltensweisen waren wir plötzlich in der Lage, trickreich zu reagieren, bunt und kreativ zu werden, bevor das Verhalten eines Pferdes gefährlich werden konnte – bevor es zum Beispiel zum Steigen oder Buckeln oder Bocken kommt. Dabei ist kein Pferd wie das andere. Alle kommunizieren unterschiedlich und alle verarbeiten Informationen unterschiedlich. Da sind Pferde nicht anders als Menschen. Mit dem einen kann ich etwas rauer umgehen, während der Nächste dann vielleicht Abneigung oder Furcht mir gegenüber empfindet. Auch im Umgang mit anderen Menschen muss ich mein Gegenüber »lesen« und mir ein Feedback geben lassen, um zu wissen, auf welcher Ebene wir miteinander sprechen. Ein Dialog zwischen einem Menschen und einem Pferd könnte in etwa so lauten:

Pferd: »Hey Andrea, da hinten liegt etwas, das ich nicht erkennen kann!«

Ich: »Oh, cool dass du es mir sagst. Warte, ich bring dich in eine bessere Position, sodass du es besser sehen kannst.«

Pferd: »Ich bin mir aber relativ sicher, dass das etwas Unheimliches und sehr Gefährliches ist.«

Ich: »Okay, dann prüfen wir es vorsichtig aus der Distanz. Ich bringe dich jetzt in eine Position, dass du es mit deinen Augen gut sehen kannst.«

Pferd (leckt und kaut): »Oh, puh, Glück gehabt! Es sieht aus wie diese komischen Dinger, in die ihr Menschen immer Sachen reinwerft. Die tun nichts, das weiß ich. Dann ist es okay, wir können gerne daran vorbeigehen, wenn du magst.«

Ich: »Okay, super, ich bin froh, dass du es nun sehen konntest. Danke, dass du deine Angst mit mir geteilt hast.«

Es war magisch. Ich konnte die Pferde plötzlich direkt in deren Geist erreichen und das, ohne dass von außen jemand den Dialog zwischen mir und dem Pferd nachvollziehen konnte.

Dank EBEC kann ich heute in ein Dressurviereck einreiten, ohne zu riskieren, dass das Pferd vielleicht vor einer Dekoration oder dem Richterwagen scheut und damit die Wertung versaut. Von außen kann niemand sehen, wie ich das Verhalten des Pferdes beeinflusse. Es ist, als würde ich ihm vorher etwas ins Ohr flüstern, ohne dass es jemand bemerkt. So früh sind die Gesten eines Pferdes nun für uns lesbar.

Die Effizienz der neuen Methode rührt mich manchmal zu Tränen, denn ich habe ja nun schon drei Epochen der Evolution des Pferdetrainings durchlebt. Es bewegt mich tief, wie wenig Aufregung wirklich notwendig ist, um einem Pferd seine Wünsche zu vermitteln, und wie sicher und gut sich pferdezentrische Kommunikation anfühlen kann. Es ist ein nahezu zärtlicher Umgang, egal bei welcher Nutzungsform oder in welcher Pferdesportdisziplin. Neueste Studien machen es uns sogar möglich, am Gesichtsausdruck des Pferdes Schmerzen und Unwohlsein abzulesen. Und das alles ist erst der Anfang.

Ich brauchte kein Vokabelheft für Pferde, ich brauchte

ein ganzes ABC, so vielfältig sind die Ausdrucksformen, zu denen Pferde in der Lage sind.

Alles wurde so vielfältig und ruhig und harmonisch, sanft und ein so zarter Austausch. Ich hatte es geschafft. Nun endlich fügten sich endlos viele kleine Mosaiksteinchen zu einem großen Bild zusammen.

Und ich? Ich war reif für eine Pause. Ab ins Cottage nach La Jolla!

Meeresrauschen am Windansea Beach

Erschöpft, aber glücklich und zufrieden, sitze ich im Flieger von Hamburg nach San Diego. Ich habe ein großes und kontroverses Team geführt, bin vielen menschlichen Egos und Animositäten begegnet und musste die Balance halten, um mich selbst nicht zu verlieren. Ich musste innerhalb weniger Wochen viele psychologische Herausforderungen meistern, um das Team am Start zu halten. Ich hatte einen Computer voller Notizen und Auswertungen, und nun benötigte ich dringend eine Auszeit, um das alles mal etwas genauer anzuschauen.

Jetzt aber erst mal tief durchatmen. Auf mich wartet mein leeres, kleines, zuckersüßes Beach Cottage und das leichte Leben am Strand.

Im Flieger schloss ich die Augen und träumte von den rauschenden Wellen und der Ruhe, die ich in meinem geheimen Cottage haben würde, um wieder zu mir zu finden. Aber auch davon, was ich alles kaufen wollte, um das Häuschen kuschelig zu gestalten.

Kaum gelandet, durchströmte mich ein pures Glücksgefühl. Ich blinzelte in die Sonne, schaute in den strahlend blauen Himmel und fühlte mich rundum wohl in meiner Haut. Ich nahm mir einen kleinen Mietwagen und düste als Erstes zu IKEA. Lustig, IKEA gibt mir ein Heimatgefühl in der Ferne. Auf einem EKTORP-Sofa hat sich meine ganze Jugend abgespielt. Meine erste Wohnung in den frühen Achtzigerjahren war eine reine IKEA-Musterausstellung. In meiner Wohnung in Hamburg fand sich jetzt – ich war ja schließlich im fortgeschrittenen Alter – zwar nichts mehr im IKEA-Stil, aber hier in La Jolla durfte ich wieder Kind sein. Teure Einrichtung interessierte mich hier genauso wenig wie teure Kleidung oder andere Statussymbole.

Glück kommt von innen – das habe ich im Lauf meines Lebens gelernt. Natürlich möchte auch ich keine finanziellen Sorgen haben, aber ich definiere mich nicht über Dinge, die ich mir kaufen kann. Das, was in mir von innen glänzt, macht mein Wohlgefühl aus.

Im schwedischen Möbelhaus in Kalifornien angekommen, musste ich lachen, wie ich mich zwischen all den Amerikanern von der einen wohlbekannten Abteilung zu der nächsten vorarbeitete. Den Mietwagen packte ich voll mit den typischen Lampen, Teelichtern, Töpfen und dem Starter-Geschirr-Set für die erste Wohnung. Nur das Bett passte nicht rein, aber es wurde ganz nach amerikanischem Kundenservice keine zwei Stunden später geliefert, inklusive einem weißen EKTORP-Ecksofa. Ich war happy. Einerseits freute ich mich über die Leichtigkeit, die mir dieser unkomplizierte Einkauf gab, gleichzeitig wurde mir aber mal wieder bewusst, wie klein die Welt doch geworden ist.

Den Rest des Cottages wollte ich mit lustigem Strandgut füllen. Nur keinen Ballast anschaffen. Hier ging es nicht darum, Gäste zu empfangen oder zu zeigen, was man hat, wer man ist und was man kann. Das hier sollte mein ganz kleines Geheimversteck werden. Niemand interessierte sich dafür, wer ich war und was ich hier machte, und das war wundervoll.

Die erste Nacht im Cottage war ein Traum, ich konnte gar nicht fassen, wie glücklich ich war. Um sechs Uhr morgens ging es mit dem Coffee to go vom Café Vahik um die Ecke an den Beach, den Wellen lauschen, die ersten Surfer beobachten und die Leichtigkeit des Seins genießen. Herrliche unbeschwerte Tage warteten auf mich.

Im Laufe der ersten Tage machte ich die unterschiedlichsten Bekanntschaften. »Hey how are you?« – »Great, and you?« – »Wonderful, isn't that a beautiful day?« – »Yes, we are so fortunate!« Ich traf vollkommen gescheiterte Existenzen, die irgendwo zwischen Strand und nirgendwo lebten und trotzdem jeden Morgen lächelten, und Leute, denen man ihren guten Background zwar anmerkte, die aber dieselben Sachen trugen wie die anderen. Jeder sah so gleich aus in seinen Shorts, Flip-Flops und mit dem entspannten Lächeln im Gesicht, für das das Meeresrauschen und der stahlblaue Himmel verantwortlich waren. Und das genoss ich sehr.

Von Haus aus bin ich ja eine Windsurferin, Windansea und die Strände drum herum sind jedoch Surferstrände. Wellenreiten war relativ neu für mich. Ich hatte es zwar mal ausprobiert, konnte es aber nicht wirklich gut. Hier jedoch juckte es mich förmlich, es zu versuchen und mich mit einem Brett in die tosenden Wellen zu stürzen. Aber erst mal wollte ich mir noch ein paar Tage Pause gönnen und anschließend in Ruhe weiter an meinen Testergebnissen und den didaktischen Inhalten des Pferdetrainings arbeiten.

Ich hatte in der Zwischenzeit ein gutes Procedere entwickelt, wie wir die Ergebnisse aus unseren Studien optimal verwerten konnten: Per E-Mail kontaktierte ich meine Kontakte aus dem Wissenschaftler-Netzwerk, das ich nach und nach aufgebaut hatte, um zu prüfen: Sah ich die Ergebnisse richtig, hatte jemand noch Ideen oder weitere Informationen? Das war mein Kontrollwerkzeug, um sicherzustellen, dass ich die wissenschaftliche Denkweise beibehielt. Das finde ich bis heute noch schwer. Ich verfalle immer mal wieder in eine vermenschlichende Sprache, was zwar anschaulich ist, aber die pferdezentrische Perspektive verlässt. Also wollte ich auch an mir selbst weiterarbeiten, wollte mich selbst beobachten, reflektieren, Signale erkennen, die Hinweis auf Baustellen aus meiner Kindheit oder Jugend und Erziehung gaben und Beachtung benötigten, damit ich immer besser in der Kommunikation wurde.

Solch eine unbeschwerte Zeit wie diese Wochen im Cottage habe ich noch nie erlebt. Ich hatte zauberhafte Nachbarn in den anderen Cottages, alle jung und so unterschiedlich. Da war der charmante Andy, der Flirtmeister, dem alle »Beach Chicks«, also die jungen Damen, zu Füßen lagen, die Krankenschwester Charlene und der Musikwissenschaftler Kevin mit seiner Künstlerfrau Joe, deren Kunst ich nicht mal annähernd verstand. Aber das machte nix.

Jedes Cottage hatte eine andere Türfarbe, und man wusste immer, dass man willkommen war, wenn die Tür offen stand. Das war ein ungeschriebenes Gesetz. Es konnte durchaus passieren, dass plötzlich fünf oder zehn Nachbarn bei irgendjemandem auf dem Sofa rumlagen und über das Leben philosophierten – wenn man seine Tür offen ließ. Jeder wusste nahezu alles über jeden, wenn man das so wollte.

Ein weiteres ungeschriebenes Gesetz war das Treffen zum Sonnenuntergang. Nirgendwo habe ich tollere und schönere Sonnenuntergänge erlebt als am Windansea Beach. Je nach Jahreszeit traf man sich so gegen sechzehn oder siebzehn Uhr zum Sundowner am Strand und jeden Abend ereignete sich das gleiche wundersame Schauspiel: Feuerroter Himmel, bis die Sonne versank, die Surfer die letzten Wellen anpaddelten, die Fotografen die letzten Fotos schossen und wir die Sonne mit Applaus verabschiedeten, bis zum nächsten Morgen. Danach zog sich jeder in sein Revier zurück, und zum Sonnenaufgang war jeder wieder dankbar, wie schön wir leben durften.

Der Nachbar mit der roten Tür war Nils, ein wundervoller, netter, zurückhaltender Mensch aus Deutschland, der in den USA aus dem Nichts seine eigene Softwarefirma aufbaute, erfolgreich mit Google fusionierte und uns dann viele Millionen Dollar später verließ. Er überließ mir seinen Volvo, was ich wundervoll fand. So hatte ich nun ein Cottage und ein Auto. Mein Leben nahm mehr und mehr Formen an, alles fühlte sich richtig an, so wie es war.

Meine neue Nachbarschaft

Der Nachfolger von Nils in der »red door« war Bobby, ein Hirnforscher. Ich war total aufgeregt, denn ich befasste mich gerade mit den anatomischen Unterschieden des menschlichen und des pferdischen Gehirns. Da die Literatur dazu grundsätzlich auf Englisch und sehr kompliziert ist, fiel es mir manchmal schwer, alles zu verstehen. Fachenglisch ist etwas ganz Anderes als All-tagsenglisch und man läuft ständig Gefahr, etwas falsch zu interpretieren. Und da schickte mir das Universum doch tatsächlich einen Hirnforscher des Scripps Research Institute, eines renommierten Forschungszentrums für Hirnkrankheiten mit Sitz in La Jolla. Danke, liebes Universum.

Er war auch Surfer, wie alle hier, und ich zahlte das Bier und das eine oder andere Frühstück, während er sich die Studien über das pferdische und das mensch-liche Gehirn durchlas und mir den Inhalt in einfacherer Sprache erklärte.

Ich fühlte mich wie im Paradies. Morgens um sechs machte ich meinen ersten ausgiebigen Strandspazier-gang in den Sonnenaufgang, beobachtete, wie die Surfer mit den Wellen spielten, als seien es Zuckerwatte-Wölk-chen und nicht der tosende Pazifik. Dann zog ich mich zurück in mein Cottage oder in eines der gemütlichen Cafés und las, arbeitete und plauderte mit den Leuten am Nachbartisch.

Nach und nach wurde mir vieles immer klarer. Mein Inneres war wie ein aufgewühltes Meer gewesen, bevor ich nach La Jolla zurückkam, und nun legte sich der auf-gewühlte Sand des Wissens, den ich während der Tests im Gestüt Lewitz angesammelt hatte, nach und nach und ich konnte die Umrisse eines wunderschönen Bil-des auf dem Meeresboden erkennen: zufriedene, ruhige Pferde und Menschen, die deren Gesten und Signale de-codieren und Informationen in das Pferdegehirn trans-portieren können.

Ich erarbeitete eine Powerpoint-Präsentation nach der anderen. Die gesamten Lehrinhalte der Andrea

Kutsch Akademie mussten angepasst und überarbeitet werden. Und das Schönste an allem: Ich war absolut ungestört und konnte in Ruhe an den Inhalten des neuen Trainingskonzepts arbeiten. Hier in La Jolla war ich nur ein Surf-Fan, die »irgendwas mit Pferden« macht.

Ich machte viel Sport – Spinning, Power Yoga, Pilates und Schwimmen – und suchte auch wieder die Nähe zum nahe gelegenen Pferdesportzentrum in Del Mar. Dort redete ich mit Rennpferdetrainern, Polospielern, Springreitern und Züchtern. Ich wollte ein Gefühl dafür bekommen, worin wir deutschen Reiter uns von den amerikanischen unterscheiden. Mein Plan war, EBEC langfristig auch zu einer internationalen Trainingsmethode auszubauen und da war es natürlich interessant zu wissen, wo die Unterschiede und Gemeinsamkeiten lagen.

Mich interessierten dabei vor allem die kulturellen Unterschiede, ich wollte nichts Spezielles erreichen zu diesem Zeitpunkt. Ich wollte Zaungast sein, Eindrücke sammeln, eine kulturelle Reise unternehmen.

Zu meiner großen Freude schlug mir jedes Mal eine Welle von Offenheit entgegen, sobald ich meine Ideen und Forschungen zur »*evidence-based equine communication*« erklärte. »*Interesting. That's a great idea. You are amazing*«, kam da nicht selten zurück. Das tat gut. Einfach nur gut.

Training mit aggressiven Mustangs

Amerika beflügelte, bestätigte und ermutigte mich. Das war wohltuend. In San Louis Obispo, fünf Stunden nördlich von San Diego, gibt es das »Equine Science Departement« der Cal Poly – der California Polytechnic State University. Ich hatte erfahren, dass sie ein trainingsbezogenes Forschungsprojekt mit wilden Mustangs durchführten, und so nahm ich Kontakt auf, um mehr darüber zu erfahren. Sie waren von einer Methode, die auf wissenschaftlichen Erkenntnissen basiert, begeistert. Kurzum setzte ich mich in meinen Volvo und wir trafen uns auf dem Campus. Leider konnte ich in das laufende Projekt nicht integriert werden, aber sie vernetzten mich mit Studierenden, die versuchten, den ein- oder anderen beim Einfangen in der Wildnis aggressiv gewordenen oder traumatisierten Mustang wieder hinzukriegen. Es gibt in Nevada Auffangstationen, wo die Mustangs die gefährlich sind und nicht zur Adoption frei gegeben werden können, verbleiben. Ein sensibles Projekt. Amerika hat eine Überpopulation an wilden Mustangs und es ist ein Politikum, was damit geschehen soll. Ich vernetzte mich und integrierte mich. So startete ich ein kleines Projekt, um meine neue Methode der Kommunikation zwischen Menschen und Pferden an aggressiven, in Gefangenschaft lebenden Mustangs in Reno, Nevada zu testen. Und tatsächlich: Es war extrem beeindruckend, wie schnell die wilden Mustangs das Bestrafungs- und Belohnungssystem verstanden und wie schnell ich sie anfassen und halftern konnte, ohne dass wir bei den Pferden besondere Anzeichen für Aufregung oder Stress erkennen konnten.

Die Studierenden berichteten natürlich und die Universitätsleitung war begeistert, sie wollten am liebsten mit mir gemeinsam gleich einen neuen Studiengang zum Thema wissenschaftlich basiertes Pferdetraining ins Leben rufen. Das war verlockend, aber ich lehnte ab. Mir war wichtig, dass ich an meinem eigenen Programm weiterfeilen und meiner Richtung treu bleiben konnte. Nicht nur Studierende eines Bachelor-Studienganges sollten einen Zugang zu dem Wissen bekommen, das ich inzwischen angesammelt hatte, sondern es sollte jedem Pferdefreund zur Verfügung stehen. Und das würde in einer Hochschulstruktur nicht funktionieren. Das wusste ich ja schon aus meinen eigenen Erfahrungen.

Mein Ziel war, dass es Menschen jeden Alters und jeden Levels an Pferdewissen mit einer entsprechenden Schulung möglich wurde, das Verhalten eines Pferdes so schnell einzuschätzen, dass sie entsprechend agieren konnten, bevor es zu gefährlichen Situationen kam. Keiner sollte sich mehr anhören müssen: »Setz dich mal durch und zeig dem Pferd, wer der Boss ist!«

Nein, Pferde teilen uns mit, womit sie ein Problem haben, und dem müssen wir mit Empathie und Kompetenz begegnen. Mit dem heutigen Wissen ist das möglich.

Schockverliebt

Das Cottage in La Jolla wurde mein Rückzugsort, mein Kraftort. Ich begann, ein Pendlerleben zu führen zwischen der Weiterentwicklung von EBEC, das ich in Seminaren und Lehrgängen immer mehr in die praktische Anwendung führte, und meinem »easy living lifestyle« in meinem süßen Cottage.

In Deutschland arbeitete ich weiterhin mit Pferden und Menschen, die Inhalte wurden immer runder und funktionierten gut am Pferd. Ich bekam eine gute und positive Resonanz. Also alles paletti so weit, der Sommer 2012 war eine ungeheuer produktive Zeit und vor allem das gute Feedback der Seminarteilnehmer beflügelte mich. Weihnachten wollte ich dann unbedingt wieder am Strand von La Jolla und in meinem Cottage verbringen.

Mittlerweile hatte ich dort auch eine ganze Menge Surfer kennengelernt, was die nette Nachbarschaft perfekt ergänzte, und ich fühlte mich pudelwohl in dieser lässigen Atmosphäre, die ich aus meinen alten Windsurfzeiten noch so gut in Erinnerung hatte. Das Einzige, was damals zählte, war die Frage, woher der Wind kam und was das Meer so sagte. Und dieses Weihnachten wollte ich mich nun endlich auf das Surfen konzentrieren und mir eine kleine gedankliche Pferde-Auszeit gönnen.

In La Jolla lebe ich ziemlich für mich und gehe nicht viel aus. Meine schönsten und exklusivsten Bekleidungsstücke sind immer noch Shorts und Shirts. Die meiste Zeit laufe ich ohnchin barfuß. Ich liebe das Barfußlaufen. Und jetzt das: Eine Christmas Party des Windansea Surfclubs steht an und ich bin eingeladen. Wenn ich tief in mich hineinhorche, habe ich gar nicht so viel Lust auf eine Surfclub-Weihnachtsfeier, aber Oscar, der Präsident des Surfclubs, ist mittlerweile ein guter Bekannter geworden und irgendwie fühle ich mich verpflichtet, seiner Einladung zu folgen. Und auch mein Bauchgefühl, von dem ich mich gerne leiten lasse, wenn ich mich gerade mal nicht richtig entscheiden kann, sagt mir, dass ich da unbedingt hingehen soll.

Na, denke ich, dann kann ich auch mal wieder ein paar ordentliche Klamotten tragen und mich ein bisschen hübsch machen. Raus aus den Shorts und dem Schlabbershirt, rein in eine schöne enge, weiße Sommerhose – ich war ja momentan sehr sportlich unterwegs – mit einem schicken Gürtel und einem sexy Top mit etwas Dekolleté.

Gesagt, getan, ich marschiere ins Nagelstudio, und zur Feier des Tages lasse ich mir sogar die Haare ordentlich föhnen. Endlich sehe ich mal wieder richtig ordentlich aus, ganz ohne Salzwasserkrusten im Haar oder Pferdedreck unter den Fingernägeln. Ganz zufrieden mit meiner Erscheinung lächele ich mein Spiegelbild an, schmunzele vor mich hin und ziehe sogar Schuhe an, damit die frisch gewaschenen Fußsohlen wenigstens bis zur Party sauber bleiben.

Dieses Jahr will ich mein eigenes Christmas zelebrieren, ohne Tannenbaum und Verpflichtungen. Ich will einfach nur für mich sein. »Stay in the moment«, den Moment leben, im Hier und Jetzt bleiben und keine großen Entscheidungen treffen. Das tut gut. Ich habe nur diese einzige feste Verabredung: die Windansea Surfclub Christmas Party am 21. Dezember 2012.

Die Party soll starten mit einem Sundowner in Oscars Haus. Kurz bevor ich losgehe, habe ich eigentlich schon gar keine Lust mehr. Aber da ist dieses Signal in mir, das ich nicht überhören kann, und das ganz klar sagt: »Du gehst jetzt.« Also gehe ich.

Es war ein wunderschönes Haus, mit einem weiten Blick aufs Meer. Es waren schon viele da, allerdings überwiegend Männer. Ich fühlte mich ein bisschen verunsichert und eingeschüchtert, eigentlich bin ich nämlich ein bisschen schüchtern, wenn es um Männerbekanntschaften geht.

Als mich die vielen Augen anschauten, war ich schon fast wie ein Pferd auf Flucht eingestellt und schaute mich etwas suchend um. Und da sah ich diesen älteren, freundlich lächelnden Herrn, er muss so um die achtzig gewesen sein, allein auf einem Sofa sitzen. Ich fackelte nicht lange, ging hin und stellte mich vor, denn das war ein guter Zufluchtsort. Da war ich erst mal sicher.

Es stellte sich heraus, dass der alte Herr Ruben hieß, gebürtiger Italiener, der Vater von Oscar und sehr amüsant war. Wir gönnten uns ein Gläschen Wein und unterhielten uns prächtig. Ich saß mit dem Rücken zur Tür und genoss die Aussicht über den Ozean, während ich herrlich entspannt mit Ruben plauderte. Es war doch gut, dass ich nicht gekniffen hatte, aber es würde sicher nicht spät werden. Eine Live-Band spielte, es war klar, dass dies eine feucht-fröhliche Party würde.

Plötzlich, während ich noch mit Ruben plauderte und scherzte, spürte ich etwas in meinem Rücken. Eine mega Energie. Etwas ganz Besonderes musste da gerade passiert sein. Ich hob den Kopf, richtete mich auf, und da stand er genau vor mir und sah mich an. Ein gut aussehender, groß gewachsener, sehr sportlicher Mann mit dunklem, vollem Haar, ungefähr Anfang fünfzig. Ich hatte ihn noch nie gesehen.

Wir starrten uns beide sprachlos an, in meiner Erinnerung war es, als hätte jemand den »Pause«-Knopf gedrückt und die Zeit angehalten.

»Hi, I am Roy!«, sagte er schließlich.

»Hi, I am Andrea«, erwiderte ich fast automatisch.

Wenn er mich als Nächstes gefragt hätte: »Do you want to marry me?«, hätte ich ja gesagt. Aber wir beide sagten erst mal eine ganze Weile – nichts. Dass dies eine besondere Situation war, war uns beiden in diesem Moment sonnenklar. Das hier war Fügung oder Schicksal, wie man es nennen will.

Eigentlich hatte ich gar kein Bedürfnis nach einer Beziehung, ich war ziemlich beschäftigt und erfüllt von meinen neuen Themen. Ein guter Freund fragte mich später: »Sag mal, Andrea, was hat Roy denn gemacht, dass du dich Hals über Kopf in die Beziehung mit ihm reingestürzt hast? Was war anders als bei anderen?«

Die Antwort darauf war simpel: »Er hat einfach nichts falsch gemacht.«

Plötzlich war er also da, ganz ohne mein Zutun. Dieser Mann, der mit solcher Wucht in mein Leben fiel, dass es mir erst einmal die Sprache verschlug, und ihm auch.

Als wir sie wiedergefunden hatten, unterhielten wir uns den ganzen Abend und steckten unsere Köpfe eng zusammen. Die maximale Distanz, die wir gerade mal noch aushalten konnten, waren ein paar Zentimeter, sonst fühlte sich der Zwischenraum schon jetzt ganz leer an. Roy war groß, stattlich, gebildet, intelligent und sehr humorvoll, mit der schönsten Stimme der Welt. Ich konnte ihm stundenlang zuhören.

Wir redeten über alles Mögliche, versuchten in Windeseile alles Wesentliche über den anderen zu erfahren. Roy war Hobbysurfer und verdiente sein Geld als Marketingexperte bei einem Finanzunternehmen in Birdrock, einem Stadtteil von La Jolla.

Als ich ihm von meinem Beruf berichtete, spürte ich solch ein echtes, ungeheucheltes Interesse, dass mir das Herz aufging und ich sofort Vertrauen fasste. Anders als viele andere begriff er sofort, was EBEC ist und was es für mich bedeutete. Ich war sprachlos, denn er hatte sonst gar nichts mit Pferden zu tun, außer dass er auf einer Ranch in der Bay Area in San Francisco aufgewachsen war und auf der Ranch seiner Großmutter in Santa Barbara, vier Stunden nördlich von San Diego, als Junge immer ohne Sattel geritten war. Schon einige Male war mir aufgefallen, dass Menschen, die nicht so viel mit Pferden zu tun haben, die neuen Inhalte, an denen ich arbeitete und die ich unterrichtete, oft schneller verstanden als Profis. Außenstehende reagieren häufig mit Logik, wenn sie mit etwas Neuem konfrontiert werden, so auch Roy. Er zog, weil das ja sein Fachgebiet war, sofort den Vergleich zur freien Wirtschaft: »Wenn mir als Geschäftsmann, nehmen wir mal an, ich sei Würstchenproduzent, heute einer nachweisen kann, dass ich mit meinem neuen Konzept schneller Würstchen produzieren und sie effizienter und kostensparender verkaufen und wegen ihrer Besonderheit auch noch ein Alleinstellungsmerkmal im Markt erlangen kann, dann würde ich doch dieses neue Konzept sofort annehmen und in mein Unternehmen integrieren. Ich habe dadurch einen Wettbewerbsvorteil und würde ihn ausbauen. Aber bei euch in der Pferdewirtschaft wird offenbar viel gegeneinander gearbeitet. Freie Marktwirtschaft geht anders!«

Roy sprach mir mit seiner Einschätzung aus der Seele, er hatte sofort erfasst, wo das Problem in unserer Branche liegt: Statt dass Trainer sich gegenseitig unterstützen und sich helfen, einander zu verbessern, reden viele erst mal schlecht über den anderen. Erst mal herziehen über die »Konkurrenz«, anstatt das eigene Leistungsangebot marktgerechter zu gestalten, scheint hier die Devise.

Aber Roy war mit seiner Analyse noch nicht fertig: »Wenn ich Berufsreiter oder Profitrainer oder Reitlehrer wäre, würde ich sofort zu dir in deine Akademie marschieren und fragen: Was habt Ihr denn da bei Schockemöhle gemacht? Wenn ein solcher Profi wie dieser Paul Schockemöhle, einer Pferdeflüsterin wie dir so viel Verantwortung bei der Umgestaltung seines Gestüts gibt, dann muss er doch seine Gründe dafür haben. Allein deshalb muss ja an deiner Methode was dran sein. Er ist doch mit Sicherheit ein unternehmerisch denkender Mensch, sonst wäre er nicht so erfolgreich!«

Roy fand es faszinierend, dass Pferdemenschen so eine ganz andere Kommunikationskultur haben als ein Unternehmer in der freien Wirtschaft zum Beispiel, und das, obwohl es eine millionenschwere Industrie ist. Er begriff meine Themen und mich sofort. Es fühlte sich für mich an, als würden wir uns schon ewig lange kennen.

Uns war nichts fremd aneinander. Da gab es kein vorsichtiges Rantasten und Ausloten. Es war von der ersten Minute an so, als seien wir uns seit Langem sehr vertraut. Wir konnten uns stundenlang aus zwei Zentimeter Entfernung in die Augen starren, brauchten nichts zu sagen und fühlten uns einfach nur wohl. Es war eine unglaubliche Energie zwischen uns. Und eine unfassbare Anziehungskraft, die weit über »Ich bin schockverliebt« hinausging. Das hier war anders. Das war nicht einfach mal verknallt sein, das war ganz tiefe Liebe auf den ersten Blick.

Wir verabschiedeten uns nach ein paar Stunden, als es auf der Party immer lauter und wilder wurde, nicht ohne unsere Telefonnummern auszutauschen, und gaben uns förmlich die Hand. Wir wussten beide, dass wir nichts überstürzen mussten. Das hier war etwas Besonderes. Etwas Einmaliges.

Ich fuhr zurück zu meinem Cottage, war aber viel zu aufgewühlt, um gleich ins Bett gehen zu können. Da sah ich, dass die blaue Tür von Andys Cottage offen stand, und sein neuester Catch Michelle war am Start. Ich ging rüber, sie tranken lustig Rotwein miteinander, boten mir gleich ein Gläschen an und Michelle, als ahnte sie etwas, meinte sofort, als sie mich sah: »She met someone, look into her eyes!«

Am nächsten Tag um die Mittagszeit ging mein Telefon. Roy war dran. Ich drückte mit zitternder Hand auf den grünen Hörer, um das Telefonat entgegenzunehmen. Ich war so aufgeregt, dass ich fast zu lange wartete, weil ich Angst hatte, nur doof zu kichern oder überhaupt irgendwas Doofes zu sagen. Ich sagte so cool ich eben konnte, im letzten Moment »Hi«.

»Hi. It's me. Roy. Möchtest du morgen mit mir und ein paar Freunden ins Kino gehen?«

Ich freute mich riesig, ich war ja doch etwas verunsichert mich jetzt so Hals über Kopf zu verknallen, das war gerade gar nicht geplant. Und so war mir recht, dass er es nicht gleich als ein Date (nur er und ich) verpackte zum romantischen Abendessen, das hätte mich vollkommen überfordert. Ich war busy, aber bevor ich überhaupt weiter denken konnte und mein Kopf gegensteuern konnte, hörte ich mich sagen: »Gerne, also äh sehr gerne, gute Idee! Aber nur, wenn ich das Popcorn ausgeben darf, ich habe nämlich Geburtstag!«

»Gut! Ich hole dich morgen Nachmittag um fünf ab.«

Roy holte mich tatsächlich am nächsten Tag mit einem alten klapperigen, roten Chevrolet ab und ganz oberflächlich schoss mein Unterbewusstsein kurz dazwischen »ziemlich unordentlich diese alte Klapperkiste«. »Sei still, das ist mir vollkommen egal«, denn er holte mich an meinem Cottage ab und sah einfach nur mega toll aus. Es war ein bisschen kühl heute, ich hatte eine Jeans, eine leichte Lederjacke mit einem einfachen T-Shirt drunter an. Ich bin mit offenem Haar und meiner Größe von allein schon etwas auffallender, und da es um Kino und Popcorn ging, wollte ich auf keinen Fall zu sehr auffallen. Roy hatte auch eine Jeans an, ein weißes gestärktes ordentliches Hemd und ein Sakko darüber. Ganz der Businessmann, fast europäisch, und das passte eigentlich gar nicht zu dem schrottigen Surf-Vehikel, aber das war mir ohnehin vollkommen egal. Mein Unterbewusstsein meldete nur kurz: »Alarm, das ist nicht schlüssig.« Mir egal, er hat die schönsten Augen der Welt und die schauten mitten in mein Herz. Eigentlich vollkommen verrückt, dass wir jemanden sehen, einen anderen Menschen und ihn beurteilen nach dem, wie er spricht, wie er aussieht, was er sagt. Eigentlich ist er ja ein vollkommen fremder Mensch zu diesem Zeitpunkt und ich begegne ihm und in einer Woche ist dieser Mensch von dieser einen Begegnung vielleicht mein neuer Lebenspartner. Und uns begegnen so viele andere Menschen in ähnlicher Weise, und da lässt unser Unbewusstes diese Information nicht zu. Ich funktionierte, erlebte, fühlte wie ferngesteuert. Strahlend stieg ich ein, nachdem Roy mir, ganz Gentleman, die Beifahrertür geöffnet hatte und mich bat einzusteigen. Als ich auf dem Beifahrersitz Platz genommen hatte, schloss er sanft die Tür hinter mir und ich schaute mich um, während er auf die Fahrerseite ging, um hinter dem Steuer Platz zu nehmen. Im Wagen saßen auf der Rücksitzbank noch der Präsident des Surfclubs, Oscar, dessen Tochter und eine Freundin der Tochter. Die Kids auf dem Rücksitz hüpften aufgeregt von einer Pobacke auf die andere, und auch Roy rutschte ganz hibbelig auf seinem Sitz hin und her, während er etwas unbeholfen versuchte, den Wagen mit seiner altmodischen Handschaltung am Lenkrad zu starten. Oscar gab Tipps von der Rückbank – denn es war sein Wagen, in dem wir hier saßen.

Plötzlich brüllte Oscar von hinten: »*Hey Andrea, it's your birthday! Roy has something for you!*« Und die Kids auf dem Rücksitz kreischten verzückt auf.

In diesem Moment legte Roy mir mit verlegenem Blick ein großes Päckchen auf den Schoß. »Surf Diva« stand in großen Lettern auf einem Aufkleber obendrauf. Es schien sich um das Logo eines Surfshops für weibliche Surferinnen zu handeln. Ich öffnete es und alle kicherten aufgeregt. Wenn Roy und meine Augen sich begegneten, sprühte es Herzchen durchs Auto, und ich glaube, er hätte mir einen Sack Kartoffeln auf den Schoß legen können und ich hätte es als die wunderschönsten und tollsten Kartoffeln des Jahrtausends empfunden, die ich schon immer mal haben wollte. Diese Kartoffeln und sonst keine.

Zum Vorschein kam ein hellblaues Sweatshirt mit einem großen Logo und dem Schriftzug »I am a Surf Diva« darauf. Ich strahlte über das ganze Gesicht, denn ich hatte mir doch vorgenommen, in diesem Dezember mit dem Surfen in La Jolla anzufangen. Roy konnte davon nichts wissen, doch nun sah er mich erwartungsvoll an: »Gehst du mal mit mir surfen?«

Zucker. Was für eine süße Idee. Aber warum fragte er eigentlich? Natürlich wollte ich gerne mit ihm surfen gehen! Kreisch!

Die Kids auf dem Rücksitz hatten aber offensichtlich noch nicht genug und zappelten weiter herum. »You don't know what's coming with it«, meinte Oscars Tochter, »du hast keine Ahnung, was noch kommt!«

Ich schaute verblüfft in die Runde, als Roy meine Hände in seine nahm. »Ich habe ein Surfboard und zehn

Surfstunden für dich gebucht mit Jen Smith, der Weltmeisterin im Longboard-Surfen! Ich kann mir nichts Schöneres vorstellen, als den Rest meines Lebens jeden Morgen mit dir surfen zu gehen, Andrea!«

Alle im Auto applaudierten und ich flippte schier aus vor Freude. Grinsend ließ ich mich in den Sitz fallen und dachte nur: »Kneif mich mal! Passiert das alles gerade wirklich?«

Der Kinobesuch war jetzt nur noch Nebensache. Wir sahen »Herr der Ringe« in 3D, aber wir beide nahmen gar nichts wahr. Ich war aufgeregt wie ein Kleinkind, und Roy ging es offenbar nicht anders. Wir waren den ganzen Film über nur damit beschäftigt, wann und ob sich nun unsere Knie aus Versehen berühren würden. Ganz kitschig alles, ich weiß, und so herrlich wunderschön. Wir sahen so bescheuert aus mit unseren 3D-Brillen. Egal. Dem Film konnten wir beide nicht wirklich folgen, wir waren viel zu sehr mit uns und der Spannung im Raum beschäftigt.

Ich mochte seinen Style, seine wunderschönen Hände, seine Augen, seine ganze Erscheinung. Ich habe eigentlich ein relativ hohes Mitteilungsbedürfnis, aber jetzt wollte ich gerade mal gar nix mehr sagen. Ich wollte nur noch sein.

Er spendierte das Kino, ich das Popcorn, wie ausgemacht. Heute war Geburtstag, und morgen war Weihnachten. Und ich war der glücklichste Mensch auf der ganzen großen Welt.

Das schönste Weihnachten meines Lebens

Als der »Herr der Ringe« zu Ende war, fuhr Roy mich nach Hause. Er parkte den Chevrolet vor der Tür, stieg aus, öffnete meine Beifahrertür, während ich mich von allen verabschiedete und brachte mich galant zur Haustür. Er hielt sich zurück, umarmte mich ganz leicht und hauchte mir ein kleines, ganz seichtes Küsschen auf die Wange. Mein Herz schlug Purzelbäume. Er fragte mich, was ich am morgigen, deutschen Weihnachtsabend vorhabe. Und ich antwortete, dass ich mir gar keine weiteren Gedanken gemacht hatte. »Ich habe nichts vor«, antwortete ich strahlend, während er noch immer meine Hände in seinen hielt. Ganz ruhig und ganz unaufgeregt und souverän. Er sagte, dass es ihm genauso ginge. Er sei eigentlich ein Familienmensch und normalerweise verbringe er Weihnachten immer bei seiner Familie in San Francisco. Dieses Jahr aber hatte er sich zum ersten Mal einfach frei genommen. Er hatte sich vor einigen Monaten von seiner langjährigen Lebensgefährtin getrennt, das hatte viel Stress mit sich gebracht und er hatte allen mitgeteilt »in diesem Jahr geht es mal nur um Roy. Ich möchte Weihnachten ganz in Ruhe surfend in La Jolla verbringen, möchte mal alleine in die Kirche gehen, mich sammeln. Mal ohne Familientrubel, das hatte er das erste Mal in seinem Leben gemacht zum großen Bedauern seiner Familie. Wir waren verabredet für den nächsten Abend zum Abendessen.

Am nächsten Tag kaufte ich mir schnell ein wunderschönes, klassisches Kleid in meiner Lieblingsfarbe dunkelblau von meinem Lieblingsdesigner, da finde ich immer etwas. Als Roy mich abholte, staunten wir beide nicht schlecht. Ich stand im eleganten blauen Kleid vor ihm und er im schicken Anzug in der gleichen Farbe. Er griff nach meiner Hand, als er mich zu seinem dunkelblauen BMW führte (Gott sei Dank, er hatte ein anständiges Auto), galant und wieder ganz Gentleman die Beifahrertür öffnete und sanft hinter mir schloss. »You look beautiful tonight«, sagte er mit einem weichen Blick.

Den Weihnachtsabend, der in Deutschland und am 25.12. dann auch in Amerika solch ein Familienheiligtum ist, verbrachten Roy und ich also ganz entspannt in einem meiner Lieblingsrestaurants in La Jolla, dem »Georges«, das eine traumhafte Terrasse mit Blick auf den Ozean hat. Wir aßen, ohne richtig zu merken, was wir da eigentlich zu uns nahmen, und redeten, bis wir die letzten Gäste waren.

Irgendwann setzte sich Roy neben mich. Wir hielten es einfach nicht mehr aus, einander gegenüber zu sitzen, das war zu weit entfernt. Und dann, mitten im Gespräch über das Leben und was uns im Leben wichtig ist, unterbrach mich Roy: »Can I kiss you?«

Mir rutschte schier das Herz in die Hose, im Hintergrund jaulten die Seelöwen und ich hauchte ein zartes »Sure« in die warme Meeresluft. Das war das schönste Weihnachten meines Lebens. Alles war einfach nur perfekt.

Roy besaß mehrere Surfbretter und für meine erste Surfstunde sollte eines davon ausreichen. Aber er hatte zwischenzeitlich mein eigenes Custom made, maßgeschneidertes Surfboard in Auftrag gegeben und das wurde nun in Windeseile produziert. Wir marschierten zu unserem ersten Surftag. Ich war aufgeregt wie ein kleines Kind, das innere Kind in mir und die Erwachsene Andrea in mir johlten sich durch die Wellen und ich grinste wie ein Honigkuchenpferd.

Jen, meine Surflehrerin und amtierende Weltmeisterin, war einfach nur zauberhaft, das Wetter, die Wellen, das Meer und meine Begleitung perfekt. Roy war ein extrem eleganter Surfer, athletisch, mit Waschbrettbauch, er tanzte auf seinem Longboard von vorn nach hinten, während er die Wellen heruntersauste. Ich hingegen kämpfte unentwegt gegen das Ertrinken an, aber wenn ich jetzt ertrinken würde, wäre es mir auch egal. Ach, vielleicht noch einmal küssen, dann erst ertrinken.

Ich paddelte eine Welle an, stand auf dem Brett, zwar etwas wackelig, aber ich war wieder im Meer zu Hause, so wie damals, als mich die Windsurfleidenschaft gepackt hatte. Und da fiel mir mein alter Leitsatz wieder ein: Du musst mit der Natur kooperieren. Beim Surfen ist es nicht anders als bei der Arbeit mit Pferden: Wenn wir gegen die Natur arbeiten, funktioniert es nicht. Und jetzt, beim Wellenreiten, war es noch deutlicher. Entweder mit den Wellen oder gar nicht. Ich merkte schnell, dass es darauf ankam, die Welle im richtigen Moment anzupaddeln, um sie dann auf dem Brett stehend abzureiten. Paddelte ich zu spät heran, saust die Welle unter mir weg, bevor ich das Brett in Fahrt bekam. War ich zu früh und paddelte zu schnell los, krachte mir höchstens noch mit voller Wucht der weiße Kamm der brechenden Welle auf den Schädel. Dann konnte ich erst mal die Luft anhalten, bis ich wieder an den Strand gespuckt wurde, um neu hinaus aufs Meer zu paddeln, gegen die brechenden Wellen an, hinter die brechenden Wellen. Aber das kannte ich ja alles vom Windsurfen. Willkommen zu Hause.

Von Mal zu Mal klappte es besser, ich verbesserte mich mit jedem neuen Anpaddeln. Von nun an gingen Roy und ich zu zweit jeden Morgen aufs Wasser, nicht ohne uns vorher gemeinsam einen Coffee to go bei Vahik zu holen. Roy war nach seiner Trennung zunächst einmal bei Freunden untergekommen. Er hatte ein Gebot auf ein Haus in La Jolla abgegeben, das er kaufen wollte. Dies zögerte sich aber aufgrund einer Erbschaftsgeschichte stark hinaus, sollte wohl nicht sein, und so lebten wir nun zu zweit in meinem kleinen Beach Cottage in der Nautilus Street. In einem größeren Haus hätten wir uns wahrscheinlich eh nur vermisst. Wir rasten durch die Liebe und das Leben und mussten manchmal vor Glück weinen, wenn wir uns nach dem Aufwachen in die Augen schauten, glücklich darüber, uns wiederzusehen.

Tagsüber ging Roy arbeiten und auch ich musste fleißig weiter Gas geben. Mein nächstes Projekt war die Modernisierung der Lehrgänge der Andrea Kutsch Akademie. Ich wollte die theoretischen Inhalte für Teilnehmer im praktischen Online-Unterricht in Form von Webinaren anbieten – ein Novum in unserer Branche. Damit wollte ich es allen Interessierten ermöglichen teilzunehmen, unabhängig davon, wo sie lebten, wann sie Zeit hatten, oder ob sie Englisch oder Deutsch sprachen. Solch ein Online-System auf die Beine zu stellen ist viel Arbeit, und ich musste mich fokussieren. Mein IT-Team arbeitete auf Hochtouren und meine Mitarbeiter recherchierten, während ich alle Fäden zusammenhielt.

Roy war ein kreativer Geist, wurde rasch mein engster Berater und erarbeitete mit mir gemeinsam neue Businesspläne. Er konnte groß denken, amerikanisch, aber auch europäisch. Vor allem ermutigte er mich in all meinen Plänen. Das tat mir unendlich gut.

Den Winter über konnte ich in La Jolla bleiben und

arbeiten. Roy und ich brannten lichterloh füreinander, wie Streichholzköpfe, die beim Entfachen aneinanderkleben bleiben und sich nicht mehr lösen können. Wir wurden zu den »Love Birds of La Jolla«, wie uns unsere Bekannten, Freunde und Surfbuddies zärtlich bezeichneten, und genossen unser leichtes, kleines, unauffälliges Leben. Jedes Mal wenn wir uns aus irgendeinem Grund trennen mussten, vermissten wir uns schrecklich und jedes Mal wenn wir uns wiedersahen, war es so schön wie am ersten Tag. Wir konnten die Energie des anderen fühlen. So war es mir bisher nur mit Pferden gegangen.

Do you want to marry me?

Eines schönen, sonnigen Tages im Februar 2013, ich saß am Schreibtisch im Cottage, die Tür stand offen, hörte ich, wie Roy zurückkehrte. Am helllichten Tag. Das war ungewöhnlich.

Ich hatte mich heute Morgen, nachdem Roy ins Büro gefahren war, schöngemacht, meine Haare gewaschen und mich ein kleines bisschen geschminkt, auch das war ungewöhnlich an einem normalen Morgen. Aber irgendwie hatte ich an diesem Morgen den Wunsch, mich hübsch zu machen, für Roy, wenn er nach Hause käme am Abend, oder vielleicht sahen wir uns auch zum Lunch. Das machten wir oft, wenn wir uns so vermissten. Ich schaute von meiner Arbeit auf und da stand er im Türrahmen. Vor Glück zersprang mir schier das Herz und ich glaube, ich sagte gedanklich zu mir selbst: »Liebes Universum, bitte mach, dass alles für immer so bleibt!«

Roy betrat das Zimmer, starrte mich an, strich mir

die Haare aus dem Gesicht und nahm meine Hand, während er langsam vor mir auf die Knie sank. Dabei sah er mich so intensiv an mit seinen hübschen, tiefen und so warmen Augen, dass ich dachte, unsere Augen seien eins. Wir sahen uns an, wissend, liebend und es brauchte keine Worte, ich hätte auch einfach nur nicken können, die Welt blieb stehen.

»Andrea, ich kann nicht länger warten«, sagte er, während er ein kleines Päckchen aus seiner Tasche zog. »Und ich weiß, dass es richtig ist. Deshalb frage ich dich: Willst du mich heiraten?« Und schob mir einen wunderschönen Brillantring über den Finger.

Ich war überrascht, einerseits. Aber anderseits auch nicht. Es war nicht mal so, dass ich vorher dachte, wir sollten heiraten, ich wusste einfach die ganze Zeit, seit wir uns das erste Mal am 21.12. in die Augen sahen, dass wir heiraten würden. Es war so natürlich, einfach nur schön, als ich ihn umarmte und küsste und dort in der Tür im kleinen Cottage mit der grünen Tür in den Armen meiner großen Liebe stand. »Yes, I want to marry you!«

Wir küssten uns lange und schwiegen lange und wussten beide: Egal, was kommen würde – das hier war richtig. Wir wollten beide nicht mehr ohne den anderen sein. Egal was kommt, »bis dass der Tod uns scheidet, in guten und in schlechten Zeiten«.

Dass es dann aber knüppeldick kommen sollte, wussten wir zu diesem Zeitpunkt glücklicherweise beide noch nicht.

Das Geschrei war groß, als ich die Nachricht in meinem Freundeskreis, meiner Familie und meinem Akademie-Team verkündete. »Duuuuuuuuu? Heiraten? Niemals!

Na, was ist das denn für ein Supermann? Den wollen wir erstmal kennenlernen!«

Gesagt, getan. Zur nächsten Seminarreihe im April 2013 flog Roy mit nach Deutschland und wir machten eine Sause durch die Republik. Wo wir hinkamen – alle liebten Roy. »Wo hast du den denn her?«, jauchzte meine Freundin Susi, die mit ihrem Mann Andreas einen sehr erfolgreichen Rennstall führt und die ich schon seit den 90ern kenne, begeistert. »Ich sage dir doch, du fällst immer wie eine Katze auf die Füße und jetzt angelst du dir auch noch einen solch tollen Mann.« Ja, der sollte es sein. Zustimmung auf allen Seiten. Unserem Glück stand nichts im Wege. Wir besuchten meine Mutter und ihren Mann in der Lüneburger Heide und zur großen Freude von Roy wehte hier sogar die amerikanische Flagge zur Begrüßung am Mast.

Roy beobachtete mich fasziniert bei meiner Arbeit mit Pferden und war sehr stolz auf seine »Pferdeflüsterin«. Wie bekannt ich in Deutschland war, wusste er gar nicht, ich hatte ihm nichts davon erzählt. Als in Berlin ein Busfahrer eines Sightseeing-Busses plötzlich stoppte und mich um ein Autogramm bat, war Roy völlig fasziniert. Und als in einem Café auf Sylt ein Mädchen an meinen Tisch kam und mich bat, mein Buch zu signieren, meinte er: »Wenn unsere Beach-Cottage-Community das wüsste, würden die es nicht glauben, so wie du da mit Schlappen und Shorts barfuß durch die Straßen ziehst.«

Nach zwei Wochen flogen wir zurück nach La Jolla und vertieften uns in unsere Hochzeitsplanungen.

Am 3. Oktober 2013 war es so weit. Es sollte ein kleines, familiäres Fest werden. Eine Handvoll meiner engsten und liebsten Freunde reisten an, außerdem ein paar mir lieb gewordene Lehrgangsteilnehmer, die gerade in Ausbildung zum Equine Coach waren. Und natürlich noch einige Hände voll von Roys besten Freunden, seine Familie und auch einige Freunde, die mir in La Jolla mittlerweile ans Herz gewachsen waren.

Es wurde eine wunderschöne, intime Traumhochzeit direkt am Meer, barfuß im Sand. Roy und ich hatten einen Lieblingsplatz, an dem wir fast jeden Sonnenuntergang genossen: ein großer Vorsprung in der Felsküste, der ins Wasser reichte und an dessen Rand sich die Wellen brachen. Dort wollten wir heiraten.

Wir schmückten den Felsen mit einer Girlande aus hübschen kleinen weißen Blumen und grünen Zweigen und baten einen befreundeten Pastor, dort die Trauung vorzunehmen. Den blauen Himmel zierten kleine Schäfchenwölkchen und gaben uns ihren Segen. Wir waren alle so glücklich, die Atmosphäre so schön freundschaftlich und entspannt und alle gaben ihre Zustimmung zu diesem Paar und dieser Hochzeit.

Auch mein Freund Andreas von Veltheim, mit dem ich in den Neunzigerjahren durch Colorado geritten war und der mich zum Polospielen und zu den Pferden zurückbrachte, durfte nicht fehlen. Er wurde einer von Roys Trauzeugen und nahm ihm das Versprechen ab, dass er mich in meinen Vorhaben mit meiner Akademie immer unterstützen müsse. »Du musst Andrea und die Welt, aus der sie kommt, verstehen«, bat er Roy. »Sie will die Welt für Menschen und Pferde verbessern. Dabei musst du sie unterstützen, das ist ihr wichtig. Dann kann das mit euch funktionieren.«

Roy versprach es und er hielt sein Versprechen.

TEIL III:

DIE GESCHICHTE VON ROY

Kopfschmerzen

Als »Mr. und Mrs.« flogen wir sechs Monate nach unserer Hochzeit nach Europa. Vor uns lag ein aufregendes neues Leben. Unser Leben. Wir machten auf dem Weg nach Deutschland einen romantischen Zwischenstopp in Spanien, schlenderten durch Madrid, genossen unsere Harmonie und waren uns selbst genug. Nichts konnte uns etwas anhaben, wir schwebten im Glück. Es würde viele Jahre dauern, wir würden gemeinsam alt werden und irgendwann vom Surfbrett auf den Rollator umsteigen. Lachend stellten wir uns vor, wie wir mit unseren Rollatoren mit Racestreifen Rennen durch die Gänge im Altersheim fuhren, und natürlich würden unsere Rollatoren einen Cup Holder haben für den unentbehrlichen Coffee to go.

Roy begleitete mich zu einem Gestüt im hohen Norden Deutschlands, das mich und mein Team gebucht hatte, um zwanzig junge Pferde für den Springsport vorzubereiten. Wir sollten die Jungpferde unter anderem an den ersten Sattel gewöhnen. Nach ein paar Tagen würde Roy dann wieder in die USA zurückfliegen, während ich insgesamt sechs Wochen in Schleswig-Holstein einplante. Insgesamt war ich wieder viel unterwegs, denn dank des Webinar-Lehrgangsprogramms der Akademie hatte ich Teilnehmer aus aller Welt, mit denen ich eng verbunden war, und so trieb es uns nach Spanien, Österreich, die Schweiz, aber auch Deutschland.

Roy war ein glänzender Redner und konnte Menschen in kürzester Zeit in seinen Bann ziehen und motivieren. Wenn nötig, konnte er den Eskimos Eis verkaufen. In einem Stallbetrieb in Nordrhein-Westfalen, wohin eine Teilnehmerin anlässlich meines Deutschlandbesuches mehrere angehende EBEC Equine Coaches eingeladen hatte, hielt er eine mitreißende Rede. Er redete nicht über Pferde, aber darüber, wie wichtig es ist, Visionen zu verfolgen, Pioniere zu sein, seinen Zielen und Idealen treu zu bleiben. Ich war dankbar, einen Mann an meiner Seite zu wissen, der begeistern konnte und der mich bei meiner Karriere und bei meinen Vorhaben unterstützte, obwohl er sein eigenes Unternehmen hatte, um das er sich kümmern musste. Als Team waren wir schon jetzt unschlagbar.

Warum das alles so schnell ging, frage ich mich heute manchmal. Ich glaube, es lag an unserer positiven, humorvollen und vertrauensvollen Lebenseinstellung. Roy war ein uneingeschränkt positiver Mensch, er dachte genauso positiv wie ich und wir lachten viel miteinander, auch unangenehme Dinge konnten uns nicht aus der Bahn werfen, wir waren beide extrem lösungsorientiert und sahen gemeinsam immer das Gute in allem, und das von Herzen. Wer uns gemeinsam erlebte, konnte das spüren. Ich wache jeden Morgen strahlend und glücklich auf und freue mich auf den Tag, mich wirft so schnell nichts aus der Bahn. Roy war genauso veranlagt. Und so strahlten wir uns Tag für Tag durchs Leben. Wir konnten über alles stundenlang kichern, und wenn wir über das Altwerden und Rollator-Rennen blödelten, konnten wir es eigentlich kaum erwarten.

Auf diese Weise tourten wir zehn Tage durch Europa. Roy hatte ein paar Business Meetings mit internationalen Kunden eingebaut und wir kombinierten unsere Termine so, dass möglichst viel gemeinsame Zeit übrigblieb. Uns zu trennen fiel uns schwer. Wir vermissten einander, wenn der andere weg war, wir hatten Heimweh. Heimweh war ein Ort in unseren Herzen. Ich glaube, Roy flog eigentlich nur mit, weil er nicht so lange ohne mich in den USA bleiben wollte. Er sagte »wenn das Flugzeug abstürzt, dann stürzen wir zusammen ab, ohne dich mag ich nirgendwo mehr sein«.

In Schleswig-Holstein angekommen, nahm ich dann mit meinem Team die Pferdearbeit auf und Roy sollte nach ein paar Tagen von Hamburg aus wieder zurück in die USA fliegen. Am Abend vor seinem Abflug fuhren wir gemeinsam nach Hamburg und verabredeten uns mit engen Freunden, ein gemütliches Abendessen zum krönenden Abschluss.

Es wurde ein schöner Abend, wir waren alle glücklich, zufrieden, lachten miteinander, liebten das Leben und plauderten über dies und das in trauter Runde und ich war traurig, dass Roy ohne mich zurückfliegen musste. Wir aßen in unserem Hotel gemeinsam zu Abend und beschlossen, es nicht zu spät werden zu lassen. Ich war etwas angeschlagen, und Roy klagte – ganz ungewöhnlich für ihn – über leichte Kopfschmerzen. Roy war ein Baum von einem Mann, stark, athletisch, durchtrainiert, trank nicht und rauchte nicht. Ich hatte bisher nicht mal erlebt, dass er einen Schnupfen hatte.

Als Roy erwähnte, dass er Kopfschmerzen hatte, kramte ich eine Kopfschmerztablette aus der Tasche, die er etwas unwillig einnahm. Die würde ihm mit Sicherheit helfen. Er hatte ein wunderschönes Hotel für uns gebucht und wir schliefen friedlich ein. Wir waren beide noch vor dem Wecker wach, und ich aalte mich in der riesigen Badewanne mit Blick über die Elbe, während er seine Tasche packte.

»Sind deine Kopfschmerzen weg?«, fragte ich ihn. Ich

stand tropfnass vor ihm und wunderte mich, dass er ein klein wenig müde aussah. Wir hatten ja eigentlich lange genug geschlafen und er war sonst immer so strahlend, so natürlich schön.

»Leider nein«, erwiderte er. Die Tablette hatte offenbar nicht gewirkt.

»Komisch«, schoss es mir durch den Kopf und mich beschlich eine leichte Unruhe. Aber das war nur ein Blitzgedanke, ich verlor ihn in dem Moment, als ich einfach wieder in seine schönen, liebevollen Augen blickte.

Ich düste fröhlich und dankbar nach Schleswig-Holstein, um acht Uhr morgens waren dort schon die Pferde für mich startklar, und Roy flog zurück nach San Diego. Der Alltag mit seinen Aufgaben hatte uns voll im Griff, im positiven Sinne. Wir schauten einer wundervollen gemeinsamen Zukunft entgegen. Die Zukunft ist jetzt. Wundervoll eben.

Lausbub

Roy war gut in San Diego gelandet, wir schickten uns per SMS regelmäßig Herzchen, telefonierten immer, wenn die Zeitverschiebung und unsere Aktivitäten es erlaubten, und wir vermissten uns sehr. Andererseits war ich aber auch voll in meinem Element. Anders als ältere Systeme ist EBEC sehr flexibel, wird bei jedem Pferd anders angewandt. Die Methode hat etwas so Weiches und Empathisches, sie richtet sich ganz nach den Bedürfnissen des Pferdes. Das macht die Arbeit mit EBEC so spannend und die Methode entwickelt sich stetig weiter. Und nun ergänzte sich diese wunderbare Arbeit durch einen wundervollen Ehemann, der selbst mitten im Leben stand, mich unterstützte und mich gewähren ließ. Herz, was willst du mehr?

Bei diesem Projekt in Schleswig-Holstein war ich zusammen mit Menschen, die dankbar waren für unsere neue Methode, dafür dass wir uns nicht im Elfenbeinturm einer Hochschule verschanzten, sondern gleich raus gingen in die Halle. Wir erstellten Trainingspläne für die zwanzig jungen Pferde, checkten, was sie schon konnten und was nicht, und griffen dabei immer wieder auf den Aktionskatalog zurück, den wir 2006 bis 2009 bei Paul Schockemöhle erarbeitet hatten. Da hatten wir festgelegt, was ein junges Pferd alles können muss, um ein angstfreies Leben an der Seite des Menschen führen zu können, und nun diente er uns als eine Art Checkliste:

Wir nehmen Pferd nach Pferd aus der Box und präsentieren ihm Dinge, die es kennen muss, um angeritten zu werden, also Sattel, Trense, Reiter, Zügelhilfen etc. Kann man das Pferd in seiner Box anfassen? Kennt es schon das Halfter, versteht es den Umgang damit? Kann es allein in der Reithalle, also der Arbeitsfläche sein, angstfrei und ohne nach den Freunden zu wiehern? Ist die interspezifische Kommunikation möglich, wenn ja, welche Gesten decodiert es wie? Und so geht es weiter bis hin zum Gehen in den Anhänger, den Untersuchungsstand, sind tierärztliche Untersuchungsmaßnahmen mögliche oder hat es Angst? Wir haben sechs Wochen Zeit, um ihnen all das beizubringen, und ihnen nicht nur die drei Grundgangarten Schritt, Trab und Galopp mit Reiter allein in der Reithalle ebenso beizubringen wie die sonstigen Grundregeln des Lebens.

Das erste Pferd übernehme ich, und als ich mich in seiner Box mit dem Halfter nähere, dreht es sich blitzschnell um und schlägt mit beiden Beinen in meine Richtung aus. Da Pferde nicht aggressiv sind, sondern es sich hier nur um Drohgebärden handelt, lachen meine Assistentin Lara und ich von Herzen. Sie ist bereits zertifizierter Equine Coach und wir kichern, während sie bemerkt: »Ups, Halftern geht wohl nicht, was denkst du, Andrea? Kannst ja mal versuchen ihn anzufassen.« Ich grinse: »Oder du! Oder wem geben wir dieses Pferd zum Üben?«

Das Schöne an EBEC ist, dass es für alle Situationen Lösungen bereithält, es kommt also gar nicht erst Unmut auf. Als Erstes werden wir diesen Kandidaten einem unserer erfahrenen Coaches zuteilen, der dem Pferd dann durch interspezifische Kommunikation nahelegt, dass wir Menschen ganz cool sind, ihm niemals weh tun oder Angst einjagen werden. Schon nach ein bis zwei Trainingseinheiten wird er sich freuen, wenn wir kommen und ihn streicheln. Seit nunmehr vier Jahren entwickeln wir EBEC. Jetzt, im Juni 2014 ist die Methode bereits ganz schön gereift, ziemlich fein herausgearbeitet und die Anwendung bereitet unheimlich viel Freude und macht glücklich. Auch wenn es mal zur Sache geht, weil ein Pferd Schwierigkeiten mitbringt. Und das Schönste: Alle arbeiten zusammen und ziehen an einem Strang.

Ich liebe diese Trainingsphasen und jeden einzelnen Teilnehmer von Herzen, auch wenn er mal in mir ein Knöpfchen drückt. Denn hier darf ich ich selbst sein, Mensch sein und bin auch nur ein Teil in diesem großen Mosaik. Immer wenn wir im Team irgendwo auf der Welt Pferde trainieren, ereignen sich spannende Geschichten von Pferden und Menschen. Unterschiedliche Menschen kommen zusammen, verbunden durch ihre

Liebe zu Pferden, voller Dynamik und Esprit. Dass Roy dabei nicht zu gebrauchen ist, versteht sich von selbst. Er ist mein Privatleben, mit ihm stürze ich mich in private Kuschelzeit und Wohlgefühl voller Liebe, Zuwendung und Vertrauen. Da bin ich ganz Frau, lehne mich zurück und unterstütze ihn in seinem Leben genauso wie er mich in meinem. Wir sind uns gegenseitig die besten privaten Vertrauten und Berater.

Hier, direkt am Pferd mit meinem Team, bin ich jedoch ganz in meinem Element und habe einen regelrechten Tunnelblick. Es kann schon mal passieren, dass ich in einer solchen Trainingsphase zwei bis drei Wochen zu niemandem außerhalb unserer Pferdewelt Kontakt habe. Das Telefon ist aus, wir sind wie ein »Club der toten Dichter«, der heimlich in den privaten Stallungen traditioneller Züchter an einer ganz großen Sache arbeitet, ein Gedanke, der uns alle oft zum Schmunzeln bringt. Ich vermisse Roy zwar schon jetzt schrecklich, aber es ist auch gut, dass er nach San Diego geflogen ist und ich mich hier voll und ganz auf meine Arbeit konzentrieren kann.

Und wieder schickte mir das Universum ein Schlüsselpferd: Ein wilder, sehr aggressiver Zweijähriger, ein brauner Hengst, den die Profis im Stall schnell »Arschloch« getauft hatten. Von uns erhielt er dagegen den Kosenamen »Lausbub«, obwohl er eigentlich nicht lausbübisch, sondern hochgradig aggressiv und gefährlich war. Doch wenn man ihn etwas genauer, aus der pferdezentrischen Perspektive beobachtete, konnte man erkennen, dass er korrigierbar und einfach nur extrem verwirrt war von allem, was er bisher gemeinsam mit Menschen erfahren hatte.

Lausbub hatte zwar rasch seinen Spitznamen, doch

zu Beginn des Trainings war er erst mal gefährlich. Um überhaupt an ihn heranzukommen, hatten ihm die Gestütstrainer das Halfter Tag und Nacht angelassen. An dem Halfter hing ständig ein bodenlanger Strick, damit man dieses wilde und gefährliche Pferd überhaupt irgendwie zu fassen bekam.

Öffnete man die Boxentür, drehte Lausbub sich so schnell mit der Hinterhand zur Tür und trat aus, dass man seine liebe Not hatte, sich schnell genug in Sicherheit zu bringen. Es ist müßig zu analysieren, warum Lausbub so geworden war, wie er war. Aber mit Sicherheit kam er nicht so auf die Welt.

Statt nach einem Schuldigen für das Verhalten des Pferdes zu suchen, gingen wir direkt daran, ihn mit EBEC neu zu konditionieren, denn bei Lausbubs Verhalten handelte es sich, wissenschaftlich betrachtet, um ein antrainiertes, konditioniertes Verhalten.

Doch wo war bei ihm der Ansatz? Lausbub war ganz anders als seinerzeit der vollkommen verängstigte No-Name. Lausbub suchte die Attacke, bevor ein Mensch überhaupt eine Chance zur Kontaktaufnahme bekam. Erlernte Erfahrung hatte sich ganz offensichtlich bei ihm im Gehirn manifestiert. Immer wenn wir uns näherten agierte Lausbub aus seiner Erinnerung und schützte sich durch Angriff, was auch immer er erfahren hatte, wir Menschen waren der Reiz, der ihn extrem beunruhigte. Das Verhalten mussten wir nun also umprogrammieren.

Das oberste Gebot war zuerst einmal Sicherheit – sowohl für das Pferd als auch für den Menschen. Ich baute einen Gang aus Gitterelementen, damit wir Lausbub an langer Leine »geführt« einigermaßen sicher von der Box in die Reithalle bekamen. Lausbub »ging« auch nicht wirklich durch diesen Gang, sondern er stieg: Meter für Meter arbeitete er sich auf den Hinterbeinen vor und schlug dabei mit den Vorderbeinen nach allem, was er als bedrohlich empfand. Attacke! Hier kommt Lausbub, ehemals Arschloch, und was immer mir passiert ist, wird mir nicht noch mal passieren. »Okay, Lausbub, okay, verstanden«, antworten wir im Stillen.

Die Gestütstrainer sahen interessiert zu. Sie hatten Lausbub, bevor wir ihn ins Training nahmen, mit Bahnpeitschen und Flatterband in die Halle getrieben und amüsierten sich jetzt prächtig über den Aufwand, den wir mit dem Gang aus Gitterelementen betrieben. Es gab zwischendurch Ein- und Ausstiege und an mehreren Stellen waren Mitglieder unseres Teams positioniert, damit sie rasch eingreifen konnten, falls wirklich jemand drohte verletzt zu werden. Mit EBEC kalkuliert man immer den schlimmsten Fall ein, dann passiert meistens nichts und man agiert auch viel ruhiger, man fühlt sich als Mensch sicherer.

Es war unsere erste Trainingseinheit und unsere erste Begegnung. Ich wollte Lausbub die Möglichkeit geben, sich mitzuteilen und nicht unnötiges Adrenalin zu produzieren, denn das würde seine Lernfähigkeit für Stunden lahmlegen. Der Dreh- und Angelpunkt war deshalb, die Reize zu finden, die sein Verhalten auslösten. Dafür musste ich ihn genau beobachten und ihm immer wieder Reize präsentieren, zum Beispiel meine sich nähernde Hand oder mein sich ihm nähernder Körper, um herauszufinden, was der Auslöser für welches Verhalten war. Wenn er meine Präsenz nicht akzeptierte, brauchte ich auch nicht daran zu denken, ihm das Halfter oder den Strick als Reiz zu zeigen. Als er in der Halle angekommen war, befestigte ich eine lange Leine an seinem

Halfter, damit ich auf Distanz von fünf bis sechs Metern ziehen konnte, sodass er immer wieder in meine Richtung schauen musste, also nicht wie wild im Kreis rennen konnte. Denn er musste sich ja mit mir auseinandersetzen. Ich war der angsteinflößende Reiz, auf den er empfindlich reagierte. Lausbub stand verunsichert in der Halle und beobachtete mich auf Schritt und Tritt. Stufe 1 der EBEC Pyramide war nun gegeben, er war ruhig und konzentriert. Dann kam die interspezifische Kommunikation. Er sollte also meine Gesten und Signale lesen lernen. Ich stand seitlich zu ihm, schaute ihm nicht in die Augen, eine passive Geste die Zurückhaltung signalisiert. Ich stellte mich so weit entfernt von ihm auf, dass er mich dort physisch gerade noch so akzeptieren und aushalten konnte, ohne mich angreifen oder wegrennen zu wollen. Das waren etwa sechs Meter. Kam ich zu schnell näher, ging er auf Attacke. Die passiv abgewandte Schulter akzeptierte er und konnte das decodieren, das sah ich an seiner Gestik, die Ohren neutral nach rechts und links leicht abfallend, alle Hufe fest auf dem Boden, neutrale Nackenhaltung und tiefe Atmung im Zwerchfell. Auch ich atmete tief und vertrauensvoll ein, entspannte meine Schulter, denn Pferde lesen jede noch so kleine Muskelanspannung und decodieren diese entsprechend. Aus dieser neutralen Position schob ich meinen Fuß etwas näher, vielleicht einen halben Meter, Lausbub spitzte die Ohren, hielt die Luft an, fokussierte den näher kommenden Fuß und sein Gehirn ratterte. Sollte er angreifen, wegrennen? Während er diese kleine Veränderung etwa 30 Sekunden verarbeitete, machte er bereits eine neue Erfahrung: Er erfuhr, dass ihm nichts Schlimmes passiert, wenn mein Fuß näher kommt. Alles blieb ruhig und er atmete tief aus. Auf diese Weise,

169

Schritt für Schritt und mit viel Ruhe und Zeit, kam ich langsam näher.

Das Wichtigste war, dass Lausbub sich entschied, sich auf die Kommunikation und neue Erfahrungen mit einem Menschen einzulassen, anstatt ihn gleich zu attackieren. Pferde funktionieren nach dem Prinzip: »Was habe ich gemacht und wie ist es mir dabei ergangen?« Dieses Prinzip machten wir uns zunutze. Kein Jagen, Scheuchen, so wenig Aufregung wie möglich, Informationsverarbeitung im Pferdegehirn ermöglichen, das ist die Devise. Es war meine erste Vorführung vor einer kleinen Gruppe an Zuschauern, bei der ich EBEC in Deutschland bei einem aggressiven Pferd anwendete. Denn neben meinem Team und den Gestütsmitarbeitern, hatten sich mittlerweile der Tierarzt und auch der Hufschmied dazugesellt, alle auf dem Gestüt Anwesenden eilten in die Halle und schauten gespannt zu. Man hätte in der Halle eine Stecknadel fallen lassen hören können, so still war es. Und keine Frage – Lausbub war hochgradig gefährlich. Wenn man nicht wusste, was man tat, oder selbst Aggression oder Gewalt involvierte, konnte man von ihm schwer verletzt werden.

Lausbub bemerkte unmittelbar, dass hier etwas anders war, denn auf sein »Fehlverhalten«, also das Steigen und das Ausschlagen mit den Vorderhufen in meine Richtung, folgte beim Reinführen in die Halle für ihn nicht wie sonst eine negative Konsequenz in Form einer Bestrafung, von Bahnpeitschen, nervösen Menschen oder Ähnlichem. Nein, ich ignorierte das Verhalten zunächst und dann war er ja in der Halle in Sicherheit, da ich gar nicht nah genug kam, um sein Abwehrverhalten zu provozieren. Die Aggressionsethogramme, die wir haben, zeigen uns genau die Vorstufen auf, die das

Steigen oder Ausschlagen ankündigen. Ich brachte ihn mit meiner Schritt-für-Schritt-Taktik erst einmal dahin, dass er die Lernsituation akzeptierte, und erweiterte seinen Erfahrungsspielraum dann nach und nach. Dafür dass er eine kleine Annäherung zuließ, sich also positiv verhielt, erhielt er anschließend von mir eine positive Reaktion: Wenn er sich entspannte, entfernte ich den angsteinflößenden Reiz, den Fuß oder die Hand. Dennoch kam ich sukzessive näher. Die Folge war, dass Lausbub innerhalb weniger Minuten, als er das System verstand und wie wir miteinander anstatt gegeneinander arbeiteten, von einem wilden, lebensgefährlichen Wesen zu einem lammfrommen Pferd wurde. Als würde er aus einem Kokon schlüpfen.

Das Ganze dauerte vielleicht drei bis fünf Minuten und mochte von außen betrachtet spektakulär erscheinen. In Wirklichkeit war es einfach die konsequente Anwendung unserer neuen Kommunikationsmethoden. Ich legte Lausbubs liebevolles, zartes und ängstliches Fluchttierherz frei und er fasste sofort Vertrauen, da meine interspezifische Kommunikation in Form von Gesten und Signalen schnell decodiert, also verstanden werden konnte. Jede meiner Bewegungen wurde für ihn vorhersehbar.

Kurz vor dem Moment des Anfassens, unserer ersten liebevollen und zarten Berührung, die ich mir hier erarbeitete, als innerhalb von nur drei bis fünf Minuten aus sechs Metern Distanz 20 Zentimeter geworden waren, zeigte Lausbub das Lecken und Kauen. Das sagte mir, das eine Veränderungen stattfand. Vorher hatte er meine Präsenz als Stress empfunden, ich war der angsteinflößende Reiz, ohne ihm jemals etwas getan zu haben. Für ihn galt: »Mensch = Gefahr«. Da sich nun durch meine vorhersehbare Handlung und das schrittweise Vorgehen, seine Herzfrequenz und sein Blutdruck wieder regulierte, sich für ihn der empfundene Stress wieder reduzierte, schaltete sein vegetatives Nervensystem von Stress auf »kein Stress mehr« um. Das Maul entspannt sich, das Pferd leckt und kaut. Diese Geste war mein Indikator dafür, dass Lausbub sich nun entspannte. Ich atmete tief ein. In der Halle war es mucksmäuschenstill, die Zuschauer trauten sich kaum zu atmen, als Lausbub aufgrund der Entspannung und des gefassten Vertrauens es nun wagte, mich zu berühren, das erste Mal. Nun wurde sein sensorisches Gedächtnis aktiviert, er sammelte Informationen mit seinen Tasthaaren am Maul, dem Riechorgan. Auf diese Informationen würde er morgen, in der nächsten Trainingseinheit, als Erstes zurückgreifen. Ich würde ihn morgen zügig anfassen können, weil er diese positive, schöne Erfahrung wieder erleben wollen würde. Das ist wissenschaftlich basiertes Pferdetraining, das ist ein unstrittiger, bewegender Fakt. Ich wusste, ich habe ihn erreicht, er schnupperte in meinem Haar und an meinem Hals. Er begann, mich zu entdecken. Er genoss diese unerwartete Zartheit meiner Berührungen und ich seine. Sanft berührte ich ihn an Stellen, die jedes Pferd gerne mag – Mähnenkamm und Hals – und näherte mich langsam seinem Kopf. Aber kaum kam ich nur in die Nähe der Ganasche, dieses empfindlichen Muskels am Kiefergelenk, schlug er schon wieder mit dem Vorderhuf nach mir. Ich musste also sehr sorgsam und vorsichtig voranschreiten. Aber das wollten wir in der nächsten Trainingseinheit tun. Es war in wenigen Minuten so viel erreicht, ich war emotional erschöpft und Lausbub auch. Ich wischte mir ein Tränchen aus dem Gesicht vor lauter Rührung, der ein- oder andere Zuschauer auch, und wir machten für heute Schluss. Ich brachte Lausbub aus der Halle zurück in seine Box.

Bei den Zuschauern blieb im Laufe der nächsten Tage kein Auge trocken, wenn ich mit Lausbub arbeitete. Er wurde von einem von allen gehassten, aggressiven Pferd zum Lieblingspferd aller im Stall, konnte nun problemlos trainiert und ausgebildet werden. Auch die Gestütsmitarbeiter schwenkten auf unsere Linie ein und verhielten sich Lausbub gegenüber von nun an empathisch und liebevoll. Er machte im Stall auch nach unserer Abreise nie wieder Schwierigkeiten und wurde ein hervorragendes Springpferd.

Der Anruf

Ein paar Tage später. Es ist ein wunderschöner Tag, der 7. Juni 2014. Roy und ich sind bereits acht glückliche Monate verheiratet.

Ich stehe gerade mit einem hübschen jungen, aufmerksamen Schimmel im Longierzirkel, ein ganz schwieriges, unglaublich sensibles Pferd. Da vibriert mein Handy in meiner Hosentasche. Mit einer Hand halte ich das Pferd, mit der anderen schaue ich schnell auf das Handy. Normalerweise ist es um diese Zeit nie an, schon gar nicht, wenn ich mit Pferden arbeite. Ich muss heute vergessen haben, es auszuschalten. Es ist Roy.

Noch immer schnellt mein Puls in die Höhe, wenn sein Name auf dem Display erscheint. Die Liebe zu Roy und seine Liebe zu mir haben mich weich gemacht, verletzlich und zugänglich. Ich habe das Gefühl, dass sich die Liebe sogar auf meine Arbeit am Pferd positiv auswirkt, meinen Zugang zu den Pferden noch um ein

Vielfaches verfeinert hat. Wenn man liebt, kann man weicher sein, leichter verzeihen und fester im Leben stehen, aber auch Krisen besser bewältigen. Petra, eine unserer Psychologinnen, hat mal einen schönen Vergleich dazu gebracht: Wenn ich in einem Umfeld bin, in dem andere von mir Energie schöpfen und ich ihnen erlaube, sich eine Kelle voll von meiner Energie zu nehmen, wie aus einem großen Suppentopf, dann muss ich auch diese Kelle voller Energie im Topf frei verfügbar haben. Ist mein persönlicher Energietopf aber fast leer, habe ich vielleicht nur einen Fingerhut zur Verfügung. Wenn ich also nicht sorgsam mit meiner Energie umgehe, dann leide ich und werde krank. Ein Beispiel aus der Pferdepraxis: Wenn mein »Energietopf« leer ist, und der Stallbesitzer kommt wutentbrannt zu mir gerast, weil sich ein Pferd verletzt hat, dann habe ich ein Problem. Ist mein Energietopf aber voll bis zum Rand, dann ist da gerne eine Kelle voll drin, mit der ich die Sache wohlwollend und positiv aus der Welt schaffen kann.

So auch jetzt. Mein Energietopf sprudelte schier über, weil ich so glücklich war, so viel Liebe in mir hatte und empfing, und so ließ sich jeder Konflikt – egal ob mit Menschen oder Pferden – ganz einfach lösen. Ganz egal, was um mich herum passierte, für mich war der Topf immer randvoll. So konnte ich jetzt auch mit dem ängstlichen Schimmel problemlos umgehen. Wenn mein Energietopf aber leer ist und ich beispielsweise Angst habe, kann ich erst wieder dem anderen Menschen oder dem Pferd helfen, wenn ich selbst keine Angst mehr habe. Dann muss ich mich erst mal selbst mit neuer Energie versorgen und darf kein Risiko eingehen. Das bedeutet, dass ich loslassen und die aktuelle Situation akzeptieren muss. Und ich darf erst dann wiederkommen, wenn ich mich sicher fühle.

Das Telefon brummt immer noch und ich gehe dran. Roy würde mich nicht stören, wenn es kein Notfall wäre. Der junge Schimmel, eben noch ein ganz wilder Vertreter und Tausendsassa, steht nun, während ich das Telefon in meiner Hand halte und anstarre, ganz ruhig neben mir. Er rührt sich nicht, als würde die Zeit kurz stehen bleiben und sich niemand mehr bewegen. Eingefroren, alle eingefroren und das Leben angehalten.

Er stand auch die folgenden Minuten, die mir wie eine Ewigkeit erschienen, ruhig atmend neben mir, bis ich das Telefonat beendet hatte. Pferde spüren den Pulsschlag des Menschen, das ist wissenschaftlich erwiesen. Und wenn der Mensch aufgeregt ist, überträgt sich die Aufregung auf das Pferd. Ich jedoch hatte kaum einen Puls, atmete stattdessen tief und vertrauensvoll das Leben ein und legte auf. Lara, meine enge Vertraute, merkte intuitiv, das irgendetwas nicht stimmte. Ohne mich zu fragen, öffnete sie leise die Tür zum Longierzirkel und kam zu mir. Sie übernahm stumm das Pferd aus meiner Hand. Und da standen die beiden neben mir und die Zeit schien still zu stehen. Roys Worte, die mein Ohr erreicht hatten, klangen so unwirklich.

»Honey, ich hatte gestern wieder diese komischen Kopfschmerzen und bin kurz ins Krankenhaus gefahren. Ich will dich nicht beunruhigen, aber die Ärzte dort haben etwas gefunden. Verdacht auf einen Gehirntumor. Ein Glioblastom multiforme, Grad 4. Tödlich. Kannst du nach Hause kommen?«

Meine persönliche Welt bleibt stehen. Alles um mich herum bewegt sich wie in Zeitlupe und mein

Energietopf ist mit einem Schlag leer bis auf den letzten Tropfen.

Ich weine nicht. Ich sage nur still zu Lara: »Ich nehme das nächste Flugzeug, ich muss nach Hause.«

Lara nickt stumm und stellt keine Fragen. Lara versteht auch ohne viele Worte. Sie umarmt mich nicht, ich schreie nicht, ich weine nicht, ich breche nicht zusammen, ich funktioniere. Lara funktioniert. Lara ist wie Familie. Ich fühle mich nicht allein. Ich habe keine Angst. Lara und ich sehen uns noch mal an, ich streichele den Schimmel ein letztes Mal, er ist noch immer ganz ruhig und wir funktionieren. Das Projekt darf nicht leiden, es muss weitergehen, 20 Pferde müssen trainiert werden. Lara wird den Hut aufhaben, mich ersetzen und professionell die Leitung des Projektes übernehmen. Sie wird mit den anderen Equine Coaches weitermachen, der Kunde wird nichts merken, alle Equine Coaches sind wie Familie. Wir sprechen alle die gleiche Sprache. Wie ferngesteuert verlasse ich den Longierzirkel.

Ich gehe in mein Hotel, telefoniere mit Lufthansa und buche den Rückflug nach Los Angeles um auf »sofort«.

Ich beginne zu zweifeln. Das kann irgendwie nicht recht sein. Roy ist ein so starker und kräftiger, athletischer, durchtrainierter Mann. Ein gesunder Mann. Der perfekte Ehemann. »*The man.*« Der Versorger, der Unsterbliche, der, der eine Sau erlegt und nach Hause bringt, während ich das Feuer entfache und die Feuerstelle fege. Mein Urinstinkt hat das alles wahrgenommen, sonst hätte ich ihn wohl auch nicht geheiratet. Der stirbt doch nicht. »Sterben«, was ist das überhaupt für ein Wort, das gehört noch nicht in unsere Zeit, wir sind jung, das Beste kommt jetzt erst noch, sagt Roy immer. »*The best is yet to come.*« Sterben? Sorry, aber hier muss sich jemand verwählt haben, hier ist jemandem bei der Planung unseres Lebens ein Fehler unterlaufen. Ich zögere nicht. Lara ist psychologisch extrem geschult, Petra, ihre Mutter, ist Psychologin, wir kennen uns gut. Die beiden werden in den nächsten Jahren, neben einigen meiner besten Freunde und der AKA, mein Fels in der Brandung sein. Aber das wissen wir alles jetzt noch nicht, das hätten wir uns zum jetzigen Zeitpunkt nicht mal ausdenken können.

Nur wenige Stunden später sitze ich aufgewühlt im Flugzeug nach Los Angeles. Es ist der schlimmste Flug meines Lebens. Zwölf Stunden in Ungewissheit, denn Gewissheit will man erst mal ganz schön lange nicht haben. Denn da ist ja die Hoffnung. Ein Feuerwerk an Emotionen, das sich selbständig macht und im eigenen, nahezu unkontrollierbaren Rhythmus die Gefühle und Gedanken ändert.

Ich fühle mich so verwirrt wie eines der Pferde, mit denen ich arbeite. Man hält sich in einer solchen Situation an jedem Strohhalm der Normalität, mit der man vertraut ist, fest. Selbst eine Lufthansa-Stewardess kann mir Sicherheit geben, dass doch irgendwie alles normal und in geregelten Bahnen verläuft. Die Welt dreht sich weiter, nichts verändert sich, also kann das auch nicht sein, also ist doch alles okay, oder? Wieso steht meine Welt plötzlich still, obwohl sich alles andere weiterdreht?

Ich fühle mich wie ein Pferd, das in seiner Not nach Vertrautem in der Umgebung sucht: die Box, die den Puls wieder runterkommen lässt; oder das Riechen am Nachbarpferd in der Nebenbox, das nach der Trainingseinheit immer noch da ist und dessen Puls ganz ruhig geht. Aber genauso kann es von einem kleinen Zeichen, einem Geräusch wieder in Angst, in Sorge, ins Ungewisse getrieben werden.

So geht es nun auch mir. Ein Blitzgedanke an das, was nun vielleicht vor mir liegen könnte, reicht aus, um mich funktionsunfähig zu machen. Wo musste ich gleich hin? Welche Airline? Wann fährt der Bus? Bus? Welcher Bus? Ich habe gar kein Auto am Flughafen in L. A. Oder doch? Die erste Landung wird es sein, seit Roy in meinem Leben ist. Ohne Roy am Flughafen?

Dieser Gedanke allein reicht aus, um mich aus dem Schlummermoment in meinem Sitz hochschrecken zu lassen. War es ein Traum? Vielleicht doch nur ein Traum? Und dann kommt wieder die Stewardess. »Möchten Sie noch etwas trinken?« Und ich denke: Ach ja, es ist ja alles normal. Nur eines nicht. Mein Leben.

Alles andere geht weiter. Ein Mann lächelt mich an und ich denke, er weiß nichts von meiner Welt und ich nichts von seiner. Die Welt dreht sich einfach weiter, und niemand weiß wirklich, was da so im Kopf und Leben der Anderen passiert. Wenn ein anderer harsch reagiert auf uns, dann urteilen wir ihn schnell ab und fauchen zurück. Vielleicht aber hat diese Person gerade eine geringe Schmerzgrenze, einen leeren Energietopf und kann nicht mal einen Fingerhut rauskratzen? Vielleicht muss sie irgendwie raus aus dem Szenario, das geht aber gerade nicht, weil sie irgendwo hinmuss. Weil sie zu ihrem Mann in die USA fliegt. Weil der gerade eine tödliche Diagnose erhalten hat.

Wie viele Menschen, frage ich mich plötzlich, haben schon in meinem Leben neben mir gesessen oder sind mir begegnet und haben gerade das Gleiche erlebt. Und ich habe es nicht mitgekriegt, weil wir alle in einer

Welt und doch in unserer eigenen leben. In unserer eigenen, die niemand betreten kann, wenn wir das nicht zulassen.

Wahrscheinlich bin ich die Einzige, die gerade hier darüber nachdenkt, während der Flieger fünfzehn Kilometer über der Erde schwebt und unter uns ein alaskischer Fischer gerade nichts anderes denkt, als wie er den Lachs an die Angel bekommt. Welche Wirklichkeit ist eigentlich die wahre Wirklichkeit?

Gedankengewitter rauschen wie Tsunamis durch meinen Schädel, aber ich breche nicht zusammen. Ich bin ganz wach in meiner Wahrnehmung. Das habe ich in der Arbeit mit Pferden gelernt. Im Moment bleiben, ganz wach, atmen und nicht in die gleiche Welt eintreten, in der sich Roy gerade befindet, oder das Pferd, mit dem ich gerade arbeite. Empathie ja, aber ich sterbe nicht.

Wird Roy sterben? Ein Gedanke, der so unwirklich erscheint wie der, dass wir, trotz des ruhig brummenden Flugzeugmotors und der weißen Wölkchen unter uns, nun ins Meer abstürzen könnten. Ziemlich unwahrscheinlich, das Ganze. Stürzen wir ab? Stürze ich ab? Stürzt Roy ab? Wie lange noch bis zur Landung?

Ungewissheit, aber Zukunft ist ungewiss. Das macht sie aus. *Stay in the moment.* Es gibt nur zwei Tage, an denen du nichts tun kannst: Der eine ist morgen, der andere gestern. Nur heute ist der Tag, nur jetzt ist der Moment, um zu lieben und glücklich zu sein.

»Entschuldigen Sie, könnte ich bitte ein Glas Champagner bestellen?«

»Selbstverständlich«, antwortet die freundliche Stewardess, und ich stoße mit mir an. Auf das Leben und den Moment, dass ich in einem sicheren Verkehrsmittel über den Wolken sitze und ein Glas Champagner trinken darf. Nur so habe ich eine Chance, das zu überleben, was vor mir liegt.

Stunden zwischen stummen Tränen, die mir unbemerkt die Wange herunterrinnen, Angst, Sorge, Hoffnung, Verzweiflung, Stärke und Schwäche und Glück und Zuversicht. Ich kann das Kaleidoskop drehen und sagen, welch ein Glück ich habe, dass es Roy gibt und gab. Ich durfte bedingungslose Liebe erfahren, wer darf das schon. Und vielleicht begegnet mir eine noch viel größere Liebe, irgendwann, viel später, wer weiß das schon. Eine ganz andere. Denn ich werde nach Roy nicht mehr dieselbe Person sein wie vor Roy. Und ich kann jetzt verzweifelt darüber nachsinnen, dass mir eines der schönsten Dinge auf der Welt genommen wird, das mir jemals widerfahren ist. Aber ich kann auch beschließen, mir dessen bewusst zu sein. *Ich* bestimme meine Einstellung zur unabänderlichen Realität. *Ich* bestimme, ob ich an dem, was kommen mag, wachse oder ob ich als unbewusster Verlierer aus dem Spiel herauskomme.

Ist das alles Wirklichkeit? Oder ist das ein Traum, aus dem ich gleich erwachen werde? »Wir haben die Bilder vertauscht«, werden die Ärzte sagen. Roy wird am Flughafen in Los Angeles stehen, wie immer. Wie immer, wenn ich durch die Immigration komme, wird er dort am Ausgang stehen. Werden unsere Blicke sich treffen, unsere beiden Herzen zu einem verschmelzen. Wir werden weinen vor Glück, weil wir uns wiedersehen. Wie immer wird die Welt um uns herum so lange verstummen, bis wir endlich wieder unsere Hände zu fassen bekommen. Ich werde wie immer durch die Menschenmenge gehen und niemand anderen wahrnehmen als ihn. Diesen großen, stattlichen Mann, der so schön ist wie ein Hollywoodstar, mit den schönsten Augen, dem warmherzigsten Lächeln, dem verschmitzten, liebreizenden Humor und dieser Souveränität, die mich so ruhig macht. Und dann werde ich ihm erzählen von den Menschen und Pferden, den Coaching-Inhalten und den Lausbuben, die mich verändert haben, und dem Schimmel und all den Menschen, mit denen ich gearbeitet habe, während er so weit weg gewesen ist in einer ganz anderen Welt. Ich werde stolz und aufgeregt wie immer berichten, wie toll EBEC funktioniert hat, und wie es sich immer mehr zu einem Großen und Ganzen zusammenfügt. Dass ich wieder neue Erkenntnisse habe, die ich mit meinen wissenschaftlichen Beratern besprechen werde und wir wieder ein paar Dinge verfeinert haben.

Und Roy wird sich freuen. Er wird wie immer an meinen Lippen hängen und sagen: »*I am so proud of you!* Ich bin so stolz auf Dich! Und vergiss nie: Du bist für mich der tollste Mensch auf der ganzen Welt. *I love you so much.*« Das wird er sagen, so wie immer, wenn wir getrennt waren.

Wir wollen zusammen alt werden, sterben passt jetzt so gar nicht in unser Konzept. Wir wollen doch weiter über unsere Rollatoren-Wettrennen kichern, herumalbern und gemeinsam Lachkrämpfe haben!

Das Leben hat offensichtlich einen anderen Plan. Jetzt ist die Zukunft, die andere Zukunft ist nur Fantasie in unseren Köpfen und ist immer ungewiss. Nur der Moment ist wirklich. Alles, was ich von den Psychologen und Coaches unserer EBEC-Lehrgänge gelernt habe, muss ich nun anwenden. Das wird meine größte Herausforderung werden. Ich kann im Sekundentakt von einer in eine andere gedankliche Richtung springen, es wird nichts an der Realität, der harten Realität ändern, dass ich nun zunächst die traurigste Landung meines Lebens überleben muss.

Und tatsächlich – ich habe sie überlebt. Keine Ahnung wie. Ich nehme meine Koffer vom Band und gehe durch die Kontrolle raus in die Abholungshalle des Los Angeles International Airport.

Roy stand immer mit hochgerissenen Armen an ein und derselben Stelle, wenn er mich abholte, und er konnte mich nicht schnell genug in seine Arme nehmen, während wir zum Ausgang gingen und er sagte: »*You are so pretty!*«

Ich starre in Richtung Ausgang. Roys Platz ist leer. Ein kleiner, asiatisch aussehender Mann steht dort, wo Roy sonst immer steht. Ich starre den kleinen Mann an und mir schießen die Tränen in die Augen.

Ich renne aus dem Flughafengebäude, weil ich den Schmerz nicht aushalte, und werfe mich in einen Hertz Bus, der mich zum Mietwagen bringt. Vor mir liegen noch zwei Stunden Fahrt auf dem Highway von Los Angeles nach San Diego. Während der Fahrt ins Krankenhaus bin ich wie in Trance. Ich kenne das Krankenhaus gut. Auch unsere »Hausärzte« sind dort untergebracht. In den USA wird zwischen Krankenhaus und Arztpraxis nicht so stark unterschieden, oftmals sind selbst Hausärzte in der Klinik angesiedelt. Ich kenne mich aus, da ich zu Vorsorgeuntersuchungen dorthin gehe, oder wenn ich mal eine Erkältung habe. Mein Hausarzt, unser Hausarzt, praktiziert im gleichen Trakt. Es ist kein fremder, neuer Ort für mich, eher hat die Umgebung etwas Vertrauenerweckendes. Ich renne durch die große Schwingtür, vorbei an Kranken, Rollstuhlfahrern, Ärzten und Pflegern. Die Treppe hinauf in das Zimmer 0310, das Datum des Tages unserer Hochzeit. 3.10.2013, einer der bisher schönsten Tage in meinem Leben.

Die Ziffern an der Tür zu Zimmer 0310 lassen mich erschaudern. Stärke zeigen heißt es nun. Ihm Kraft geben, Zuversicht. Durchatmen, die Haare richten. Ich will schön sein für ihn. »You look so pretty«, er sah mich immer so gerne an, ich war die schönste Frau der Welt für ihn, das sagte er nicht nur, das sah und spürte ich in jedem Blick, wenn wir zusammen waren, wie er mir Türen öffnete, aufstand, wenn ich im Restaurant zum Platz zurückkehrte, wie er mich vorstellte, wie er mit leuchtenden Augen von mir sprach. Dann trete ich mit festen Schritten in den Raum. So wie ich vor zwei Wochen in den Longierzirkel getreten war mit Lausbub, diesem schwierigen, aggressiven Hengst, der Angst hatte vor allem, was kommen würde. Und dem ich schließlich diese Angst nehmen konnte. Vor exakt vierundzwanzig Stunden hatte ich Lausbub zum Abschied noch einmal gestreichelt und ihm ins Ohr geflüstert: »Gib mir Kraft, kleiner Mann, so wie ich dir Kraft gegeben habe. Mach's gut.« Nun galt meine Kraft Roy. Jede Geste zählt, jeder meiner Atemzüge, er kann mich lesen wie ein Buch. Ich bin diejenige, die darüber entscheidet, ob ich ihm Kraft und Zuversicht oder Unsicherheit und Angst vermittle. Das Herz öffnen und dafür sorgen, dass mein Gegenüber sich sicher fühlt. Das ist es, was Roy nun von mir braucht.

Ich atme tief und vertrauensvoll ein und öffne die Tür. Dort liegt er in seinem Bett, in seiner ganzen Schönheit. So verletzlich wirkt er in dem grünen Krankenhauskittel.

Wir brauchen keine Worte, um miteinander zu reden. Es genügt ein Augenaufschlag, eine Berührung, und wir wissen, was im anderen vorgeht. Ich lege mich schweigend neben ihn, neben ihn in das schmale Ein-Mann-Bett, ich kuschele mich an seine Schulter, rieche seine Haut und fühle seinen festen Griff um meine Schulter, fühle seine starken Hände.

Wir schweigen, wir reden nicht, wir brauchen keine Worte. Atemhörpausen. Angekommen. In ihm zu Hause. Gleich wird der Arzt kommen und sagen, es war ein Missverständnis. Alles war ein einziges Missverständnis. So sehr wünsche ich mir, dass er jetzt reinkommt und sagt: »Sie können jetzt gehen, das MRT hat gezeigt, dass wir Sie mit Antibiotika behandeln können, ein schönes Leben noch.«

Roy und ich weinen stumm unsere unsichtbaren Tränen, die niemand sehen kann und von denen noch unendlich viele fließen werden. Wir lauschen unseren Atemzügen und das reicht uns. *Stay in the moment.* Jetzt ist die Zukunft. Nur heute ist der Moment zu leben, zu lieben und glücklich zu sein. Nicht morgen und nicht gestern. So hat es der Dalai Lama geschrieben, und an diesen Spruch klammere ich mich jetzt. Und jedem neuen Tag wohnt ein Zauber inne, der uns beschützt und hilft zu leben. Nur sein. »Hi, ich bin Roy«, »Hi, ich bin Andrea.« Es sind diese Momente, in denen die Welt um uns herum stehen bleibt und wir wissen, dass sie von Bedeutung sind.

Jeder hat die Möglichkeit, jeden Moment in seinem Leben zu einem ganz Besonderen zu machen. Es ist diese Energie, die es in uns und um uns herum gibt. Und die stärker ist als jeder unserer Gedanken.

Später – viel später – werde ich wissen, dass ich diese Energie brauchte, um noch weicher zu werden, das Leben, mich, die Menschen noch besser zu verstehen. Aber das weiß ich noch nicht in dem Moment, als die Tür aufgeht und der Arzt in das helle Zimmer mit Meeresblick tritt: »Hi, ich bin Dr. Culo. Ich bin der Neurochirurg hier im Hospital. Gut, dass Sie da sind. Wir wollten warten, bis Sie hier sind, aber wir dürfen keine Zeit mehr verlieren. Wir operieren morgen früh.«

Sein Blick ist ernst und als ich seine Hand schüttele, ahne ich, dass er später, wenn wir allein sind, zu mir sagen wird, dass es ihm leidtut und dass es keine Hoffnung gibt. Ich habe mich im Internet informiert, so gut es ging, mit befreundeten Ärzten telefoniert. Alle möglichen Freunde von mir weltweit waren bereits am Start und recherchierten die besten Ärzte und Methoden weltweit. Ich wusste nun schon, dass nur zwei Prozent aller Patienten mit Roys Diagnose die ersten zwei Jahre überleben. Das ist doch Wahnsinn, denkt man, da gibt es einen Tumor in deinem eigenen Kopf, der ja scheinbar doch nicht deiner ist, denn du kannst nichts machen gegen das, was da drin gewachsen ist und einfach weiterwächst. Es ist da, es ist eine unabänderliche Realität.

Glücklich sein ist eine bewusste Entscheidung. Die Sorgen von morgen rauben dem Heute seine Stärke. Alle Glaubenssätze machen plötzlich Sinn und helfen zu leben.

Nun müssen Roy und ich der größten Herausforderung des Lebens entgegensehen. Und die Reise, die ich in meinem Leben mit Pferden gemacht habe, wird nun mein Fundament sein, das es mir ermöglicht, das hier zu überleben und daran zu wachsen. Herzlich willkommen, Andrea, außerhalb deiner persönlichen Komfortzone, da, wo persönliches Wachstum stattfindet. Und leider kann ich nicht antworten: »Ooch, ich bin gerade ganz zufrieden, meine Komfortzone gefällt mir gut, aber danke, dass Sie an mich gedacht haben.« Mir fällt auf die Begrüßung des Schicksals: »Herzlich willkommen in der vielleicht größten Herausforderung deines Lebens« nur eine Antwort ein: »Danke für die Einladung.«

In Roys Flip-Flops laufen

Der Tumor ist nicht heilbar, das hat mir Dr.Culo bestätigt. Und die Gehirn-Operation ist gefährlich, der Chirurg wird die Ansammlung sichtbarer Tumorzellen aus dem Sprachzentrum entfernen, so gut es geht, aber es wird neue Ansammlungen geben. Die OP wird aber keine Heilung bringen, sondern ist nur eine lebensverlängernde Maßnahme. Roy will verlängern, um jeden Preis: »Ich tue alles, damit ich noch einmal aufwachen und in deine Augen sehen kann.«

Kurz bevor sie ihn abholen, drücke ich Roy ein kleines, kuscheliges Stoffpferd in die Hand, das fortan sein OP-Pferd wird und gut auf ihn aufpassen soll. »Das Pferdchen heißt Horsie, *my love*! Es wird bei dir sein und dich beschützen. Und wenn du aufwachst, wird es da sein und ich auch. Ich bin an deiner Seite. Ich gehe nirgendwohin.«

Roy tut sich nicht leid, er strahlt, er ist positiv, er fragt sich auch nie: »Warum ich?« Er sagt einfach nur: »Der Tumor hat sich den Falschen ausgesucht. Ich werde jetzt Vollgas geben und diesen verwirrten Zellen die Hölle heiß machen. Ich werde der erste Mensch sein, der das überlebt. Einer muss es ja mal überleben und das bin ich.«

Es fällt mir schwer, diesen Gedanken mitzugehen, aber das behalte ich für mich. Die meisten Betroffenen sterben in den ersten sechs Monaten, fünf Jahre ist die magische Grenze, danach kommt nichts mehr. Aber man sagt ja, dass die Psyche vieles heilen kann. Und wenn hier jemand eine hervorragende Ausgangsposition hat, dann Roy. Er ist mental unglaublich stark, ein Sportler durch und durch, ein Kämpfer, ein positiv denkender Mensch.

Alles wird sich ändern

Und genau hier, in diesem Augenblick, begann meine Reise in die Empathie mit einem geliebten Menschen. Eine neue Ebene. Empathie kann man lernen, das kannte ich von meiner Arbeit mit Pferden. Nun hieß es für mich, von diesen Erfahrungen zu profitieren und meine Fähigkeiten, mich in ein anderes Wesen hineinzuversetzen, auf das Verhältnis Mensch-Mensch zu übertragen.

Das klingt erst mal merkwürdig. Aber Roy hatte eine Gehirnkrankheit. Das hieß, dass sich sein Gehirn nach und nach verändern würde. Er war zwar jetzt noch voll in meiner Welt, wir sprachen die gleiche Sprache, unsere Systeme funktionierten identisch. Doch das würde sich im Laufe der Zeit ändern. Er würde mehr und mehr meine Welt verlassen. So jedenfalls hatte es mir Dr. Culo geschildert und auch meine eigenen Recherchen hatten zu diesem niederschmetternden Ergebnis geführt. Roy würde sich verändern. Sein Denken würde sich verändern. Ich würde ihn also dabei begleiten, wie er in eine Welt abglitt, zu der ich keinen Zugang mehr hatte. Und trotzdem wollte ich versuchen, in Kontakt mit ihm zu bleiben, Gesten, Signale entwickeln, die ihn erreichten, wenn wir nicht mehr die gleiche Sprache haben sollten.

Ich hatte mir so viel Mühe gegeben, das Gehirn des Pferdes zu verstehen und mit dem Pferd zu kommunizieren, obwohl es eine ganz andere Weltwahrnehmung hat als wir Menschen. Seine Augen, sein Denken, sein Fühlen, das ist alles so anders. Und Roy wird nach aller Voraussage wohl auch irgendwann anders sein als ich in meiner Weltwahrnehmung. Wie anders, das würde ich sehen müssen. Jetzt musste ich erst mal im Hier und Jetzt bleiben, jetzt lebten wir noch in der gleichen Wahrnehmung und dachten gleich.

Ich wollte es am liebsten nicht einmal vor mir selbst aussprechen, aber je früher ich mich auf das, was zwangsläufig kommen würde, einstellte, desto mehr Energie würde mir dafür zur Verfügung stehen. Und mein Energiespeicher musste voll sein. Randvoll.

Was würde auf mich zukommen? Ich würde irgendwann seine Gesten lesen müssen, herausfinden müssen, was in ihm vorging, wenn er es mir nicht mehr sagen konnte oder wollte. Ich würde immer ruhig bleiben müssen, egal was passierte. Ich würde lesen müssen, wenn er Angst bekam oder vielleicht sogar auch ich. Auch ich durfte Angst haben, aber ich würde diejenige sein müssen, die unsere Ängste mildert. Ich hatte die Verantwortung. Wie bei Lausbub, der nicht die Wahl hatte, wenn man ihn einsperrte, er konnte nicht Türen aufschlagen, Stricke zerreißen und sich in die Position bringen, die ihm guttat. Aber ich als Mensch, als Pferdetrainer hatte diese Wahlmöglichkeit, da ich die Kontrolle hatte und die Verantwortung, und ich konnte optimale Bedingungen schaffen. Das würde ich nun auch bei Roy umsetzen müssen, wenn all das stimmte, was mir von Freunden, Ärzten, Experten zugetragen wurde. Ich wollte meinem Mann mit Einfühlungsvermögen, mit Empathie begegnen. Solange ich es physisch und psychisch konnte, würde ich jede von Roys Entscheidungen mittragen. Ich würde ihn bestmöglich unterstützen, mich ihm mit allem, was ich hatte, zur Verfügung stellen. Doch ich würde ihm nicht vorschreiben, was er zu tun hatte. Es war *sein* Leben, *er* sollte darüber entscheiden, wie er es verbringen und zu Ende bringen wollte. Niemand sonst. Das wollte ich sicherstellen.

Ich war gesund und ich wollte mich, so gut es aus meiner Perspektive eben ging, in seine Situation hineinversetzen und versuchen, seine Emotionen und Gedanken zu verstehen, damit ich sein Handeln besser begriff. Ob beim Pferd oder beim Menschen, bei beiden geht es im Prinzip darum, das Gegenüber nicht aus der eigenen Perspektive zu bewerten. In die Schuhe des anderen zu schlüpfen – darum ging es. Der Spruch »Wenn du nicht tausend Meilen in den Mokassins des anderen gegangen bist, hast du kein Recht, über ihn zu urteilen«[4] bekam für mich eine vollkommen neue Bedeutung. Ich würde versuchen, so gut es ging in Roys Mokassins oder besser in seinen Flip-Flops zu laufen, und zwar ganze tausend Meilen, und das als Chance nutzen, selbst zu wachsen.

Einfühlungsvermögen und Mitgefühl sind etwas anderes als Mitleid. Beim Mitleid nimmt man den anderen als klein und hilfsbedürftig wahr. Beim Mitgefühl bleibt man auf der gleichen Ebene wie der andere. Das ist ein wichtiger Unterschied. Für mich war er entscheidend bei der Arbeit mit Pferden, aber auch für mein neues Zusammenleben mit Roy. Und so, wie ich mich vor Lausbub schützen musste, würde ich mich womöglich manch-

---

4 Weisheit aus Nordamerika

mal auch vor Roy schützen müssen, wenn er nicht mehr erkennen konnte, was er vielleicht anrichtete.

Ich musste mich auf ein ganz neues Leben an der Seite eines Mannes mit einem Gehirntumor einstellen. Er würde mir genommen werden, viel zu früh, in unserer Honeymoon-Phase. Niemand wusste, wie lange Roy noch leben würde. Deshalb wollten wir jeden Tag als neues Geschenk nehmen. Was nicht immer einfach ist, vor allem wenn furchtbare Dinge passieren.

Die erste OP

Roys erste OP soll sechs Stunden dauern. Sie entfernen den Tumor und hoffen, ihm damit vier bis sechs weitere Lebensmonate zu schenken.

Ich führe meine Recherche fort, während ich im Wartesaal des Krankenhauses sitze. Meine Freundin und Trauzeugin Bettina, die bei einem Pharmakonzern arbeitet, hat mich, so schnell sie nur konnte, mit Professor Henry S. Friedman, Neuro-Onkologe des Duke Cancer Institutes in Durham, North Carolina vernetzt, einem der führenden Neurologen und Operateure weltweit, der sich mit dem Phänomen des unheilbaren Glioblastom Tumors beschäftigt. Bettina setzte alle Hebel in Bewegung und noch während Roy im OP-Saal liegt, telefoniere ich mit Henry Friedman persönlich. Er bereitet sich gerade auf ein Interview mit dem Nachrichtenmagazin *60 Minutes* über Glioblastome und die Hoffnung für erkrankte Patienten vor. Ich dachte bei mir, wenn uns einer helfen kann, dann er, und auch Bettina versicherte mir »*thats the man*«. Henry war super nett und ich war erleichtert, dass er bereit war, die Führung über die Behandlung zu übernehmen. Er wurde mein Supervisor. Unmittelbar nach der OP sollte ich alle MRT-Ergebnisse und biochemischen Untersuchungsergebnisse der entfernten Tumormasse erhalten. Henry schärfte mir genau ein, was ich Dr. Culo sagen musste, damit er die Tumormasse optimal konservierte. Noch während der OP durfte ich über das Krankenhaustelefon mit ihm sprechen und gab ihm durch, was Henry mir auftrug und wie genau er Tumormasse konserviert haben wollte. Henry unternahm derzeit vielversprechende Versuche, die Glioblastome mit einem Poliovirus zu infizieren und so die körpereigenen Killerzellen zu aktivieren. Das Problem bei den Gliazellen ist, dass der eigene Körper sie nicht als Feinde erkennt und daher nicht bekämpft. Würden sie den Poliovirus bekommen, würde das Immunsystem durchstarten – so die Hoffnungen und Ideen der innovativen Ärzte. Dr. Culo fand es nicht so witzig, dass ich hinter seinem Rücken Fäden zog und ihm der supergesunde, positive und fitte Superpatient Roy vielleicht durch die Lappen ging. Schon am Telefon bemerkte ich in Dr Culos Stimmlage, dass ich es mit jemandem zu tun hatte, der gerne selbst öffentliche Lorbeeren mit einem Überlebenden ernten würde. Aber Henry war »the man«, dabei blieb es. Ich wollte mitdenken dürfen und ich wollte ein Kompetenzteam an meiner Seite haben und keinen Arzt, der einen Alleingang starten wollte. Dann sollte sich Dr. Culo eben mit Henry Friedman messen. Von mir aus, aber ich wollte involviert sein und bei jedem Schritt seine Meinung einholen. Basta. Nach der Tumorentnahme erhielt Henry alles, was er brauchte. Alle Daten wurden direkt digital nach North Carolina übertragen. Roy schlummerte noch mit Horsie im Arm in seiner Narkose vor sich hin, während die Ärzte seinen Kopf wieder zusammenflickten und Henry bereits prüfte, ob eine Polio-Infizierung in Frage käme. Henry versprach, mich anzurufen, sobald er Informationen hatte. Er gab mir seine private Handynummer: »Wenn etwas ist, ruf mich immer an, Andrea, egal um wieviel Uhr, *god bless you.*«

Sechs Stunden OP hatte ich genutzt, um weltweit alle Hebel in Bewegung zu setzen, recherchiert, andere Krebszentren kontaktiert und mich auch schon intensiv mit alternativen Therapien beschäftigt. Wirklich Hoffnung machte mir keiner. Roy wird sterben, soweit die Zusammenfassung meines Tages. Wenn eine starke Psyche helfen kann, hat er die besten Chancen.

Sechs Stunden hatte ich auf dem Stuhl neben der Tür zum OP im Wartezimmer gesessen. Jedes Mal wenn eine Operation zu Ende war, wurden die Angehörigen gerufen und über den Verlauf informiert. Die Ärzte kamen herein, setzten sich kurz zu den Angehörigen und dann gingen diese auf die Zimmer oder Intensivstationen. Mehr als sechs Stunden beobachtete ich diesen immer gleichen Ablauf, ich konnte den Gesprächen lauschen, konnte mich ohnehin auf nichts konzentrieren.

Als Dr. Culo den Raum betrat, konnte ich seine nonverbale Kommunikation sofort verstehen. In Bruchteilen einer Sekunde wusste ich, dass er mich in ein Nebenzimmer bitten würde. Kein Gespräch in der Wartehalle. Anders als bei allen anderen. Also hatte die Nachricht Potenzial zum Zusammenbruch, das verhieß nichts Gutes. Jetzt stark bleiben. Schnell das Positive sehen. Er hat die Operation überlebt, noch ist er ja da. Ich bin stark, »ich habe schon Pferde kotzen sehen« schoss es mir in den Kopf, der Reiterspruch, der mich bei allem

Übel schmunzeln lässt. Ich bin stark. Ein Zusammenbruch hilft mir und den anderen doch jetzt auch nicht weiter.

Dr. Culo eröffnet mir, dass die Operation zwar gut verlaufen sei, Roy aber nur noch vier bis sechs Monate zu leben habe: »Der Tumor sitzt am Sprachzentrum, aber er wird sich im Lauf der Zeit auch auf weitere Stellen im Gehirn ausbreiten. Alles, was wir jetzt tun können, ist strategisch vorzugehen, wie bei einem Schachspiel, um Lebenszeit herauszuschlagen.« Bis man vielleicht eine Therapie gefunden hat oder Roy an einer Versuchsreihe teilnehmen könne. »Wir müssen ihn nur irgendwie so lange wie eben möglich am Leben halten, wir können noch einige OPs machen, dann gewinnt er Lebenszeit und irgendwann muss das Glioblastom ja mal heilbar sein«, sagte Dr. Culo.

Das musste ich mit Roy besprechen. Wollte er um jeden Preis leben, auch als Geisteskranker, wenn er mich und andere vielleicht nicht mehr erkennt? Und so hake ich im Gespräch in dem stickigen, fensterlosen, trostlosen Räumchen noch mal nach: »Am Leben halten? Aber nur, wenn er mental fähig zum Denken und zum eigenständigen, würdevollen Leben ist.« Vegetieren oder leben. Das ist ein ziemlicher Unterschied. Roy hatte noch vor der Operation alle Verfügungen erteilt. Ich, seine Ehefrau, solle für ihn entscheiden, wenn er nicht mehr in der Lage sein sollte, klar zu denken oder eigenständig freudvoll zu leben. Sollte er nicht mehr sprechen, sehen, hören können – alles gut, dann wollte er trotzdem weiterkämpfen. Aber nicht als Verrückter irgendwo vor sich hin vegetieren. Roy hatte das bereits entschieden, nicht ich hatte das zu entscheiden. »Wir werden sehen, wie es läuft«, meint der Arzt. Meine Alarmglocken schrillten und ich bohrte weiter. »Kann es sein, dass er irgendwann verrückt wird?« Dr. Culo sagte:»Es kann sein, dass er irgendwann nicht mehr sprechen kann, es kann sein, dass sich der nächste Tumor im Frontallappen bildet, wir wissen nie, wann und wo sich wieder Zellen sammeln. Die Gliazellen sind schlau, ihr Ziel ist, das Gehirn zu übernehmen. Wenn sie jetzt nach der OP verstanden haben, dass das Sprachzentrum kein sicherer Ort ist, kann es sein, dass sie einen anderen Ort wählen, dann wird dies vielleicht seine Fähigkeiten zerstören, Konsequenzen für seine Handlungen zu begreifen. Das kann gefährlich werden. Wir erleben nicht selten Scheidungen, schauen Sie, wie weit Sie das mittragen können. Alles Gute«.

Wie betäubt schleiche ich zur Intensivstation. Ich erlebe erstmals die Lautstärke und Umtriebigkeit einer Intensivstation und bin einen Moment vom Trubel geschockt, sammele mich aber schnell. Es gibt ja keine andere Wahlmöglichkeit. *One day at a time.* Und ja, ich kann das. »*You are always stronger than you think.*«

Die Krankenschwestern haben Horsie verbunden und ihm Pflaster auf den Kopf geklebt, er trägt die gleichen Bandagen und Infusionen wie Roy. Ich bin gerührt und kuschele mich mit Horsie in der Hand in sein Bett, an seine Seite. Ich atme tief und vertrauensvoll ein, schnuppere an seiner Haut, die so vertraut riecht, und lausche seinem Atem.

Schläuche hängen ihm aus allen Körperöffnungen und Nicht-Öffnungen, und die Maschinen sind laut. Eine Intensivstation ist sehr laut und alles ist offen und einsehbar. Es gibt keinerlei Privatsphäre.

Noch ist Roy benebelt. Eine offene Gehirn-OP ist

kein Spaziergang. Atemhörpausen mit Herzfrequenzpiepen. Ich bin dankbar, dass ich hier sein darf. Ihn fühlen darf.

Eigentlich darf die Ehefrau nicht im Intensivstationsbett mit ihrem Mann liegen, aber hier machen sie eine Ausnahme. Von Anfang an habe ich allen – Ärzten und Pflegern – signalisiert: Zwischen Roy und mich wird sich niemand stellen. »We are one«, sage ich zu der Schwester, als sie nach Roy sehen will und mich etwas irritiert anschaut. In Sekundenbruchteilen versteht sie, dass es mit mir keinen Verhandlungsspielraum gibt, und sie versucht es auch gar nicht erst. Man lässt Roy und mich einfach zusammen sein, als wären wir ein und dieselbe Person. Niemand verweist mich in den unbequemen Stuhl in der Ecke. Ich muss auch nicht über Nacht das Haus verlassen mit der Versicherung, man werde mich im Notfall anrufen. Ich darf einfach bei meinem Mann bleiben.

Dann seine ersten Worte, als er endlich aufwacht: »Hi, ich bin Roy. Ich bin der Erste, der ein Glioblastom Grad IV überlebt hat. Willst du mich heiraten?«

Ich strahle ihn an und sage: »Ja, mein Liebster, ich will dich heiraten. Ich bin so stolz auf dich!«

Dankbar kuschele ich mich an ihn. Er wird mir so sehr fehlen. Ich liege da und denke immer das Gleiche: »Es kann doch nicht sein, dass er sterben wird! Er ist so schön, so stark, so präsent!« Würde dieser Körper tatsächlich irgendwann nicht mehr atmen? Ich konnte es mir beim besten Willen nicht vorstellen. Am liebsten hätte ich zu ihm gesagt: »Kannst du kurz mal sterben, damit ich sehen kann, wie das ist? Nur ganz kurz, und dann gleich wieder lebendig sein. Ich will nur wissen, wie es sein wird, wenn du tot bist, denn am meisten

Angst habe ich vor dem Leben ohne dich.« Aber das ging natürlich nicht.

Lauter solche Gedanken schießen mir durch den Kopf, während ich zwischen dem Piepen der Geräte und dem Heben und Senken von Roys Brustkorb wache. Seine Wachphasen werden länger. Langsam träufele ich ihm mit einem Schwamm etwas Wasser auf die trockenen Lippen und mir ist nichts eklig, obwohl er im Moment ziemlich viel Ähnlichkeit mit Frankensteins Monster hat. Ich bin dankbar, das für ihn machen zu dürfen. Da sein zu dürfen, stark sein zu dürfen. Nur ganz selten schickt mich die Schwester kurz zum Kaffeetrinken in die Kantine. Ansonsten ist mein Leben nun sein Leben, und das fühlte sich für mich richtig an. Mein eigenes Leben ist »on hold«, in den Ruhezustand versetzt, wie bei einem Computer.

Natürlich musste ich einiges organisieren, nachdem ich Deutschland so fluchtartig verlassen hatte. Ich rief Lara an, die in Gedanken die ganze Zeit bei Roy und mir war. Die Akademie musste schließlich weiterlaufen. Ich verteilte Aufgaben und Telefonkonferenztermine. Mein Team steht hinter mir und ich bin gerührt, als Lara sagt: »Mach dir keine Sorgen, Andrea. Niemand weiß etwas, wir haben das hier voll im Griff. Ich melde mich, wenn etwas Wichtiges anliegt, ansonsten lasse ich euch in Ruhe.«

Tränen liefen mir bei diesem Telefonat übers Gesicht – Tränen der Rührung, aber auch Tränen der Freude darüber, nicht allein zu sein. Freunde, die selbst stark genug sind, sind für mich das Wichtigste in dieser Grenzsituation. Ich danke Lara und wir legen auf. Mehr kann ich gerade nicht denken.

Nach drei Tagen dürfen wir nach Hause. Roy hat fünf-
undsechzig »staples« im Kopf, Metallklammern, die die
Kopfhaut zusammenhalten. Und alles ändert sich. Wir
stellen unsere Ernährung komplett um. Vegan, keine
Milchprodukte, alles, was nach unseren Recherchen
Krebszellen positiv beeinflusst, verbannen wir von unse-
rem Speisezettel. Zum Krankenhaus gehört ein großes
Zentrum für alternative Therapien und ich bin beein-
druckt, was uns alles zur Verfügung steht: von Reiki über
Akupunktur, Magnettherapie, psychologische Betreu-
ung, Mentaltraining – einfach alles, bis hin zur betreuten
Ernährungsumstellung und dem neuen amerikanischen
Achtsamkeits-Meditationstraining für Krebspatienten.
Ich steige voll mit ein, das interessiert mich sehr, davon
kann vielleicht sogar meine Akademie profitieren.

Roy ist sowohl im schulmedizinischen Zentrum als
auch im Zentrum für alternative Heilmethoden und
kann selbst entscheiden, welche Therapieformen er in
Anspruch nehmen will. Roy wird alles tun, was möglich
ist. Chemo, Bestrahlung, alternative Therapien. Er will
leben, so sehr leben. »Ich habe mein ganzes Leben nur
damit verbracht, auf dich zu warten«, sagt er und nimmt
meine Hand. »Nun bist du da. Ich kann jetzt nirgendwohin gehen, wo du nicht bist. Ich möchte bei dir bleiben,
für immer mit dir zusammen sein.«

Wir sind im Tunnel, in einer Blase. Roy ist überzeugt,
dass er überleben wird. So sehr. Er will der Erste sein, der
ein Glioblastom überlebt und geheilt wird.

Roy erholte sich gut von dieser ersten Operation, die
am 11. Juni 2014 vollzogen wurde, und eines Tages, etwa
vier Wochen später im Juli 2014, schaute er mich plötz-

lich an und sagte: »Lass uns zusammen durchbrennen. In einem Wohnwagen, so einem super coolen, silbernen Vintage Airstream Trailer. »*I want to get lost with you in America!*« Er will mit mir in Amerika verloren gehen. Vielleicht in der Hoffnung, nie wieder zurück zu müssen? Vielleicht weiß er, dass nicht viel Zeit bleiben wird? Nach der OP muss Roy mit einer Chemo und Bestrahlung beginnen, wir sitzen also viel in Wartehallen und beginnen mit der Recherche, nach diesen tollen alten Trailern, Raritäten, die Kultstatus haben in den USA. Roy findet einen 1971er Souvereign, 31 foot, und im August 2014 wird das Riesengefährt gekauft und erst einmal bis November 2014 renoviert, restauriert und perfekt ausgestattet.

Roy ist begeistert von seiner Idee, ich schwanke hin und her. Manchmal beschleicht mich eine leichte Verunsicherung, wie viel bei ihm jetzt noch normal ist und um wie viel er schon »ver-rückt« ist. Er hat große Schwellungen im Kopf, die aufs Gehirn drücken und die Gefahr von epileptischen Anfällen mit sich bringen. Auch die Bestrahlungen auf den Kopf könnten Auswirkungen haben. Zudem müssen wir alle vier Wochen zum Kontroll-MRT, um zu sehen, ob der Tumor zurückgekommen ist, und wenn, an welcher Stelle. Ob eine Reise in einem Wohnmobil da das Richtige ist? Ich bin mir nicht so sicher …

Roy berichtet den Ärzten begeistert von seinen Plänen. Dem Sterbenden wird jeder Wunsch erfüllt: »Ja, mit einem Airstream *lost in America*, Fliegenfischen, an den schönsten Flüssen sitzen, tolle Idee!«, sagt Dr. Culo, ohne mit der Wimper zu zucken. Der eine oder andere Hinweis seitens der Ärzte, dass Roy jetzt schon ein bisschen durcheinander sein könnte, hätte mir rückblickend geholfen. Vor allem wäre es vielleicht sinnvoller gewesen, erst mal abzuwarten und nicht so viel zu ändern. Aber da ist diese Gratwanderung: Wo nein sagen, wo ja? Wie bei einem Pferd. Noch einen Schritt näher wagen und riskieren, dass Lausbub zurückspringt, oder lieber doch erst noch mal ausatmen und nicht näher kommen. Man weiß es erst, wenn man es getan hat. Manchmal muss man erst etwas tun, um zu sehen, ob es funktioniert. Aber vielleicht konnten die Ärzte das auch nicht erkennen. Roy konnte, wie gesagt, Eskimos Eis verkaufen, wenn er das für eine gute Idee hielt. Er war ein absoluter Sympathieträger und sehr überzeugend mit seinen strahlenden Augen.

Organisatorisch sollte eine solche Reise kein Problem sein. Lara würde sich in der Zeit um die Administration der Akademie in Deutschland kümmern. Da die theoretischen Lehrgangs-Webinar-Inhalte online unterrichtet werden, sollte das kein Problem darstellen. Ich wurde mich zu bestimmten Zeiten einfach mit dem Computer einloggen, das war's. Kein Hindernis für eine solche Reise. Lara kommt kurzerhand in die USA geflogen, wir besprechen alles Strategische und planen die nächsten sechs Monate.

Roy ist im Airstream-Fieber. Er lässt einen Wahnsinns-Innenausbau umsetzen, inklusive Badewanne für mich (ich liebe Baden), und wir kleben eine große Landkarte an die Wand, auf der wir mit Stecknadeln unsere Route festlegen. Am 30. 10. 2014 bin ich bei Dianne und kündige kurzerhand meinen Mietvertrag fürs Cottage. Sie sieht mich traurig und besorgt an. Wir alle wissen nicht, ob das so eine gute Entscheidung ist. »Andrea, ich habe dich so gern, und wann immer du in Schwierigkeiten bist, komm zurück. Das hier ist dein Zuhause.

Wir werden dich vermissen. Pass gut auf dich auf, das ist kein leicher Ritt.« Die Möbel werden eingelagert. Roy denkt groß und ich weiß nicht, was ich denken soll. Jetzt ist die Zukunft, heute ist hier und ich weiß auch nicht, was richtig ist. Im Hier und Jetzt bleiben. Jetzt das Glück genießen, jetzt lachen, jetzt tausend Plätze besuchen, die Sie besuchen sollten, bevor Sie sterben.

Es klingt alles ja auch irgendwie romantisch und ich ziehe unvermittelt Vergleiche zu einem zweijährigen Pferd. In diesem Alter hat es die tollste Zeit auf der Weide mit seinen Freunden, ohne zu wissen, dass es in sechs Monaten im Trainingsstall stehen wird, eingesperrt in einer vier mal vier Meter kleinen Box, und dass sein Leben dann vielleicht ganz schrecklich sein wird. *Jetzt* ist toll, das Gras ist *jetzt* saftig und die Sonne scheint *jetzt*. Das Leben ist schön. Und wir leben *jetzt*.

Also leg los, Roy. Der Airstream wird auf den Namen Linda getauft. Linda braucht ein Zugfahrzeug, also gehen Roys BMW und mein von Nils überlassener Volvo unter den Hammer und ein Ford Truck 250 wird vor die glänzende Linda gespannt. Linda mit Holzfußboden und Badewanne fährt vor, das Geschoss ist beeindruckend. Sogar unser eigenes Bett wird eingebaut, eine Küche und ein Arbeitsplatz für mich. Und dann kriegen wir noch das Nummernschild »2 Hoboes«, was so viel heißt wie »Zwei Zigeuner« und gründen im November 2014 noch die gleichnamige Facebook-Gruppe, damit unsere Freunde unsere Reise mitbegleiten können. Das Leben könnte schlimmer sein. Wenn man nicht wüsste, dass wir vielleicht nur noch wenige Monate haben.

Roy steckt die Chemotherapie und Bestrahlungen weg, als sei es ein Spaziergang. Ich werde allmählich Glioblastom-Expertin, kenne mich mit allen Therapien, Ernährung und Behandlungsmethoden aus. Das Kompetenzteam aus Dr. Friedman und Dr. Culo, dem alternativen Therapiezentrum und meine Psychologin Petra, stehen parat. Warum eigentlich erst mit Rennstreifen-Rollatoren im Altersheim? Scheiß aufs Alter, wir leben jetzt. Wir sind dann mal wech!

Lost in America. So der Plan.

Wir sind dann mal wech – oder auch nicht

Viele unserer Freunde aus La Jolla sind gekommen, um uns zu verabschieden. Die zwei Zigeuner treten ihre Reise an.

Der Abschied vom Cottage macht mich ein bisschen wehmütig, aber ich freue mich auch auf das Ungewisse, das nun vor uns liegt. Wir wollen erst einmal in Richtung Grand Canyon starten. Selbst Roy kennt Arizona nicht, wir haben das Internet nach Gesundheitszentren, Yogis und Wunderheilern durchforstet und wollen außerdem den einen oder anderen Besuch bei Freunden integrieren.

Roy steht der Wunderheiler-Medizin eher skeptisch gegenüber, aber je nachdem, wie seine Stimmung ist, will er eben doch nichts unversucht lassen, um den Tumor zu besiegen. Es ist *sein* Kampf und ich muss mich ständig in Abgrenzung üben, um nicht selbst in die Patientenrolle zu verfallen. Manchmal wache ich auf und denke, ich selbst hätte einen Tumor, so sehr identifiziere ich mich mit seinem Weg. Ich lasse sogar vorsichtshalber ein MRT machen, um sicherzugehen, dass ich absolut gesund bin. Ich bin es, und das beruhigt mich sehr.

Roy ist Autorennfahrer, Motorrad-Rennfahrer, eleganter Longboard-Surfer, Tennisspieler und Fliegenfischer. Er ist einfach extrem gut in allem, was er anpackt. Er erwacht jeden Morgen voller Vorfreude auf den Tag. Es gelingt ihm, mich mit seinem Optimismus so weit anzustecken, dass auch ich immer wieder in Siegerstimmung verfalle. Er würde es schaffen. Mein Mann würde den Krebs besiegen.

Mein Kopf denkt zwar, dass das gegen jede Statistik sei, aber wissen kann man es nicht. Man weiß es erst, wenn das Kapitel gelebt wurde. So viele Entscheidungen, die wir Menschen treffen, sind auf die Zukunft gerichtet. Das merkt man erst, wenn man auf diesem Treibsand läuft, der die Zukunft so ungewiss macht.

Immer wieder hole ich mir Kraft und Rat aus meiner Erfahrung mit Pferden. Sie sind nun mal diejenigen Lebewesen, die mir – nach meiner AKA-Familie und meinen engsten Freunden – schon immer am nächsten waren. Manchmal denke ich, ob Pferde es nicht besser haben als wir? Die Zukunft beschäftigt sie nicht. Sie leben im Hier und Jetzt, ihr Handeln ist auf das Leben, das Überleben im Moment ausgerichtet. Es gibt keinen Nachweis darüber, dass sie strategisch in irgendeiner Form über die Zukunft nachsinnen können. Eine Eigenschaft, die durchaus Vorteile mit sich bringen kann. Ein Pferd kann nicht denken: »Oh Mann, jetzt muss ich sechs Jahre in diesem Sportpferdestall in meiner Box ohne Weide und Paddockgang stehen und ohne Freunde, bloß, weil ich ein Hengst bin und so gute Turniererfolge einbringe!« Hätte es ein Bewusstsein für die Zukunft, käme es womöglich auf die Idee, eine Gegenstrategie einzuschlagen und den Menschen auszutricksen, etwa so: »Ich bringe ab jetzt einfach schlechte Leistung und weigere mich, Samen zu geben. Dann schneiden die Menschen mir die Hoden ab und ich werde als Freizeitpferd verkauft. Dann kriege ich neue Freunde, eine große Weide und werde kugelrund.« Ein lustiger Gedanke. Pferde nehmen die Gegenwart an, wie sie ist und machen in dem Moment das Beste daraus. Dann mache ich das jetzt auch so.

Vielleicht war die Entscheidung, mit einem Todkranken im Airstream ins Blaue zu fahren, rückblickend verrückt. Mit Sicherheit dachten einige unserer Freunde und Bekannten: »Hat Andrea sie noch alle? Ich würde im Cottage sitzen bleiben und mich überhaupt nirgends hinbewegen!« Aber es war so wahnsinnig schwer abzuwägen. Was, wenn uns nur noch wenige Monate blieben? Würde ich als Überlebende mir dann keine Vorwürfe machen und den Rest meines Lebens denken: »Ach, hätte ich ihm diesen Wunsch doch erfüllt!« Dann wollte ich mir doch lieber sagen: »Ja, das hier war die einzig richtige Entscheidung. Sein Leben schön machen, aus seiner Perspektive. Das, was wichtig für ihn ist, machen. Und vielleicht erlebe ich dabei ganz tolle Dinge, die ich sonst nicht erleben würde. Punkt.«

Ruhiger wären die nächsten Monate vielleicht verlaufen – und vielleicht auch weniger aufregend. Auf jeden Fall anders.

Nun also die Abschiedsparty. Es wird schon alles gut gehen, irgendwie geht's ja immer. Es wird eine Riesensause, die Nautilus Street steht Kopf und am nächsten Morgen düsen wir mit Linda im Schlepptau mit wehenden Fahnen davon.

Wir haben nur noch einen kurzen Stopp zu absolvieren, bevor wir auf den Highway durchstarten wollen. Im Krankenhaus steht noch das routinemäßige vierwöchige MRT an. Kontrolle, ob alles gut ist. Wir sind so aufgeregt und so voller Vertrauen ins Leben, dass wir es absolut nicht für möglich halten, überhaupt jemals wieder ein schlechtes Ergebnis zu bekommen. Roy geht es gut, er hat keine Nebenwirkungen, er strahlt, ist voller Lebensmut, und wir haben im Wartezimmer die virtuelle Landkarte vor uns. Roy steckt MRTs weg, als wäre es ein Nachmittagsspaziergang, ihm machen weder Kontrastmittel noch die immerhin anderthalb Stunden in der engen Röhre etwas aus.

Ich gönne mir einen Kaffee, in der nun so wohlvertrauten Cafeteria, begrüße die eine oder andere Schwester und die Ärzte. Wir »Love Birds« sind hier mittlerweile gut bekannt, es ist geradezu heimelig.

Alle freuen sich mit uns auf unsere Tour. Roy schläft wie immer ein beim MRT, dann trotten wir zu Dr. Culo zur kurzen Besprechung.

Wir sitzen auf einem Stuhl im Wartezimmer, unsere Krankenschwester Susanne, eine Deutsche, hat Dienst, holt uns in das Behandlungszimmer und wir plaudern ein wenig auf Deutsch. Alles vertraut. Wir überlegen, wo wir den ersten Boxenstopp machen, die erste Nacht verbringen wollen und freuen uns, mit Linda nun endlich auf die Straße zu kommen.

Dr. Culo kam mit seinen beiden Assistenzärztinnen herein, alle schüttelten sich freundlich die Hände und wie jedes Mal war mir nicht ganz wohl bei Dr. Culos Anblick. Er legte mir gegenüber eine überhebliche Art an den Tag, die mir von Anfang an unsympathisch war. Und er kam nie allein, sondern hatte immer jemanden als Zeugen dabei, zur Sicherheit. Aber wenn er privat mit Roy über Autos und Porsche plauderte, dann himmelte er ihn an, als sei er Jesus. Dieser Arzt konnte Roy blitzschnell um den Finger wickeln, seit er die erste Operation gut gemeistert hatte. Roy vertraute ihm. Ich hingegen hinterfragte Dr. Culos Operationsmethoden im positiven Sinne kritisch und interessiert. Ich hatte durch den Austausch mit Spezialisten in Deutschland gelernt, dass die Operation, die er durchgeführt hatte, das Fortschreiten der Erkrankung verlangsamen, aber nicht dauerhaft verhindern kann, da praktisch immer einzelne Tumorzellen das gesunde Gehirngewebe schon durchwandert haben, man sieht sie nur nicht. Deshalb ist eine vollständige Tumorentfernung nicht möglich. Dr. Culo ließ bei Roy aber genau diesen Eindruck entstehen: Noch ein paar OPs und alles wird gut. Er schenkte Roy nicht so recht reinen Wein ein. Er wollte ja das potenzielle Sterben sowieso nicht in Erwägung ziehen. Ich musste schweigen. Aber sollte ein Arzt nicht genau benennen, wie es ist, damit alle gemeinsam auch für die Angehörigen die richtigen Entscheidungen treffen können?

Ich hatte von einem neuen innovativen Operationsverfahren bei Glioblastom gehört: Der Patient erhält etwa vier Stunden vor der Operation eine körpereigene Substanz als Trinklösung, die sich im Hirntumor stark anreichert und dort in einen fluoreszierenden Farbstoff umgewandelt wird. Während der Operation kann dieser Farbstoff durch blau-violettes Licht zum Leuchten gebracht werden. Der Tumor wird dann unter mikrochirurgischen Bedingungen entfernt und der Operateur kann selbst kleinste Krebszellen gut erkennen. Durch dieses Verfahren ist eine weitgehende Entfernung der Tumoren viel sicherer und effektiver. Das Verfahren wurde 2004 in Düsseldorf und München entwickelt und wird in vielen deutschen Kliniken angewandt. Dr. Culo hatte dieses Verfahren bei der ersten OP nicht angewandt. Als ich ihn im Juni nach der ersten Operation fragte, warum, antwortete er etwas von oben herab: »Wenn man weiß, wo es langgeht, braucht man kein Navigationssystem.« Das Argument überzeugte mich damals nicht wirklich, und selbst Roy rümpfte ein kleines bisschen die Nase. Er sagte lachend zu Dr. Culo »Machen Sie sich darauf gefasst, Dr. Culo, beim nächsten Mal wird meine wunderbare Frau alles über diese Methode wissen.« Wir alle lachten und tatsächlich behielt Roy recht, ich recherchierte das Verfahren bis ins letzte Detail und bereitete mich in den nächsten Monaten auf ein Detailgespräch mit Dr. Culo vor, sollte es irgendwann in weiter Ferne zu einer zweiten Operation kommen. Das Glioblastoma multiforme hatte mein Interesse geweckt und wurde mein neues Studienthema. Und von meinem alten Nachbarn Bobby in der Nautilus Street hatte ich ja bereits so viel über das menschliche Gehirn gelernt, wochenlang erklärte er mir die Unterschiede zwischen dem Menschen- und dem Pferdegehirn – und nun war ich dankbar, dass ich diese ganze Vorbildung hatte. Es gibt keine Zufälle. Nun konnte ich schon ein wenig mitsprechen, Fragen stellen, Informationen erfragen, Abläufe verstehen. Denn wie gut und wie lange überhaupt ich mich noch auf Roys Gehirn verlassen konnte, wusste ich ja nicht. Dann musste ich für ihn entscheiden. Hier musste ich doch ein wenig zukunftsorientiert denken, *stay in the moment* war nicht. Ich würde irgendwann für ihn und sein Wohl entscheiden müssen, da musste ich die Materie verstehen.

Nach dem Händeschütteln nahmen im Behandlungszimmer alle Platz und Dr. Culos Gesichtsausdruck war nichts zu entnehmen. Roy und ich strahlten um die Wette. »Wie geht es Ihnen?« Das übliche Blabla. Und dann die niederschmetternde Auskunft: »Der Tumor ist zurück, an fast derselben Stelle. Wir sollten schnellstmöglich operieren.«

Ein Schockmoment. Mein Hirn raste. Die erste Operation lag gerade mal sechs Monate zurück. Die Tumorzellen arbeiteten schnell. Und dann schoss es mir durch den Kopf: »Warte mal, Andrea. Du hast einen Wohnwagen da draußen vor der Tür stehen. Wohne ich jetzt auf einem Krankenhausparkplatz, oder wie?« Verkürzte Wege zum Klammern ziehen, musste ich kurz in mich hineinschmunzeln. Aber das war nicht der Moment, um Witze zu machen.

Ein weiterer Gedanke machte sich unangenehm bemerkbar: »Kann man in einem Airstream sterben?« Und dann noch die nicht unwichtige Frage: »Kann ich einen Menschen in einem Wohnwagen in den Tod begleiten und versorgen?«

Mein Hirn arbeitete auf Hochtouren. Soll ich jemanden anrufen? Meine Freunde? Psychologen?

Keiner, keiner, keiner, wirklich keiner kann einem da helfen. Da muss man, da müssen wir eigenverantwortlich entscheiden. Roy und ich, wir waren ein unschlagbares Team in dem ganzen Prozess. Wir mussten nachdenken und gemeinsam entscheiden. Konnte er denn wirklich rational entscheiden? Oder war ich schon in einer Matrix gelandet? Schwer zu sagen.

Wir sitzen immer noch im Behandlungszimmer mit dem Ärzteteam. Roy hört sich an, welche Alternativen er hat. Chemo, Bestrahlung oder eine OP. Inhalte, die längst bekannt sind.

Dann fragte ich: »Wenn Sie meinen Mann ein zweites Mal operieren würden, welches OP-Verfahren würden Sie dann anwenden? Mit oder ohne Navigationssystem?« Ich machte mich auf eine hochnäsige Antwort gefasst und war bereit, sie zu parieren. Notizbuch raus, ich hatte meine Hausaufgaben gemacht.

Die überraschende Antwort war: »Nein, ich werde dieses Mal das Blaulichtverfahren anwenden.«

»Prima«, hörte ich mich sagen und freute mich. Man hält sich an jedem Strohhalm fest. Und wenn er durch das Verfahren ein paar mehr Zellen entfernen konnte, dann hatte Roy vielleicht noch ein paar Monate mehr zu leben. Dr. Culo nickte wohlwollend ich schüttelte ihm die Hand und sagte schlicht: »Danke!« Mein Teil in diesem Gespräch war erledigt, jetzt konnte ich mir ja wieder um Linda vor der Haustür Gedanken machen. Ich konnte versuchen, mir vorzustellen, wie man auf einem Campingplatz mit diesem Thema klarkommen konnte und wie das wohl wäre, wenn nebenan zwei Camper einen handfesten Streit hatten, während Roy gerade von der Chemo kotzend über dem Campingklo hing?

Nicht mal annähernd hatten wir mit der Möglichkeit gerechnet, dass Roy so schnell wieder eine Operation haben würde. Wir hatten diese Möglichkeit ausgeblendet, wir hatten sie schlicht nicht gesehen. Das Gehirn blendet alles Unwichtige aus, wenn andere Dinge Vorrang haben, und das war bei uns nicht anders gelaufen. Wir waren so voller Hoffnung gewesen, dass der Tumor sich Zeit lassen würde. Waren wirklich schon fast sechs Monate vergangen? Wir hatten alles getan, was man tun konnte, um den Prozess zu verlangsamen. Und nun das. Auch Roy sah nachdenklich aus. Ob sich sein Wunsch, die Reise im Airstream, überhaupt noch erfüllen würde?

Wir hatten es wenigstens versucht. Und nun kam alles anders.

Sterben im Airstream?

Es gibt Dinge, die Menschen im Eifer des Gefechts nicht sehen, ausblenden, vielleicht auch nicht wahrnehmen wollen oder können.

Roy kann gedanklich den Tod nicht zulassen, er will für immer leben. Sterben im Airstream ist nichts, was ich mit ihm besprechen kann. Und auch ich will natürlich, dass er für immer lebt und an meiner Seite bleibt.

Mein Hirn rotierte. Ich musste einen Plan entwickeln, wie wir weitermachen würden. Und was lag bei mir näher, als mir Unterstützung und Ideen aus »meiner« Welt zu holen, der Welt der Pferde? Wenn Menschen etwas nicht sehen können oder wollen und wir von außen als Nichtbetroffene eine andere Wahrnehmung der Situation haben, müssen wir versuchen, diese unterschiedlichen Perspektiven zu akzeptieren und mit ihnen umzugehen.

Ich dachte an die erste Stufe der EBEC-Pyramide: Ruhe. Das Pferd muss ein starkes Selbstbewusstsein haben, gesund sein, darf keinen Hunger, keinen Durst, keine Schmerzen haben, muss wach, ausgeruht sein, um lernen zu können. Und dennoch erlebe ich in der Pferdepraxis, dass Menschen diese Notwendigkeiten einfach ausblenden, sie ignorieren, sie nicht wahrnehmen können oder wollen. Und ähnlich erging es offensichtlich mir selbst im Umgang mit Roy und seinen Bedürfnissen.

Hatte ich nicht gesehen, was für eine bescheuerte Idee eine Airstream-Reise durch Amerika mit Roy wäre? Ein epileptischer Anfall, während er in einem reißenden Fluss in Alaska steht, um Lachse zu fischen – und ich schleppe ihn dann zwischen den hungrigen Braunbären, die es nicht nur auf den Lachs abgesehen haben, allein zurück zum Airstream? Was hatte ich mir nur gedacht?

Die Realität traf mich mit voller Wucht. Plötzlich war ich froh, dass ich keinen Braunbären in Alaska erledigen musste. Ich würde definitiv den Plan ändern. Es ist gut einen Plan zu haben, aber verrückt, sich in ihn zu verlieben. Mir war plötzlich sonnenklar, was passieren musste: Wir brauchten ein anständiges Zuhause. Keinen Airstream, kein Cottage. Ein Haus.

Nach dem Arztbesuch werde ich das ansprechen. Dr. Culo sagt, dass er noch vier Wochen warten möchte, bis er operiert, damit die Vernarbung der ersten OP noch ein wenig Zeit bekommt. Roy stimmt zu, die Stimmung ist trotzdem gut, Roy motiviert und ich wage, bevor wir uns verabschieden, noch eine Frage: »Wie lange hat Roy zu leben, wenn wir nicht operieren und einfach losfahren?«

Alle schauen ziemlich verwirrt drein. Roy hat einen Gesichtsausdruck wie ein scheues Reh.

Schließlich sagt Roy: »Wieso sollte ich sterben?«

Dr. Culo blickt mir fest in die Augen: »Ohne OP noch zwei bis vier Monate.«

Roy starrte mich noch immer regungslos an, oder starrte er ins Leere oder in seine eigenen Gedanken? In diesem Moment zerplatzte sein Traum. Im Truck sitzen und den Airstream ziehen, seine Liebste auf dem Beifahrersitz, ihr Fuß auf seinem Schoß und auf ihren Zehen Luftgitarre zu »Purple Rain« spielen und lauthals dazu singen. Alles weg. Es war, als würden seine Gedanken über meinen Sehnerv direkt in mein Gehirn transportiert. Seitdem erwähnte ich nie wieder die Möglichkeit, dass er sterben könnte. Das Entscheidende für mich war seine Lebensqualität. Wäre es für ihn nicht schöner, in den nächsten zwei bis vier Monaten noch die Dinge zu machen, von denen er immer geträumt hatte, als all diese Behandlungen über sich ergehen zu lassen, zu leiden und am Ende trotzdem zu sterben, nur vielleicht etwas später?

Wir zogen Henry zurate. Er hatte mittlerweile die Gewebeproben analysiert und Roy eignete sich leider nicht für seine Behandlung. Die Tumormasse lag zu nah am Sprachzentrum, die Risiken waren zu groß: »Das Wichtigste ist, die Lebensqualität zu erhalten, Andrea. Sprechen, denken, leben! Melde dich, sobald der nächste Rückfall diagnostiziert wird, sende mir die Bilder und dann überlegen wir neu. Pass auf dich auf.«

Jede OP brachte das Risiko mit, dass Roys Sprachzentrum zerstört werden könnte, und jede OP brachte auch Wochen des Krankseins und der extremen Pflegebedürftigkeit mit sich. Dann wurden aus zwei bis vier Monaten längerer Lebenszeit vielleicht vier bis sechs Monate und vielleicht eine weitere OP und alles würde sich immer nur um den nächsten Termin, um das nächste MRT und das Ergebnis drehen.

Ein unangenehmes Schweigen machte sich im Raum breit, lauter unausgesprochene Gedanken füllten ihn bis in die letzte Ecke. Denn Roy musste eine Entscheidung treffen. Und wie auch immer sie ausfallen würde, er wusste, dass ich ihn unterstützen würde. Das war hier nicht meine Entscheidung. Ich hatte eine Alternative in den Raum geworfen mit meiner Frage, den Rest musste Roy alleine entscheiden.

Die Spannung wuchs in einem Maß, dass ich es kaum noch aushielt. Da fiel mir ein Rat meiner psychologisch versierten Freundin Petra ein: »Wenn es eng wird, kann man ja immer, bevor man etwas sagt, schnell

aufs Klo gehen, dort nachdenken und sortiert zurück-
kommen.«

Also hörte ich mich sagen: »Entschuldigen Sie mich
bitte kurz«, und verschwand für die nächsten fünf Minuten. Ich wollte nichts sagen, was ich später womöglich
bereuen würde. Ich wollte das Kaleidoskop drehen und
versuchen, alle Seiten zu sehen und zu verstehen. Ich
wollte mich in Roys Gedankenwelt versetzen. Draußen
schlüpfte ich mental in Roys Flip-Flops und versuchte,
im Affenzahn damit tausend Meilen den Krankenhaus-
flur entlang zu rennen. Wo habe ich so etwas schon mal
erlebt? Woran erinnert mich Roys Verhalten? Genau: an
No-Name. No-Name, dieses misshandelte Pferd, dessen
Verhalten nur aus Emotion bestand und überhaupt nicht
aus strategischem Denken. Wie war das mit No-Name,
wenn er die Gänge entlangraste und nicht das machen
wollte, was ich wollte? Ich musste ihn gehen lassen
und auf meine Chance warten, wo ich ihn unterstützen
konnte, die Angst vor mir zu verlieren. Und so musste
ich es jetzt auch bei Roy machen. Überlegen, wie gehe
ich mit Roy um, der jetzt gerade auch so anders denkt als
ich? Roy, der Supermann, der fest daran glaubt, er könne
alles besiegen, sogar einen tödlichen Tumor im Kopf. Roy,
der seinen Kampf kämpfen wird, weil er von dem Willen
getrieben ist, zu überleben, zu siegen, der Beste zu sein.

Er wird entscheiden, ich werde ihn unterstützen. Viel
schwerer als bei No-Name, denke ich. Aber möglich.
Versuch es.

Entschlossen öffne ich die Tür zum Behandlungszimmer, setze mich, nehme Roys Hand, küsse ihn und lausche der Entscheidung. Meine kleine, große Bemerkung
war nicht zum Thema geworden. Roy will Operation
Nummer zwei. So sehen Sieger aus.

Auf dem Weg nach draußen zum Parkplatz spüre ich Roys Kampfgeist. So soll es sein. Linda ade, Road Trip ade, stattdessen Intensivstation. Der Termin ist in vier Wochen. Dezember. Ich bin nicht mal enttäuscht, sondern fange an zu organisieren: »Ich liebe dich, Roy. Und Linda ist wunderbar. Aber wie soll das alles gehen? Deine Erholungsphase im Grand Canyon? Auf dem Campingplatz im Schnee? Ich mit dem Entsafter in der einen Hand, dem Eiskratzer in der anderen, kümmere mich um die Wasserversorgung, die Fäkalien und zwischendurch unterrichte ich einen Kurs am Computer? Und wenn ich reise, um mit Pferden zu arbeiten in unseren Partnergestüten, dann lasse ich dich mit alldem allein? Das kann ich nicht.«

Auf den Highway haben wir heute erst mal keine Lust mehr. Wir parken Linda und nehmen uns ein Hotelzimmer in La Jolla und planschen erst einmal im Jacuzzi, um den Schrecken zu verdauen und nachzudenken.

The best is yet to come –
Das Beste kommt erst noch

Ein Glioblastom ist mit keiner anderen Gehirnkrankheiten zu vergleichen. Ein Glioblastom ist nicht Alzheimer. Roy war vielleicht schon ein bisschen crazy, aber sein Denkvermögen funktionierte einwandfrei.

Wir kuschelten uns aneinander und schwiegen. Hielten uns fest, Arme und Beine eng verschlungen. Jeder hing seinen Gedanken nach. Ich wartete auf seine Entscheidung, was nun als Nächstes geschehen sollte.

Plötzlich flüsterte er mir leise und zärtlich ins Ohr: »Honey, wir brauchen ein Zuhause.«

Erleichtert atmete ich auf. Das war ja einfach gewesen. Manchmal muss man einfach den Druck rausnehmen. Genauso wie damals bei No-Name. Danke No-Name.

Gesagt – getan. Roy sagte Dr. Culo den OP-Termin endgültig zu. In vier Wochen würde er zum zweiten Mal unters Messer kommen. Zeit genug, um uns ein Haus zu suchen.

Roy wollte raus aus der Stadt, weg aus dem Trubel, La Jolla ist sehr busy, hat viel Verkehr und wir beschlossen, etwas auf dem Land zu suchen. Roy hatte tolle Erinnerungen an Santa Barbara, wo er bei seiner Großmutter Carmen unbeschwerte Zeiten als Jugendlicher erlebt hatte. Ich mochte die Gegend sehr. Mit Linda würden wir von dort aus immer noch kleinere Trips machen können.

Wir stöberten im Internet und fanden schnell ein wunderschönes weißes Cape-Cod-Style-Haus mit blauen Fensterläden und ganz ohne Nachbarn, vier Autostunden nördlich von San Diego im Santa Barbara County. Wir sahen ein Bild und kreischten gleichzeitig los, da wir uns beide sofort in das Haus verliebten.

Der Umzug gestaltete sich einfach und war innerhalb kürzester Zeit erledigt, da ja ohnehin alles eingelagert war. Linda wurde auf dem Grundstück geparkt und Roy war frohgemut. »Raus mit den verwirrten Gehirnzellen und dann geht's weiter gesund und munter in die nächste Sechsmonatsrunde!« Er wollte unbedingt zum Grand Canyon, das stand ganz oben auf seiner Liste der tausend Orte, die man gesehen haben muss, bevor man stirbt.

Wir schauten uns an und sagten fast gleichzeitig: »Wollen wir schnell zum Grand Canyon düsen?«

Lachend fielen wir uns um den Hals, kicherten wie verliebte Teenager, schmissen zwei Taschen ins Auto und fuhren los. Wir machten uns nichts vor, aber wir drehten das Kaleidoskop und sagten einfach Ja zum Leben in diesem schönen Moment.

Wir fuhren quer durch Arizona, übernachteten in Sedona in einem wunderschönen alten Hotel, genossen die Landschaft, die unendlichen Weiten. Roy hatte endlos viel Musik auf seinem iPod, den wir an die Autolautsprecher angeschlossen hatten, und er konnte wirklich jeden Text mitsingen, die Rock- und Blues-Klassiker rauf und runter. Roy war ein begnadeter Luftgitarrenspieler und hatte auf dem College sogar mal einen Luftgitarrenwettbewerb gewonnen. Dabei konnte er überhaupt nicht Gitarre spielen. Beim Autofahren spielte er oft die Akkorde auf dem Lenkrad, dann hielt ich ihm meinen Fuß hin und er spielte weiter auf meinen fünf Zehen!

Wir fuhren immer weiter und wollten am liebsten nirgendwo ankommen. Nur in diesem Moment sein und ihn in vollen Zügen genießen. Und so grölten wir uns in Richtung unseres ersten Roadtrip-Sonnenuntergangs und waren glücklich, einfach nur glücklich und dankbar. Während die Sonne feuerrot in Richtung Horizont versank, spielte Roy »Someone like you« von Van Morrisson, während er meine Zehen ganz festhielt, und wir sangen beide mit:

I've been
All around the world
Marching to the beat of a different drum
But just lately I have realized
Baby, the best is yet to come

Someone like you
Makes it all worth while
Someone like you
Keeps me satisfied
Someone exactly like you
Someone exactly like you

Und dann kullerten uns beiden in den Weiten von Arizona Tränen über die Wangen, die wir uns schweigend wegküssten, weil wir wussten, dass unser Zusammensein endlich war. *The best is yet to come?* Wir schauten uns an und nickten schweigend. Da dachte ich, über den Tod braucht man gar nicht zu reden. Wie dumm von mir, das Thema im Krankenzimmer anzuschneiden, im Beisein von Dr. Culo. Ich wusste doch sowieso, wie Roy entscheiden würde. Wir würden nie wieder darüber sprechen. Ich wollte es nie wieder erwähnen.

Roy fragte nicht, ob es ein Leben nach dem Tod gab oder was überhaupt vom Tod zu halten war. Er lebte seine eigene Geschichte. Jeder Mensch ist anders. Jedes Pferd ist anders. Und auch ich bin anders. Ich denke sehr wohl über solche Fragen nach. »Was wird eigentlich aus mir?«, schoss es mir manchmal durch den Kopf, wenn ich an die Zukunft dachte. An eine Zukunft ohne Roy. Und dann gab mir wieder mein Vertrauen ins Leben und dass alles so richtig ist, wie es ist, Kraft: Das Universum wird schon auf mich aufpassen. Es wird so kommen, wie es kommt, und wir können es sowieso nicht ändern. Das ist der Moment, genau jetzt ist der Augenblick zu leben, zu sein und zu lieben.

Der Grand Canyon war atemberaubend. Es gibt keine Worte, um ihn zu beschreiben. Dort zu sein ist die einzige Möglichkeit einzufangen, was an diesem magischen Ort sichtbar und fühlbar ist. Wir verbringen wunderschöne und eindrucksvolle Tage, machen herrliche Wanderungen und dann ist es schon an der Zeit zurückzukehren. Dr. Culo wartet.

Also OP Nummer zwei. Es ist Dezember 2014. Im Unterschied zum ersten Mal ist mir jetzt schon alles richtiggehend vertraut: Die Schwestern kennen mich, ich übernehme Teile der Pflege, ich weiß nun schon, was ich brauche für die Intensivstation – ein kleines Kissen, Horsie natürlich, eine kuschelige Decke –, ich übernehme kleinere, ungefährliche pflegerische Handgriffe, die sonst die Schwestern machen, und freue mich, das tun zu dürfen für den Mann, den ich so sehr liebe. Es ist schön, ihn zu versorgen und da zu sein.

Da diesmal das Blaulicht-Verfahren angewandt wurde, war die Vorbereitungszeit etwas länger. Es wurden mehrere Stellen am Kopf rasiert, wo Elektroden aufgesetzt wurden. Wir lachten über Roys neue Frisur und dass er nun mehr und mehr zu Dr. Roy Frankenstein wurde. Eine nette Geste von Dr. Culo und seinem Team, nicht den ganzen Kopf zu rasieren. Die erste Narbe war schon recht beachtlich und zog sich in einem hohen Bogen von Ohr zu Ohr. Da war es schön, dass noch ein paar Haare darüber wachsen durften.

Ich durfte wie auch beim ersten Mal bis in den Anästhesieraum an Roys Seite bleiben, wir kuschelten uns unter die dünne Decke auf das schmale Bett und schauten uns Nasenspitze an Nasenspitze lange in die Augen. »Oh, the love birds again«, scherzte der Anästhesist und Horsie, Roy und ich atmeten tief und vertrauensvoll ein, bis Roy tief seufzte und einschlief. Diesmal war ich schon routinierter, Dr. Culo würde mich nach vier Stunden aus dem OP auf dem Handy anrufen und mir sagen, wie lange sie noch brauchen würden und wie es lief – undenkbar in einem deutschen Krankenhaus, aber im amerikanischen System wird die Kraft der Psyche und die Unterstützung durch die Angehörigen großgeschrieben. Ich wagte es, das Krankenhaus zu verlassen, trank einen Kaffee und atmete die frische Brise vom nahe gelegenen Meer ein.

Als Dr. Culo anrief, klang er erschöpft. Es laufe alles sehr gut, man brauche aber noch zwei bis drei Stunden. Er klang positiv und ich war sehr dankbar. Roy geht es gut, beruhigte er mich.

Nach insgesamt acht Stunden Operation saßen wir uns in dem fensterlosen, kleinen Hysterie-Raum, wie ich ihn getauft hatte, gegenüber, nur Dr. Culo und ich, und er nahm sich viel Zeit, all meine Fragen zu beantworten. »Es war eine regelrechte Jagd, aber dank des Blaulichts haben wir sogar eine Zelle entdeckt, die versteckt hinter einer wichtigen Vene lag. Die wäre uns sonst entwischt. Nun sollten Sie ein wenig Ruhe haben bis zum nächsten Rückfall.« Wir umarmen uns: »Danke, Dr. Culo!« Und ich denke, er ist genauso passioniert in seinem Beruf, wie ich in meinem.

Als Roy endlich die Augen öffnet, schaut er mich an: »Ich bin immer noch da, das hättest du wohl nicht gedacht, Honey? Ich gehe nirgendwohin!« Und dann schlummert er wieder ein, bis er endlich ganz aufwacht.

Die nächsten vier Monate sind wir mit Renovierungsarbeiten unseres neuen Hauses beschäftigt und schaffen uns ein wunderschönes gemeinsames Heim. Roy muss alle vier Wochen von Santa Barbara nach San Diego zum MRT und wir wissen beide, dass uns von nun an im Abstand von vier bis sechs Monaten eine weitere schwere Entscheidung bevorsteht: noch eine OP oder das Ende. Aber wir sprechen das nie aus, leben einfach unser Leben, so gut das möglich ist. Roy hat ziemlich viele Arzttermine, Parallelbehandlungen, aber wir stellen das Glück, noch immer zusammen sein zu dürfen, in den Vordergrund. Wir haben einfach nur schnell und flexibel unsere neue Umgebung angepasst, so wie ich das auch bei Problempferden mache. Sicherheit für Roy in unserem neuen Haus war für mich das unausgesprochene, oberste Gebot bei allen Umbauten. Es musste ein Haus sein, in dem Roy sterben und ich ihn bis dahin optimal versorgen konnte. Ich plante Absperrungen für Treppen und überlegte, wie sich Dinge ebenerdig organisieren ließen, wenn er eines Tages nicht mehr in der Lage sein sollte, Treppen zu laufen. Ob Roy wusste, dass ich das Haus so plante, damit er zur Ruhe kommen konnte und einen Platz zum Sterben hatte? Es spielte keine Rolle. Er liebte unser neues Zuhause und als wir endgültig einziehen konnten, sagte er: »Hier möchte ich für immer bleiben.« So sollte es sein.

Stickfigure Ranch und AKA Bootcamp 2016

Das Haus war umgebaut, wir waren glücklich und gaben ihm den Namen »Stickfigure Ranch«. Stickfigure, also Strichmännchen deshalb, weil Roy viele Details unserer einzigartigen Liebesgeschichte und wichtige Episoden unseres Lebens in Strichmännchen festhielt. Seine schönsten Liebesbriefe waren Strichmännchen-Geschichten. Er war ein guter Zeichner und so entstanden die lustigsten Bilder, wie ein kleines Storyboard. Ich mit wehendem Pferdeschwanz, er mit Stoppelhaaren.

Wir verkauften Linda an unseren Nachbarn Tom, der auf seiner Ranch kein weiteres Gästehaus bauen konnte und sich genau so einen Airstream wie Linda gewünscht hatte.

Roy und ich vermissten nichts, lebten in die Tage hinein. Ich konnte gut online arbeiten, und idealerweise befand sich in der Nähe auch das »Wild Mustang Sanctuary«, mit denen ich schon seit einigen Jahren hier in den USA zusammenarbeitete.

Von Reisen an andere Orte in den USA, wie wir sie ursprünglich mal geplant hatten, war inzwischen nicht mehr die Rede. Roy konnte aufgrund des Drucks im Flugzeug nicht mehr fliegen und die Behandlungen nahmen viel Zeit in Anspruch. Wir fühlten uns wohl in unserem Haus, und Roy konnte zur Ruhe kommen. Das war gut so.

Die Tatsache, dass Roy nicht mehr fliegen konnte, zwang mich auch dazu, meine Europa-Pläne zu überdenken. Ich flog zwar regelmäßig zwischen den Kontinenten hin und her, um Trainingsprojekte mit Pferden und teilweise auch Studienprojekte, die wir in der Akademie begonnen hatten, zu betreuen, aber ich war immer nur wenige Tage weg. Ich kam dennoch mehr und mehr in eine Zwickmühle: Einerseits wollte ich Roy auf keinen Fall allein lassen, andererseits durfte ich auch meine Lehrgänge und die Arbeit mit den Equine Coaches und Anwärtern für die Ausbildung in Europa nicht vernachlässigen. Und ganz ohne mich ging es nicht, ich war der Kopf, der Initiator und die Fäden liefen bei mir zusammen. Und auch ich schöpfe Kraft aus all diesen tollen Menschen, die den Weg zu uns finden, und den Pferden, mit denen ich arbeiten darf. Das ist die Luft, die ich atme, das bin ich.

Als ich Roy von meinem Dilemma erzählte, reagierte er ebenso spontan wie entschieden: »Du fliegst nicht. Alle kommen zu uns! So kann auch ich Teil des Ganzen sein, das wäre wunderschön!« Wir würden das erste »AKA Wild Mustang Bootcamp« in Los Olivos, Kalifornien veranstalten. Wir wollten die Teilnehmer einladen, zu uns nach Kalifornien zu kommen, hier mit wilden Mustangs zu arbeiten, EBEC weiterzuentwickeln, vielleicht neue Projekte zu kreieren. Wir begrenzten die Teilnehmerzahl auf zwanzig Personen, der Rest würde sich finden.

Ich brannte lichterloh und konnte es kaum abwarten, Lara und Annika anzurufen. Die beiden zögerten keine Sekunde: »Wann können wir kommen?« So schnell es ging, stiegen sie in den nächsten Flieger, um mit Roy und mir zu planen. Ein Datum und ein Treffpunkt waren schnell gefunden, Start des Camps sollte unser Lieblingskaffee in Los Olivos, Kalifornien sein, das Corner House Cafe. Roy und ich gingen jeden Morgen dort Kaffee trinken und wir hatten eine Art Frühstücks-Stammtisch mit einer festen Crew, weshalb wir es liebevoll »Coffice« nannten – unser Café und Office.

Auch Roy war in seinem Element. Es war bewundernswert, woher er diese Kraft nahm. Geradezu euphorisch stürzte er sich in das Projekt »AKA Bootcamp 2016«. Er war körperlich topfit und geistige Ausfälle waren schwer zu bemerken. Zwar vergaß er hier und da mal ein Wort, aber im Großen und Ganzen hatte er alle sieben oder vielleicht sechs Sinne beieinander. Er zeigte bisher trotz großen Risikos noch keinerlei Anzeichen eines epileptischen Anfalls, die MRTs waren unbedenklich und die Nebenwirkungen der starken Medikamente pustete er weg, als gäbe es sie nicht. So stark war sein Ziel, zu überleben.

Seine Unterstützung war kreativ und höchst wirkungsvoll. Als wir Lara und Annika vom Flughafen abholten, war die Überraschung groß: Auf unserem riesigen Ford Truck prangten große Schilder: »AKA Bootcamp 2016« – eine wunderbare Überraschung, die das Wiedersehen der drei verrückten Pferde-Hühner noch einmal versüßte. Gemeinsam organisierten wir in den nächsten acht Tagen das Programm, setzten Ziele, organisierten Locations, Schlafplätze. Alle 18 eingeladenen Teilnehmer sagten freudig zu und ließen sich auf das Experiment ein, einen Flug nach Kalifornien zu buchen, ohne genau zu wissen, was sie dann erwartete. Denn wir hatten ihnen nur einen Treffpunkt mitgeteilt – sonst nichts. Wer zusagte bekam eine Liste mit Dingen, die er mitbringen durfte: Rucksack, Taschenlampe, das AKA

Trainingsequipment für Pferde, bestehend aus einem Trainingshalfter, zwei Longen, einem Reithelm, Longiergurt oder unseren AKA Sattel, den wir eigens entwickelt haben zum Anreiten junger Pferde, sowie T-Shirts, festes Schuhwerk, nicht viel mehr. Bootcamp halt.

Roy war in Höchstform, sprudelte nur so vor Ideen und strahlte sehr glücklich und gelöst, wann immer ich ihn ansah. Vielleicht machte es ihn froh, zu sehen, wie mein Leben auch ohne ihn mit Pferden, Menschen und meiner wundervollen Akademie gefüllt war. Ich hatte eine emotionale Heimat. Es würde mir gut gehen, auch wenn er nicht mehr da wäre. Das Lernziel des Bootcamps war klar definiert: Die Teilnehmer sollten EBEC an wilden Mustangs anwenden, und so die Methode üben, um zu Hause damit noch erfolgreicher zu sein. Wir hatten reichlich wilde, unberührte Mustangs zur Verfügung. Es würde Tests, Teamübungen, eine Werksbesichtigung bei einem Pferdefuttermittelhersteller und ein Event eines Weltmeisters des Westernreitsports geben, wo er vorführen wollte, wie er junge Pferde an den ersten Sattel gewöhnte. Und natürlich bereiteten wir reichlich psychologische Herausforderungen für die Teilnehmer vor, damit sie lernten, ihr Selbst bewusst wahrzunehmen, zu reflektieren und die eigenen unbewussten Reaktionen aus dem Verhalten herauszufiltern. Wir wollten uns in gewaltfreier Kommunikation üben und natürlich wollten wir auch Spaß haben, ein paar Weingüter in der Gegend besuchen und gemeinsam lachen und fröhlich sein! Alle Teilnehmer wurden zusammen in einem Gästehaus von Freunden untergebracht. Dort sollte es jeden Morgen die Informationen für den kommenden Tag geben, sodass wir die Challenges immer gut dosieren konnten.

Wir hatten für alle einen großen Schlafraum unter dem Dach hergerichtet, alle zusammen in einem Raum, das sollte für psychologische Reibfläche sorgen. Alle mussten sich zudem ein kleines Bad teilen und hatten bestimmte Aufgaben im Haus in Teams zu erfüllen. Die bunte Mischung an Charakteren sollte sein Übriges tun, damit die Teilnehmer an ihre Grenzen geführt wurden und so wichtige Coachinginhalte an sich selbst ausprobieren konnten. Die Langsamen, die Schnellen, die Großen, die Kleinen, die Dicken, die Dünnen, die Sportlichen und Unsportlichen, die Extrovertierten und die Introvertierten, die, die gut am Pferd waren und die, die schlecht am Pferd waren. Die Mischung hatte es in sich.

Im AKA Orga-Team wurden schon Wetten abgeschlossen, wie viele es überhaupt schaffen würden, bis zum Ende durchzuhalten. Nach der ersten Aufregung der Ankunft und der Einquartierung im Bootcamphouse ging es am nächsten Tag gleich an die wilden Mustangs. Wir fuhren ins Mustang Sanctuary, wo wir auch ein kleines Wohnhaus zur Verfügung hatten, in dem eine kleine Teilnehmer-Crew rotierend übernachten sollte. Das brachte weitere psychologische Herausforderungen mit sich. Wir nannten es das Mustang-Haus. Dort hatten wir einen Lehrraum eingerichtet, rustikal und kuschelig, und es gab für jeden Teilnehmer passende Pferde.

Das Ziel am Pferd war für alle gleich: so weit wie möglich im Trainingsprozess zu kommen. Dafür musste man es aber erst mal schaffen, einen wilden Mustang anzufassen, bevor man ihn zum Beispiel an das erste Halfter oder womöglich sogar an den ersten Sattel oder die Trense gewöhnen konnte.

Ich machte Vorführungen, erläuterte die nächsten Trainingsschritte, Annika war hauptsächlich mit Organisation und didaktischer Struktur befasst, während Lara und ich auch die Teilnehmer direkt am Pferd im Training coachten, sodass sie ihre persönlichen Trainingsziele erreichen konnten. Soweit die Tagesroutine. Abends gab es oftmals Präsentationen, auf die sich alle vorbereiten mussten. Wir verglichen die klassische englische Reitweise mit der traditionellen und barocken Lehre sowie den modernen Interpretationen, diskutierten über die alte und die aktuelle Literatur zum Thema Fütterung, beschäftigten uns mit der Kunst, einen anspruchsvollen Parcours im Springsport zu bauen, und natürlich schauten wir, wie wir die Pferde mit EBEC optimal auf alle Themen gemäß unserem Aktionskatalog und ihr Leben mit Menschen in der Zivilisation vorbereiten könnten.

Es waren wundervolle Tage mit Lachen und Lernen, emotional und bewegend, und Roy war immer mitten drin. Wir vergaßen Tumor und Co. und Roy war stolz, dass er Teil des Ganzen sein durfte. Annika und Lara wurden zu engen Roy-Vertrauten und auch das war schön. Wir wuchsen zu einer kleinen Familie zusammen.

Eines Abends, als alle anderen weg waren und wir gemütlich, wie immer Arm in Arm, vor unserem Kamin saßen, in dem das Holz laut knisterte, und eine wohlige Wärme in unsere müden Glieder kroch, sagte er plötzlich leise: »Weißt du, ich wollte so gerne die Magnettafeln an den Autos, denn das ist das erste Bootcamp der AKA. Und wenn du es alle paar Jahre wiederholen wirst, dann bleibe ich vielleicht in eurer Erinnerung.«

Ich musste schwer schlucken, riss mich aber zusammen, kuschelte mich noch enger an ihn, hielt ihn ganz fest und sagte: »Das war eine gute Entscheidung.«

Das Bootcamp dauerte 14 Tage und war ein großartiges Erlebnis. Einige Teilnehmer schafften es tatsächlich, ihre Mustangs unter den Sattel zu bekommen und auf ihnen zu reiten. Manche kamen mit ihren Pferden immerhin so weit, dass man sie nun anfassen oder ihre Hufe für den Hufschmied heben konnte. Die einzelnen Trainingserfolge hingen vom Schwierigkeitsgrad des Pferdes ab, und vom Ausbildungsniveau des jeweiligen Teilnehmers. Es ging uns nicht so sehr um das Endergebnis, sondern um den Weg zum Ziel und um die Erlebnisse jedes einzelnen Teilnehmers.

Am Ende berichteten einige Teilnehmer, dass sie zwischendurch hatten aufgeben wollen, abbrechen, nach Hause fahren und dass sich dann doch immer wieder alle zusammengerauft hatten. Das fand ich wunderschön. Alle waren beieinander geblieben.

Zum Abschluss gab es eine wilde Party, die Tom auf seiner privaten Ranch in seinem Wohnhaus für uns veranstaltete. Alle Teilnehmer bekamen »I did it«-Sweatshirts zur Erinnerung, dafür, dass sie nicht aufgegeben hatten, und vor dem lodernden Barbecue-Feuer besangen die angehenden Equine Coaches ihre Erlebnisse zur Melodie von »I did it my way«. Alle gemeinsam hatten wir etwas Einzigartiges erlebt, das wir nie wieder vergessen würden. Es hatte sich gelohnt.

Der erste epileptische Anfall

Wir erholten uns vom Bootcamp, genossen wieder die Ruhe, aber im Ort redete man noch lange von diesen Pferdefachleuten und was die mit Mustangs machen konnten. Es war ein Highlight in unserer Gegend, und noch viele Monate war es das Coffice-Thema Nummer eins. Auch Lara und Annika kehrten heim, wir trafen uns alle paar Tage an den Laptops zu unseren Online Business Meetings, integrierten neue Inhalte, neue Ideen, designten eine neue Webseite, wir waren hochmotiviert. Während ich online am Computer arbeitete, ruhte Roy sich viel aus, wurde etwas ruhiger in seiner energetischen Art und meditierte viel. Ich beobachtete das mit Wohlwollen, aber es beunruhigte mich auch. Jede Verhaltensveränderung konnte ein Hinweis sein auf etwas, das in seinem Kopf los war. Mitte Februar 2016, nur knapp drei Wochen nach dem Bootcamp und unseren sorgenlosen Tagen miteinander, zeigte das Kontroll-MRT einen Rückfall. Wir waren geschockt. So viel Zeit war vergangen ohne nennenswerte Veränderungen. Roy träumte vom Überleben, »I am a Glioblastoma Surviver« sagte er fast täglich und überzeugt, beflügelt vom glücklichen Leben. Und dann das. Er war allein mit dem Zug nach San Diego gefahren und kam direkt nach dem MRT wieder zurück. So erhielt er das Ergebnis telefonisch, als er wieder zu Hause bei mir war. Es traf ihn hart. Ich saß in meinem Büro, in einem Nebengebäude auf unserem Grundstück, als sich die Tür öffnete. Er kam hinein und ich sah es sofort. Es war das erste Mal, dass er weinte nach der Mitteilung eines schlechten Ergebnisses. Wir umarmten uns schweigend und ließen den Tränen freien Lauf. Wir weinten und weinten und weinten. Lange hielten wir uns fest und küssten uns die Tränen von den Wangen. Dann gingen wir schweigend zum Haus und packten für San Diego.

Die dritte Operation wurde am 19. 2. 2016 durchgeführt. Wir waren routiniert. Alles verlief plangemäß, aber die Stimmung veränderte sich. Wir alle, Freunde,

Bekannte, Verwandte, Familie, Ärzte ahnten, dass Roy diesen Kampf verlieren könnte.

Diesmal steckte Roy den sechsstündigen Eingriff nicht so gut weg und sein Körper brauchte mehr Erholungszeit. Nach einigen Tagen auf der Intensivstation konnte ich beobachten, dass er immer häufiger bestimmte Zusammenhänge nicht verstand. Es war ein bisschen wie mit einem Pferd, das nicht meine Sprache versteht: Roy sprach zwar nach wie vor die gleiche Lautsprache, denn das Sprachzentrum war unbeschädigt. Aber es gab Veränderungen. Die Wörter, die er aussprach, bekamen andere Bedeutungen.

Nach der Entlassung ruhte er zu Hause nun viel und ich umsorgte ihn. Unter anderem hatte ich ein extrem aufwendiges, gesundes Ernährungsprogramm für ihn umgesetzt, das er dankbar annahm. Aber nun konnte es vorkommen, dass er mich um einen frischen Gemüsesaft bat, und wenn ich den brachte, schaute er das Glas nur unsicher an. Er schien Saft zu sagen, aber etwas anderes zu erwarten. Er schien Wörtern eine andere Bedeutung zu geben, aber welche konnte ich nicht herausfinden. Und wenn ich ihn nicht verstand, machte er den Eindruck, als würde er denken, ich hätte nicht mehr alle Tassen im Schrank. Wir konnten uns nicht mehr sinnvoll unterhalten, Nachfragen endeten in sinnlosen und lautstarken Diskussionen. Das war neu. Er bekam nun sehr starke Medikamente, die Nebenwirkungen mit sich brachten, auch aggressives Verhalten gehörte dazu, das war für mich schwer anzunehmen. Mit lauten Auseinandersetzungen kann ich schlecht umgehen, da bin ich wie ein sensibles Pferd, es ist nicht Teil meiner Welt, da möchte ich lieber schnell die Flucht ergreifen. Aber ich war gezwungen hierzubleiben, zu lernen damit umzugehen. Niemals hätte ich Roy damit alleingelassen.

Was ich nicht wusste, weil die Ärzte und auch Roy es mir verschwiegen: Mittlerweile war am Frontallappen ein weiterer Tumor entstanden. Der Frontallappen wird als menschlichster Teil des Gehirns betrachtet und häufig als das »Organ der Zivilisation« bezeichnet. Die Schädigung, durch die sich dort weiter ausbreitenden Tumorzellen zeigte sich in Roys Persönlichkeitsveränderung. Stück für Stück, da es ja nicht schlagartig so war, veränderte er sich, ebenso wie Stück für Stück der Tumor wuchs. Roy verkaufte plötzlich Dinge oder plante Autorennen, an denen er längst nicht mehr teilnehmen konnte. Dramatisch wurde es, als ich feststellte, dass er seine Krankenversicherung nicht mehr zahlte und spontan seine Passwörter änderte, sodass ich plötzlich keinen Überblick mehr hatte. Das versetzte mich in Panik, denn die medizinische Versorgung verschlang Unsummen an Geld und die Versicherung war für uns finanziell überlebensnotwendig. Ungenügende Regelbeachtung, Regelverstöße auch im sozialen Verhalten, verminderte Selbstkontrolle und erhöhte Impulsivität, Störungen der Gedächtnisleistung und des Arbeitsgedächtnisses, Störungen der Aufmerksamkeit und des geistigen Durchhaltevermögens – all das gehört zu den Ausfällen, die durch den neuen Tumor verursacht wurden. Hätte Dr. Culo mich informiert, hätte ich mich sicher besser schützen können, auch emotional. Denn der gesunde Roy hätte mich nie und nimmer gefährdet oder wäre laut geworden. Wir waren the Love Birds. Wo bist Du mein Love Bird?

Immer häufiger gab es zwischen uns Diskussionen, die zu nichts führten. Es war zum Verzweifeln. Roy musste das Gefühl haben, alle um ihn herum seien verrückt geworden, weil er nicht mehr so gut logisch nachdenken konnte. Das machte ihm Angst und mit Worten konnte ich sie ihm nicht mehr nehmen. Er tat mir entsetzlich leid, aber ich konnte ihm auch nicht mehr erklären, dass seine veränderte Wahrnehmung Teil seiner Krankheit war. Er war nicht mehr in der Lage, solch einem Gedankengang zu folgen.

Es war die gleiche Art von Angst, wie ich sie immer wieder auch bei Pferden beobachtete: Wenn ich ein Pferd von dem Paddock holte, um mit ihm allein in eine Reithalle zum Training zu gehen, kam es oft vor, dass es dabei vor Nervosität zu tänzeln begann, weil es von seinen Freunden weggeführt wurde und es Angst hatte, die Herde zurückzulassen. Als Trainer wird man dann selbst auch leicht nervös, denn ein Pferd, das plötzlich beginnt, am Halfter zu zerren und um einen herumzurennen oder zu steigen und mit den Vorderhufen in der Luft zu paddeln, ist nicht ungefährlich. Und wenn man selbst Angst bekommt, überträgt sich diese Angst auf das Pferd. Eine solche Situation kann leicht eskalieren: Die Überlebensinstinkte des Pferdes können überhandnehmen, ich verliere den Zugang, und im schlimmsten Fall reißt es sich los. Dann kann man nur noch hoffen, dass nichts passiert.

Jeder, der mit Pferden zu tun hat, kennt solche Situationen. Man kommt sich plötzlich so verloren neben dem Pferd vor. Genauso verloren fühlte ich mich plötzlich neben Roy, weil meine Sprache und meine Botschaften ihn nicht mehr erreichten.

Sein Gehirn veränderte sich. *Er* veränderte sich. Und auch ich musste mich verändern. Ich musste flexibel werden, musste meine Menschensprache verändern und in eine prozessorientierte Sprache in Aktionen anstatt zu viele Worte umwandeln, wenn ich Roy erreichen wollte, eine auf ihn und auf seine Wahrheit zentrierte Perspektive einnehmen. Wenn er die Nase rümpfte und Anzeichen eines aggressiven Gedankens zeigte, durfte ich nicht mehr sagen: »Schrei mich nicht immer an.« Dann hörte Roy nur die Kritik, ging darauf ein, dass er gar nicht »immer« schreien würde und verstand nicht mehr, worum es eigentlich ging in unserem Gespräch. Das brachte extreme Verunsicherung und einen Mangel an Vertrauen mit sich. Das durfte ich nicht riskieren. Ich musste sein Fels in der Brandung sein, sonst würde ich ihn frühzeitig verlieren.

Anstatt Verhalten also zu kritisieren passte ich meine Kommunikation so gut es eben ging an, um Konflikte zu reduzieren. Auch zu meiner eigenen Sicherheit. Aggressive Kommunikation verunsichert mich sehr und macht mir Angst. Einmal kam ich nach dem Einkaufen nach Hause und fuhr die Auffahrt zu unserem Wohnhaus hoch. Da sah ich meinen Mann mitten auf unserem wild bewachsenen Grundstück, mitten in der »Prärie«, im Gras sitzen. »Was macht er da? Zupft er Unkraut? Der Boden ist feucht, er wird sich eine Erkältung holen!« Ich hielt an, winkte ihm fröhlich zu, stieg aus, setzte mich neben ihn ins Gras, umarmte und küsste ihn und fragte mit ruhiger Stimme: »Wie geht es dir?« Und er antwortete: »*Great!* Schau mal, was ich mache! Ich jäte das Unkraut und mache alles schön für dich. Ich habe schon unheimlich viel gearbeitet heute!« Und dabei strahlte er mich an.

In meinen Augen war die Aktion natürlich total sinnlos. Zehn Hektar Wildwuchs-Grundstück. Wir hatten keine Blumenbeete. Aber was würde es bringen, wenn ich das jetzt aus meiner Perspektive mit ihm diskutierte? In seiner Welt, in seiner Wahrnehmung tat er ja gerade etwas Gutes und Richtiges.

Also versuchte ich, Roys Perspektive einzunehmen. Ich bedankte mich bei ihm für die tolle Idee und fragte, ob er mit mir reinkommen und etwas essen wolle. Er nahm mich in den Arm, sah mich dankbar an und antwortete: »Oh ja, gerne! Was gibt es denn?«

Roy war nicht verrückt. Es war auch nicht so, dass er plötzlich in ein Kleinkindstadium zurückgefallen wäre. Nein, er wechselte nur mehr und mehr die Perspektive auf Dinge und das Leben, und damit musste ich umgehen lernen. Es war eine unabänderliche Situation. Ich musste lernen, die Welt aus seiner Perspektive zu betrachten, nicht aus meiner. Und meine Aufmerksamkeit auf das richten, was uns gemeinsam gut gelang, statt auf das, was vielleicht schieflief. Also lieber die Aufmerksamkeit auf ein schönes gemeinsames Essen richten als darauf, dass Roy nun vielleicht täglich lustige Sachen machte. Es änderte die Tatsachen ja sowieso nicht.

Von nun an beobachtete ich Roy immer intensiver und schärfte meine Wahrnehmung, um rechtzeitig zu erkennen, wann seine Aktionen in meine Wahrnehmung passten und wann sich eine Kleinigkeit änderte. Das sollte mir mehr als einmal das Leben retten. So auch, als Roy seinen ersten epileptischen Anfall hatte.

Etwa zwei Jahre war er nun schon krank und mit jeder Operation stieg die Gefahr von epileptischen Anfällen. Das wusste ich, aber bisher war noch nie etwas passiert.

Es war am 22. Juli 2016, etwa fünf Monate nach seiner

dritten Operation. Roy hatte in San Diego sein routi-
nemäßiges MRT gehabt. Alles war gut und unauffällig,
wir hatten also wieder vier einigermaßen unbeschwerte
Wochen vor uns. Auf dem Rückweg passierte es. Roy saß
am Steuer unseres Autos, wir fuhren den Highway 101
in Richtung Norden an der wunderschönen Westküste
Kaliforniens entlang und hörten schöne Musik. Roy
hatte immer ein sehr gutes Orientierungsvermögen und
war eine wandelnde Landkarte. Die Gegend, durch die
wir fuhren, kannte er wie seine Westentasche.

Es war kurz vor Sonnenuntergang, und mir kam eine
Idee: »Roy, es ist so schön! Wollen wir nicht hinter Santa
Monica auf den Highway 1 abbiegen und direkt am Meer
entlang nach Hause fahren?«

»Super, das machen wir!«, erwiderte er und freute sich,
dass er noch ein bisschen länger Autofahren konnte. Die
Strecke war etwas länger, langsamer aber auch schöner
und Roy liebte Autofahren. Eigentlich hätte er gar nicht
mehr Autofahren sollen, aber es gab keine Chance, dass
er mir das Steuer überließ. Nur wenn wir direkt nach
den Operationen nach Hause mussten, dann war er
körperlich zu erschöpft, ansonsten fuhr er, da hatte ich
keine Chance. Und er genoss es der Mann zu sein, mir
die Türen zu öffnen, mich zu fahren. Es war ihm wichtig,
um seine Selbständigkeit und sein Mann-Sein zu erhalten. Man sah ihm ja auch noch immer nichts an, er sah
nach wie vor blendend aus. Aber vielleicht war ich hier
und da auch schon etwas betriebsblind geworden.

Wir bogen also auf den Pacific Coast Highway 1 in
Richtung Norden ab. »Und dann könnten wir ja an der
Burger-Bude am Malibu Country Mart anhalten und etwas essen! Es ist nicht weit von hier! Du hast doch sicher auch Hunger, oder?«

»Aber Honey, da sind wir doch schon dran vorbei, das liegt längst hinter uns!«, sagte Roy und wirkte dabei ganz normal. Tatsächlich lag die Burger-Bude noch vor uns. Offenbar hatte er für den Bruchteil einer Sekunde die Orientierung verloren.

Rechts von uns waren die Berge und links fiel die Steilküste ins Meer. Etwas verunsichert schaute ich ihn an und fragte: »Bist du okay?« Und er erwiderte etwas genervt: »Ja, klar bin ich okay, was soll denn jetzt schon wieder sein?« Er rollte mit den Augen und starrte auf die Straße.

Bis heute kann ich nicht sagen, woran es lag, dass ich mich im nächsten Augenblick klar und deutlich sagen hörte: »Fahr bitte rechts ran, Roy, ich möchte fahren. Sofort!« Es gab keinen einzigen kognitiven Gedanken, der dazu geführt hätte. Es waren einfach nur die Millisekunden, in denen mein Sehnerv offenbar irgendeine winzige Veränderung registriert hatte.

»Was soll das denn? Ich möchte fahren! Was ist denn los? Ich liebe diese Strecke!«

Aber ich blieb hart und forderte ihn auf, sofort rechts ranzufahren. »Fahrerwechsel!«, hörte ich mich laut und deutlich und sehr bestimmt sagen, unumstößlich.

Vollkommen genervt gab Roy auf, fuhr in eine Parkbucht, stieg aus, wechselte die Seite, während ich kurz noch im Auto auf der Beifahrerseite sitzend meine Wasserflasche wegsortierte. Und zum allerersten Mal seit wir uns kannten, öffnete er mir nicht die Autotür. Er stand mit verschränkten Armen davor, und ich öffnete sie selbst, um auszusteigen. Da wusste ich, dass etwas nicht stimmte: In all den Jahren seit seiner Erkrankung war er immer ein purer Gentleman geblieben. Bis jetzt.

Er küsste mich nicht, als ich an ihm vorbei auf die

Fahrerseite ging, ignorierte mich, setzte sich auf den Beifahrersitz und sagte keinen Ton mehr. Er war sauer, dass ich fahren wollte. Ich hätte sauer sein können, dass er sich so bescheuert verhielt. »Das Pferd ist faul, weil es nicht ausreiten will.« oder: »Wenn ich den Weg mit dem Pferd an dieser Stelle verlasse, verlangsamt es, bis es stehen bleibt und sich nervös umschaut«. Keine Bewertungen, Andrea, beobachte und handle so, dass ihr euch versteht. Ich griff nach seiner Hand und sagte »*I love you*«.

Dann schwieg auch ich und fuhr langsam los. Ich fuhr noch ein Stückchen weiter am strahlend blauen Meer entlang, aber da die romantische Stimmung ohnehin im Eimer war, entschied ich mich, an der leckeren Burgerbude vorbeizufahren. Roy kommentierte das nicht. So schweigsam und vor allem so wütend kannte ich ihn gar nicht. Mir war ein bisschen mulmig zumute und so entschied ich mich, über die California State Route 23 zurück auf den viel schnelleren Ventura Freeway 101 in Richtung Norden zu gelangen. Ein fataler Fehler, wie sich kurz darauf herausstellen sollte, denn diese Gebirgsstraße schlängelt sich schmal, kurvig und viel befahren durch die Santa Monica Mountains und es gibt nicht mal eine Standspur.

Einige Hundert Meter nachdem ich in die Gebirgsstraße abgebogen und es zu spät zum Umkehren war, passierte es: Roys gesamter Körper wurde stocksteif, er zitterte, krampfte, röchelte, die Augen verdrehten sich, die Zunge hing aus seinem Mund und der gesamte Körper schüttelte sich in einem einzigen Krampf. Sein linker Arm schlug lang auf meine Seite, sein Kopf flog in Richtung meiner Schulter. »Das ist gut, so kann der Speichel wenigstens nicht in seine Luftröhre gelangen«, schoss es mir durch den Kopf. Aber ich musste das Fahrzeug irgendwie unter Kontrolle halten. »So eine Scheiße!« Roy hing wie ein zuckendes Brett in der Luft und der ganze Körper rüttelte sich immer weiter in meine Richtung. Es war ein entsetzlicher Anblick. Im Kopf raste mein Film mit den Informationen, die ich mir angelesen hatte: Ein epileptischer Anfall! Ich musste die Zeit stoppen, das war später eine wichtige Information für die Ärzte. Nach spätestens fünf Minuten brauchte er einen Notarzt. Shit.

Ich konnte auf dieser Bergstraße weder anhalten noch schneller oder langsamer fahren. Vom dichten Verkehr wurde ich weitergeschoben. Roy war 1,90 m groß, und sein ausgestreckter steifer linker Arm drohte das Lenkrad zu blockieren. Ich hatte größte Mühe, mit der linken Hand durch die steilen Kurven der stark befahrenen Straße zu lenken, damit wir nicht von der Straße abkamen, während ich mit der rechten Hand versuchte, Roys Körperteile einigermaßen von mir fernzuhalten.

Mein Mund wurde trocken, meine Beine, Hände und Finger zitterten, ich dachte, Roy werde sterben. Und vielleicht hatte ich auch ein bisschen das Gefühl, dass auch ich jetzt sterben würde. Ich versuchte tief und vertrauensvoll ins Leben zu atmen, genauso wie ich das mache, wenn ich mit aggressiven oder problematischen Pferden arbeite. Mein trockener Mund, meine flache Atmung, meine zitternden Gliedmaßen zeigten mir deutlich, dass ich mich im Überlebensmodus befand. Und Roy konnte mir auch nicht helfen, er kämpfte neben mir um sein eigenes Überleben. »Oh Mann, so habe ich mir das nicht vorgestellt!« schrie ich. Ich musste es irgendwie aus dem Canyon herausschaffen. Ich versuchte irgendetwas anderes zu denken, um mich zu beruhigen. Lausbub, wie er im Longierzirkel langsam auf mich zutapste, No-Name mit mir im Longierzirkel, Bilder rasten durch meinen Kopf, während ich an mir selbst sämtliche Stresssymptome bemerkte, die man nur haben kann: Meine Lippen und mein Mund wurden knochentrocken, das Herz klopfte, mir brach der Schweiß aus. Doch die Bilder halfen mir. Dadurch dass ich an die Stresssymptome der Pferde dachte, die ich nun so gut mit meinen vergleichen konnte, wurde mein Stress weniger und langsam, aber sicher wurde ich ruhiger. Meine Selbsthilfe funktionierte, ich atmete tief in den Bauch, das sage ich meinen Teilnehmern immer, wenn sie Angst vor Pferden haben, ich spürte, wie ich wieder Speichel produzierte, leckte und kaute vor mich hin, wirklich wie ein Pferd, und schaffte es irgendwie durch den Canyon. Kurz vor der Zufahrt auf den Highway konnte ich auf dem Handy das nächste Krankenhaus ausfindig machen, das Los Robles Hospital in Thousand Oaks war nur fünf Minuten entfernt. Gleich war es geschafft und ich würde Hilfe bekommen.

Als Roy endlich im Krankenhaus war, bekam er im Krankenhausbett weitere drei epileptische Anfälle. Ich war verzweifelt und traurig, konnte nur den einen Satz denken: »Wie soll das alles weitergehen?« Bis im nächsten Moment meine innere Stimme ertönte und mir zuraunte: »Irgendwie geht's immer.«

So genehmigte ich mir noch ein paar Minuten Selbstmitleid, einen Kaffee und drehte dann das Kaleidoskop wieder. Ich wollte die nächsten Schritte überlegen.

Mit diesem epileptischen Anfall war Roys Krankheit in eine neue Phase getreten. Nach ein paar Stunden wurde er von der Notaufnahme auf die Krankenstation verlegt. Wie immer kuschelte ich mich zu ihm in sein Bett, sagte der Schwester »*we are one*«, sie nickte, nahm noch einmal Roys Vitalwerte, die sich langsam normalisierten, und dann lag ich ruhig und erschöpft in seinen Armen. Zum ersten Mal erwischte ich mich bei einem Gedanken, den ich bis jetzt nicht zu denken gewagt hatte: Vielleicht war es irgendwann auch gut, wenn er nicht mehr leiden musste und ich wieder ruhiger leben konnte. Das hier geriet langsam etwas aus den Fugen. Und dann atmete ich ihn ganz tief ein und dachte: »Wenn er nicht mehr da wäre, würde ich ihn so schrecklich vermissen.« Ich wollte weiter an ihm riechen, ihn berühren können. Gegen nichts in der Welt wollte ich das eintauschen.

Roy faselte in den nächsten beiden Tagen ziemlichen Blödsinn und war nicht zurechnungsfähig. Die Ärzte machten mir Mut und erklärten, dass das an der Schwellung im Gehirn lag. Wenn sie zurückging, konnte es sein, dass Roy wieder normal wurde. Wir mussten abwarten.

Zwei Tage vergingen, ehe wir nach Hause fahren durften. Wer fahren würde, wurde nicht diskutiert. Aber etwas war anders als beim letzten Mal auf dem Highway 101 North: Roy hielt mir die Tür auf, als ich auf der Fahrerseite einstieg. Ich strahlte, er strahlte, wir küssten uns und waren glücklich. Das rührte mich zutiefst, ich war froh, dass ich ihm keine Szene gemacht hatte in Malibu. Da war er ja gar nicht er selbst gewesen. Wahrscheinlich begann der epileptische Anfall bereits sukzessive, als er noch fuhr. Nur meine sensible Wahrnehmung für die Umgebung und ihn hatte verhindert, dass Roy nicht am Steuer saß und uns oder anderen Schlimmes hatte widerfahren können.

Wir hatten zu Beginn unserer Beziehung mal ein Abkommen getroffen. Es sollte sicherstellen, dass wir für immer achtsam miteinander umgehen würden. Wir wollten uns gegenseitig darauf aufmerksam machen, wenn einer den anderen beim »ersten Mal« ertappte: Beim ersten Mal, dass einer von beiden etwas *nicht* tut, weil sich Routine oder Unaufmerksamkeit ins Zusammenleben einschleicht. Wenn zwei eine Beziehung beginnen, ist alles rosarot: Der Mann ist höflich und öffnet der Frau zum Beispiel wie selbstverständlich die Tür. Die Frau denkt: »Was für ein höflicher Mann«, und die beiden verlieben sich. Und irgendwann kommt der Tag, an dem dein Mann zum ersten Mal die Türe *nicht* für dich öffnet. Und dann beginnt eine andere Ebene der Beziehung, die der Gewöhnung an den Verfall. Wenn er oder sie schon einmal »doofe Kuh« gesagt hat, ist es bis zum »Blödmann« nicht mehr weit. Und das wollten wir verhindern. Einfach das erste Mal verhindern, das war unsere Beziehungsstrategie. Und sie funktionierte. Aber dieses eine Mal die Tür nicht zu öffnen zählte nicht, Roy war nicht er selbst gewesen. Roy konnte sich an nichts mehr erinnern, das ist wohl normal. Und das war das Gute daran. Für ihn.

Für mich war dieses Erlebnis ganz schön aufregend gewesen. Aber ich hatte es gut gemeistert und war stolz auf mich. Das hier war eine Ausnahmesituation, aber jetzt fuhren wir glücklich nach Hause.

Natürlich war ich auch manchmal kurz davor zu verzweifeln. Und manchmal wollte ich auch einfach nur weinen. Auch das war okay. Nur vor Roy weinte ich nicht so gerne. Ich wollte es ihm nicht schwerer machen, als es ohnehin schon war.

Roy kommt zurück in meine Welt

Als wir am Krankenhaus in Thousand Oaks ins Auto stiegen, um nach Hause zu fahren, war ich mir nicht ganz sicher, wie klar oder unklar Roy war. Aber als er mir die Tür öffnete, mir sagte, wie sehr er mich liebte und wie wunderschön ich heute wieder aussähe, bedeutete das für mich: Er kommt zurück in meine Welt. Ich fuhr langsam in Richtung Norden, und er stellte seine »Road tripping playlist« auf dem Handy ein, so wie immer. Er sah mich liebevoll an, nahm meine rechte Hand und sagte: »*You look really wonderful tonight!*« Und dann hörten wir Eric Claptons Song, den er so häufig für mich gespielt und gesungen hatte. Er kannte jede Silbe auswendig:

It's time to go home now
and I've got an aching head
so I give her the car keys
and she helps me to bed
and then I tell her
as I turn out the light.
I say: »My darling, you were wonderful tonight«

»Oh, my darling, you were wonderful tonight«

Eric Clapton begann zu singen, Roy wollte synchron einsetzen und das Lied wie schon Hunderte Male laut für mich mitsingen. Doch er konnte die Worte in seinem Kopf nicht mehr finden. Er konnte unser Lied nicht mehr singen. Er schaute verschämt rechts aus dem Fenster und bewegte die Lippen wortlos zur Musik. Ich schaute nach links und wir fuhren händchenhaltend nach Hause.

Ich wollte ihn nur noch nach Hause bringen und war dankbar, dass wir uns heute Abend unter unsere Decke kuscheln konnten, in unserer vertrauten Umgebung. Morgen wollte ich eine kräftige Hühnersuppe kochen. Das gibt Kraft. Und Kraft war es, was wir jetzt brauchten. Viel Kraft. Ich wischte mir ein Tränchen von der Wange und hoffte, dass Roy es nicht sehen würde.

Roy stand in diesen Jahren im Mittelpunkt meines Handelns und meines Denkens. Doch die Akademie in Deutschland sollte nicht unter diesen uns alle herausfordernden Umständen leiden, sondern sich weiterentwickeln. Lara und Annika kamen regelmäßig zu mir in die USA, damit wir am didaktischen System und dem Lehrprogramm weiterarbeiten konnten. Diese Besuche waren immer sehr wohltuend. Wir konnten arbeiten, mit Roy gemeinsam kichern, wenn er etwas Lustiges machte, und alles wurde leichter, wenn wir zusammen waren.

Dass ich Roys Verhalten beobachtet und aus einer winzigen Geste oder Bewegung seine nächste Handlung vorausgeahnt hatte, hatte mir auf dem Highway 1 das Leben gerettet. Meine Sensibilität war auf ein neues Niveau gestiegen, das zeigte sich auf allen Ebenen. Und es war bitter nötig, denn jeder Tag brachte neue Herausforderungen.

Lara war zu Besuch, wir arbeiteten tagsüber in meinem Büro und einer von uns beiden hatte immer ein Auge auf Roy. Mein sonst immer hervorragend gekleidete Mann stand in viel zu kleinen Clogs mit lustigen Socken und einer labbrigen Sporthose vor uns und wollte mit zu meinem alten Freund Woody's, der seit vielen Jahrzehnten ein einfaches Lokal betreibt: ein Tresen, einige Barhocker, eher ein Imbiss mit besten Burgern. Roy freute sich wie ein Kleinkind und wir kamen gutgelaunt dort an. Wie jedes Mal setzte Roy sich an das alte Klavier, das gegenüber dem Bestelltresen steht, und klimperte eine kleine Ballade, die er eigentlich sehr gut konnte. Er verspielte sich dauernd, aber das ignorierten wir. Woody brachte die Burger und Roy setzte sich an den rechten äußeren Rand des Tresens, während er mit Lara plauderte und sich voll auf sie konzentrierte. Seine Konzentrationsfähigkeit hatte schon deutlich nachgelassen, sodass er vor lauter Konzentrieren auf dem Barhocker hin und her rutschte. Fast wie ein Kind.

Genüsslich biss er während des Gesprächs in seinen Burger und legte ihn anschließend wieder mit der rechten Hand auf den Teller. Nein, er *wollte* ihn auf den Teller zurücklegen, aber er traf ihn nicht. Da war kein Teller, denn der Tresen war rechts zu Ende. Der Burger landete mit einem »Klatsch« auf dem Fußboden. Der ganze Kladderadatsch lag da verteilt, mit Ketchup, Senf und Brötchen. Roy redete weiter unbeirrt auf Lara ein. Er erzählte ganze Romane, Lara tat, als wäre nichts geschehen, und setzte das Gespräch mit Roy unbeirrt fort. Zwischendurch sahen wir uns fragend an. Warum war das passiert? Ich konnte es mir nicht erklären.

Ruhig stand ich auf, hob die Einzelteile des Burgers auf, reinigte den Boden mit Papierservietten, wischte das Ketchup vom Tischbein und bestellte einen neuen.

Plötzlich unterbrach Roy seinen Redefluss, sah nach rechts, um seinen Burger zu nehmen, starrte erst auf den Boden und dann auf mich und die Trümmer des Burgers. Er sah mich verdattert an, hielt sich erschrocken die Hand vor den Mund und fragte: »War ich das?«

Ich nickte: »Macht nix, ich habe schon einen neuen bestellt, er ist neben den Tisch gefallen.« Er sah mich so verblüfft an, dass wir alle drei gleichzeitig in lautes Lachen ausbrachen.

Erst ein paar Tage später verstand ich, warum dieses Malheur passiert war. Roy bekam nun auffallend oft Schwierigkeiten mit rechts, er lief gegen einen Stuhl, stach mit der Gabel neben den Teller oder traf das Essen nicht: Roy hatte uns verschwiegen, dass er auf dem rechten Auge nicht mehr sehen konnte. Offenbar drückte der Tumor oder eine Schwellung im Gehirn gegen den Sehnerv und schränkte sein Sichtfeld ein.

Bei Roy fällt es uns allen leicht, empathisch zu sein, und es ist vollkommen logisch, dass wir ihn nicht anschreien oder gar schlagen, wenn er in etwas hineinrennt, eine Vase zertrümmert, weil sie im Weg steht, einen Kaffeebecher umstößt oder eben einen ganzen Burger auf den Boden schmeißt mitten im Restaurant. Natürlich nicht, denn wir wissen ja, dass er nun nicht mehr so sehen kann wie wir mit zwei gesunden Augen. Und so sieht man das Verhalten als Unfall, man passt sich dem Umstand liebevoll an, wir fühlen eher mit Roy, wollen ihm helfen. Ich wünschte, das würden Menschen auch bei Pferden verstehen. In der AKA lehren wir die Unterschiede von dem Sichtfeld, des Farbsehens, der Sehschärfe, bei Dingen denen das Pferd in unserer Zivilisation begegnet und mit denen es umgehen muss. Pferde sehen ganz anders als wir Menschen, sie hören auch anders als wir Menschen. Aber wenn ein Pferd in etwas hineinläuft oder eine Abgrenzung oder über eine kleine Pfütze oder einen auf dem Boden liegenden Strick zwei Meter hoch springt, dann kann der Mensch, der sich nie Gedanken gemacht hat, wie Pferde die Welt sehen, keine Empathie empfinden und sich in das Pferd nicht einfühlen. Es ist immer noch Normalität in Pferdestallungen, dass Pferde aufgrund dieser Unwissenheit für ein solches Verhalten angeschrien oder gar geschlagen werden. Weil der Mensch nicht versteht, dass sie vor etwas erschrecken, das für den Menschen etwas Normales und Ungefährliches ist. Das wäre so, als würde ich Roy jetzt, wo er plötzlich nicht mehr das Gleiche sehen kann wie ich, anbrüllen oder ihm gar einen Peitschenhieb verpassen. Und genauso wie sich das jetzt liest, ist es auch, wenn es um das Bestrafen von Pferden geht. Dabei ist es nicht nur falsch, sondern sogar kontraproduktiv, denn so verunsichert man sein Pferd zusätzlich und bereitet ihm Angst.

Das würde ja mit Roy und mir jetzt auch passieren. Niemals könnte ich ihn in einer solchen Situation weiter verunsichern. Mir half die Situation, Pferde noch besser zu verstehen und auch Verständnis für Menschen zu haben, die das neue Wissen noch nicht haben. Danke Roy.

Waffen im Haus

Es wurde immer schwerer für mich zu erkennen, wann Roy nicht rational denken und agieren konnte. Er sah nach wie vor wahnsinnig gut und gesund aus, konnte witzig sein und enthusiastisch und sagte immer wieder Dinge, die durchaus Sinn machten. Dennoch wurde das Zusammenleben mit ihm zunehmend schwierig und es fiel mir immer schwerer zu erkennen, wann Dinge, die er tat oder sagte, noch im Rahmen der Normalität oder bereits im Bereich des »Wahnsinns« lagen. Sein Wunsch war nach wie vor ganz einfach und klar: Er wollte so gerne leben. Einfach nur leben und weiter da sein. Und sein Ärzteteam unterstützte ihn darin. Ob dabei wirklich immer jede Entscheidung und jede Maßnahme, zu der sie ihm rieten, nur zu seinem Besten war oder manches Mal vielleicht auch zum Besten der Klinik, mag ich bis heute nicht zweifelsfrei beurteilen. Mein Misstrauen wuchs jedoch von Tag zu Tag.

Seit der Diagnose waren inzwischen etwas mehr als zwei Jahre vergangen – nicht schlecht dafür, dass die Lebenserwartung ursprünglich nur vier bis sechs Monate betrug. Ich gab mir Mühe, alle wichtigen Zahlungen, wie zum Beispiel Krankenkasse und medizinische Rechnungen im Überblick zu behalten, da Roy doch zunehmend den Überblick verlor. Ich versuchte, wichtige Entscheidungen vernünftig abzuwägen – natürlich mit Roy gemeinsam, denn er war ja der Betroffene, er war der Patient. Niemals hätte ich etwas über seinen Kopf hinweg entschieden, solange er noch einigermaßen zurechnungsfähig war. Das war schwer genug, denn Roy dachte schon seit Längerem nicht mehr logisch, war sich dessen aber natürlich nicht bewusst. Und auch mir fiel im Lauf der Zeit nicht mehr alles auf, was nicht im Bereich des »Normalen« war, da bei mir ein gewisser Gewöhnungseffekt eintrat.

Natürlich schoss mir manchmal, wenn ich erschöpft ins Bett sank oder nachdachte, wie es weitergehen sollte, der Gedanke durch den Kopf: Wie lange halte ich das noch durch? Musste ich ihn vielleicht sogar irgendwann verlassen, wenn das Chaos überhandnahm? Das hatte mir Dr. Culo ganz am Anfang ja mal nahegelegt: »Die wenigsten Ehepartner halten das durch.« Und manchmal hatte ich auch Sehnsucht nach meinem eigenen Leben! Aber Roy war nach wie vor noch Roy, den ich liebte und den ich geheiratet hatte. Aber manchmal war er mir fremd, viele Dinge verstand er immer weniger, zum Beispiel mein Bedürfnis, ab und zu einfach mal mit einer Freundin essen zu gehen und ein bisschen Normalität zu erleben.

Wenn ich das tatsächlich mal tat – was selten genug geschah –, konnte es passieren, dass er sich mit Eifersucht quälte. Hätte ich zu dem Zeitpunkt gewusst, dass er einen Tumor im Frontallappen hatte, hätte ich mich darauf einstellen können, dass sein Gefühlsleben sich veränderte. Aber das wusste ich ja nicht und ich sah hilflos zu, wie er immer abwegigere Wahnvorstellungen entwickelte, die ich mit Logik nicht mehr entkräften konnte.

Es kam zu beängstigenden Situationen. Wir lebten allein auf unserer Ranch, die nächsten Nachbarn waren weit entfernt und manchmal bereute ich es inzwischen, dass wir so weit weg von unseren hilfsbereiten Nachbarn in den kleinen Beach Cottages gezogen waren. Mein persönliches Leben wäre leichter gewesen, aber: »Hätte, hätte, Fahrradkette!«, pflegt Lara immer zu sagen.

Nun war ich also hier und versuchte, das Beste aus unserer Situation zu machen. Bis eines Tages die Sache mit den Waffen passierte.

Waffen gehörten für Roy ganz selbstverständlich zum Leben. Sein Vater war ein guter und verantwortungsbewusster Jäger gewesen, aber er war mit nur siebenundvierzig Jahren an einem Herzinfarkt verstorben und hatte Roy ein beachtliches Waffenarsenal hinterlassen, teils Erbstücke der Familie über Generationen. Und Roy war ein hervorragender Schütze. In normalen Zeiten hatte mich das nicht beunruhigt, eher im Gegenteil: Es gab mir hier in der ländlichen Abgeschiedenheit eine gewisse Sicherheit, sie im Waffenschrank zu wissen. Aber die Zeiten waren inzwischen nicht mehr »normal«.

Ich persönlich töte nichts, nicht mal eine Fliege. Im Gegenteil: Ich betreibe größten Aufwand, wenn sich mal eine Maus in unser Haus verirrt, um sie zu fangen, ich kann, wenn sich ein Specht an der Verschalung unseres Holzhauses zu schaffen macht, auch mehrere Tage mit Recherchen zu der Frage verbringen, wie ich ihn artgerecht davon abhalten kann, unser Haus zu zerstören.

Roy wollte tatsächlich einmal einen Specht abschießen, weil er die ganze Wand unseres Hauses zerhackte. Aber da gab es ein Problem und das hieß Andrea Kutsch, die kurzerhand ein Abschussverbot erteilte. Roy rollte damals verliebt die Augen, schmunzelte aber und packte sein Gewehr wieder weg. Und ich recherchierte einen friedlichen Weg, wie man den süßen kalifornischen Woodpecker sukzessive vom Haus auf die zahlreichen Eichen auf unserem Grundstück locken könnte.

Nur einmal war ich wirklich dankbar, dass Roy solch ein guter und umsichtiger Schütze war. Es war kurz nachdem wir das Haus gekauft hatten und als es Roy noch ziemlich gut ging. Die ersten Spuren entdeckte ich unter einer unserer alten Eichen. Roy stellte fest, dass es die Spuren eines ausgewachsenen Keilers waren, und die können richtig gefährlich werden. Am liebsten hätte ich auch das Wildschwein gewaltfrei beflüstert, aber in diesem Fall setzte sich Roy durch. »Ein Wildschwein bleibt nicht auf unserem Gelände«, erklärte er rigoros. »Wenn so ein Keiler angreift, kann er dich in Sekunden töten.«

Das stimmte zweifellos, dennoch versuchte ich, einen Kompromiss auszuhandeln: »Können wir nicht erst mal versuchen, ihn vom Grundstück zu treiben, wenn wir alle Tore offen lassen?« Ich wollte dem Keiler unbedingt die Chance geben, freiwillig das Feld zu räumen. Roy blieb hart. »Andrea, mit dem Schwein wird nicht herumexperimentiert! Ende der Diskussion, es ist zu gefährlich!«

Wir einigten uns schließlich auf folgendes Vorgehen: Wir würden die Tore öffnen, das Schwein suchen. Wenn wir es fanden, würde ich versuchen, es zum Weglaufen zu bewegen. Und wenn das nicht ging, würde Roy übernehmen. Von den Wildschweinen in Deutschland wusste ich, dass sie scheu waren und eher wegliefen, wenn sie einem Menschen begegneten. Ich würde ein paar Blechteller mitnehmen und mit ihnen klappern, dann würde das Schweinchen schon wegrennen, so meine Pippi-Langstrumpf-Strategie.

Wir machten uns beide bereit: Ich lässig gekleidet in dänischen Clogs und Shorts, Roy in Jeans und mit geladener 30–06 Rifle – ein Gewehr, das so ein Schwein kontrollieren konnte. Wie vereinbart durfte ich zuerst versuchen, die Situation gewaltfrei zu lösen. Als ich jedoch mit dem Poolkescher bewaffnet um die Ecke kam und erklärte, damit wolle ich das Schweinchen in Richtung Tor lenken, ließ Roy nicht mit sich reden. Er küsste mich und erklärte entschieden: »Andrea, alles andere ist okay, auch deine Clogs. Aber der Kescher bleibt hier.«

Nun gut. Sicherheitshalber, falls Roy tatsächlich würde schießen müssen, zog ich Ohrenschützer an – normalerweise benutzte ich sie, wenn ich alte Möbelstücke restaurierte –, und lächelte siegessicher. Interspezifische Kommunikation zwischen Mensch und

Keiler. Na schauen wir mal, ich dachte, der wird so viel Angst haben, wenn er mich in meinen Ohrschützern sieht, da sucht er direkt das Weite. Roy lächelte nachsichtig, als ich schließlich in meinem Gartenoutfit in unseren John Deere Army M-GATOR, einen Armee-Geländetraktor kletterte, den wir brauchten, um unsere zehn Hektar Land mit den vielen Eichen einigermaßen in Ordnung zu halten. Ich liebte diesen sechsrädrigen Mini-Traktor, mit ihm fuhren wir regelmäßig unser Grundstück ab, abends zum Sundowner, gerne auch mit einem guten, prickelnden Glas Wein bewaffnet, und beobachteten die Wildtiere. Diese abendlichen Rundfahrten nannte ich deshalb immer »auf Safari gehen«. Wir liebten sie über alles. Den eigentlich scheuen Erdhörnchen, die rund ums Haus lebten, gab ich Namen, sie kletterten auf meine Schultern, wenn sie mich sahen, um sich ein paar Erdnüsse oder ein Stückchen Apfel zu ergattern. Auch die Rehe hatten Namen, da gab es Betty, Peter, Paul und Mary, und in der Brunftzeit lagen wir mit Ferngläsern auf der Lauer, wer wohl in diesem Jahr mit wem anbandelte. Natürlich bekamen die Babys alle Namen, und wir beobachteten, wie sie aufwuchsen und bald Zäune übersprangen. Wir vertrieben die Kojoten, um die Babys zu schützen, und das alles direkt vor unserer Haustür. Stick Figure Ranch war unser kleines Paradies.

Der Gator hatte eine Waffenhalterung, an der ich jedoch bisher allenfalls eine Flasche Wein befestigte, wenn wir auf Safari gingen. Jetzt staunte ich nicht schlecht, als Roy dort die geladene Rifle platzierte. Das Grundstück war groß und wir mussten eine ganze Weile herumfahren, bis wir fündig wurden. Mit Ohrenschützern, Clogs und Shorts rief ich unentwegt lauthals »Piggy, piggy!«, um das Schwein zu warnen und ihm die Möglichkeit zur Flucht durch eines der offenen Tore zu geben. Roy jedoch war vollkommen konzentriert und still. Er las die Natur, er war ein Jäger und wusste, was er tat.

Plötzlich sahen wir hinter einer der vielen Eichen im Schatten ein Öhrchen wackeln. Da lag das Schwein und schlief, in ungefähr fünfzig Schritten Entfernung.

Jetzt war ich in meinem Element. »Nicht schießen Roy, okay? Ich mach das schon.«

»Du kannst alles machen, aber bleib seitlich von mir, stell dich nicht vor mich.«

»Okay, my love. Piggy! Piggy! …«

Ich kletterte aus dem Gator, eierte auf meinen Clogs ein paar Schritte nach rechts und hob ein paar Steinchen auf. Natürlich würde ich nahe beim Gator bleiben, ich war ja nicht verrückt.

»Piggy, piggy«, ich warf zärtlich ein kleines Steinchen in seine Richtung. Was sich da blitzschnell erhob, war ein Geschoss von einem Sechshundert-Pfund-Mega-Riesenwildschwein, mit Hauern, die ich selbst noch auf die Entfernung messerscharf erkennen konnte. Ich hatte keine Ahnung, wie so ein riesiges kalifornisches Wildschwein aussieht, aber das war ein wahres Monster von einem Tier. Das Blut gefror mir schier in den Adern.

Das Schwein zögerte nicht mal den Bruchteil einer Sekunde, es sprang auf und schoss schnurstracks auf mich zu. Vor Schreck war ich nicht in der Lage, mich zu bewegen. Und selbst wenn ich versucht hätte, zum Gator zurückzurennen, hätte ich mich mit meinen Clogs dermaßen auf die Nase gelegt, dass ich auch gleich stehen bleiben konnte.

Der Kleiler schoss also im Vollspeed auf mich zu, ich starrte ihm in die Augen, reglos, da hörte ich den Schuss von links, und der Keiler drehte ab. Zitternd stolperte ich zum Gator zurück und hörte, wie Roy nachlud. »Dieser Angriff war kein normales Verhalten, er ist krank, vielleicht Tollwut«, erklärte er mir ganz ruhig. »Ich glaube, es war ein Herzschuss, aber ich muss sichergehen. Wir fahren zurück zum Haus und suchen nach ihm mit dem Truck. Er soll nicht leiden.«

Ich war mittlerweile barfuß, weil ich im Rennen meine Clogs verloren hatte, war vollkommen handzahm und zitterte wie Espenlaub. Roy hatte mir gerade das Leben gerettet und ungläubig schaute ich ihn von der Seite an, wie er sicher den Gator zum Haus zurücklenkte: »Was habe ich doch für einen tollen Mann! Da haben sie ihm das halbe Hirn auseinandergenommen, mit Chemo, Bestrahlung und allem Drum und Dran, und hier steht er, von Zittern keine Spur, und schießt nicht mal daneben.«

Auf dem Weg zum Haus sahen wir ihn schon, Roy hatte ganze Arbeit geleistet. Ich war traurig, dass er nicht einfach rausgelaufen war durch unsere offenen Tore. Ich informierte das California Wildlife Center, wir deckten das Schwein, das ich Hugo taufte, mit fester Folie und Steinen ab, um die Aasgeier fernzuhalten, die bereits über uns kreisten. Sollte Hugo wirklich krank sein, durften sie das infizierte Fleisch nicht essen. Das tote Tier wurde später abgeholt und Roy behielt recht. »Es ist gut, dass es getötet wurde, es hätte sonst andere Tiere infizieren oder einen Spaziergänger schwer verletzen können«, meinte der Wildlife Officer zu mir, nachdem sie Hugo in ihren Truck verladen hatten. Ich malte Hugo einen Grabstein, damit wir ihn auf unseren Safaris nicht vergaßen.

Seitdem waren mehr als zwei Jahre vergangen und nun fürchtete ich wieder um mein Leben. Dieses Mal war es aber kein Wildschwein, vor dem ich Angst hatte, sondern mein eigener Mann.

Eines Morgens wachte ich auf und hörte, noch bevor ich die Augen öffnete, dass Roy unten in der Küche war und Kaffee kochte. Das war an sich nichts Ungewöhnliches. Roy wachte oft vor mir auf und es war für ihn das Schönste, wenn er mich mit einem frischen Latte Macchiato wecken konnte und wir gemeinsam aneinander gekuschelt unseren Pott noch im Bett im Morgengrauen leer schlürften, bevor der Alltag uns vereinnahmte. Der Kaffeegeruch stieg mir verführerisch in die Nase und ich beschloss, aufzustehen und zu Roy hinunterzugehen. Doch als ich die Augen öffnete, glaubte ich, ich hätte eine Halluzination: Im Schlafzimmer stand die geladene Hugo-Riffle, sie lehnte an Roys Bettseite an der Wand und als ich mich streckte, schaute ich geradewegs in den Gewehrlauf. Ich schauderte. Ich stand langsam auf und im Zwischenflur zum nächsten Zimmer stand ein weiteres Gewehr und auch unten sah ich den Rest des Sortiments verteilt. Insgesamt hatte er sechs verschiedene Waffen, nicht alle gefährlich, auch ein Luftgewehr war dabei, aber das spielte keine Rolle. Bei näherem Hinschauen sah ich, dass die Waffen geladen und entsichert waren. Ein absolutes No-Go. Roy war extrem umsichtig, und das hier war eine Verhaltensänderung. »Good morning, my love, warum sind die Waffen im Schlafzimmer und überhaupt überall verteilt?«

»Ach, die sind nur für den Fall, dass nachts mal einer einbricht oder dir was antun will«, erwiderte Roy und reichte mir eine Tasse Kaffee. »Ich denke, ich sollte dich besser beschützen.«

Mir lief es kalt den Rücken hinunter. Der gesunde Roy hätte niemals etwas so Unachtsames getan. »Na prima«, dachte ich bei mir, »wenn ich nachts auf die Toilette gehe und er denkt, ich bin ein Einbrecher, dann schießt er mich womöglich über den Haufen.« Seit der Sache mit dem Wildschwein wusste ich ja, was für ein extrem guter Schütze mein Mann war. Die Waffen mussten aus dem Haus. Und zwar sofort. Egal wie.

Es begann eine kleine, höfliche Diskussion über Kriminalität und wie man sich dagegen auch anders schützen konnte. Mein Standpunkt war, dass wir hier in dieser Gegend, wo die Kriminalitätsrate gegen null ging, wirklich keine Waffen brauchten und schon gar nicht in unserem Haus. Hier gab es keine Einbrüche. Niemand hier schloss sein Haus ab, wir hatten nicht mal einen Schlüssel für unsere Haustür. Roy wiederum machte mir unmissverständlich klar, dass die Waffen bleiben würden. Denk nicht mal darüber nach, einem Amerikaner seine Waffen zu nehmen.

Aber ich wollte keine Waffen im Haus, nicht mit einem Mann mit fortgeschrittenem Gehirntumor, drei Gehirnoperationen und all den Wesensveränderungen der letzten Monate. Ich stellte Roy vor die Wahl: »Die Waffen oder ich!«

Ich war geschockt und gelähmt vor Angst, als Roy mich anschrie. Er redete sich immer mehr in Rage, während er wild mit einem Gewehr herumfuchtelte.

Meine Angst vor ihm war jetzt mindestens so groß wie damals, als das riesige Wildschwein auf mich zuraste. Und es war eine unnütze Diskussion. Ich wusste, dass ich Roy in seiner Welt nicht mehr erreichte. Ich hatte ihn verloren, der Tumor nahm überhand. Mein Mann war nicht mehr die Person, die ich kannte. Es brach mir das Herz. Ich wusste um seine Angst, seine Verwirrtheit. Und dennoch musste ich mich schützen. Er brüllte weiter im Haus herum und merkte nicht einmal, dass ich das Haus verließ und zum Auto schlich. Ich fuhr zur Polizei und schilderte die Situation. Die Officer sagten: »Ihr Mann hat einen Gehirntumor und Zugang zu Waffen?« »Ja, also bis jetzt war das kein Thema, heute Morgen verhielt er sich erstmals komisch.« Ich rief im Notfallbüro des Teams von Dr. Culo an, die mir bestätigten dass Roy keinen Zugang mehr zu Waffen haben sollte. Es könnte sogar rechtliche Konsequenzen für mich haben, sollte er jemandem etwas antun. Ich bekam gleich einen Schweißausbruch und sah mich gedanklich schon im Gerichtssaal. »Wieso haben Sie das nicht verhindert Frau Kutsch, Sie wussten doch wie krank Ihr Mann ist, oder?«. Ein Albtraum, das alles, ein absoluter Albtraum. Und mir sagte noch immer niemand, dass Roy einen Frontallappen-Schaden hat. »Gut dass Sie gekommen sind, es ist nun polizeilich aufgenommen, dass Sie sich um die Sicherheit Sorgen machen, das ist wichtig, sollte zu einem späteren Zeitpunkt einmal irgendetwas passieren. Jetzt müssen wir aber zu Ihrem Mann fahren und die Waffen beschlagnahmen«. »*Officer, oh no, really?*« Gab es keine Alternative? Ein Waffen-Safe, zu dem nur ich den Code hatte? Roy würde mir das niemals verzeihen. »Roy, my love, verzeih mir, ich muss das tun.«

Der Officer wies mich an, nicht nach Hause zu fahren, also fuhr ich zu meiner engen Freundin Janet die ihren Mann vor vielen Jahren verloren hatte. Janet kochte uns erst mal einen starken Kaffee. Eine Stunde später rief mich der Officer an und erzählte von meinem »very nice man«, er wirkte relativ normal, war sehr kooperativ, redete etwas von der deutschen Frau aus einer anderen Kultur, die hier überreagieren würde.»Sie können jetzt nach Hause fahren.« Die Waffen waren nun bei einem Freund von Roy im Safe eingeschlossen. War das sicher genug? Puh.

Von nun an war nichts mehr wie früher. Roys Blick auf mich veränderte sich. Er verstand nicht, was ich getan hatte und warum. Aus seiner Perspektive wollte er mich doch nur schützen und meine Erklärungen erreichten ihn nicht mehr. Es zerriss mir das Herz. Die Liebe verschwand mehr und mehr aus seinem Blick, ich verschwand mehr und mehr aus seiner Wahrnehmung. Nicht mal mehr Mitleid mit mir konnte ich in seinen Augen lesen, wenn ich weinen musste.

Vielleicht einer der schlimmsten Momente im gesamten Krankheitsverlauf war der Augenblick, in dem er zu mir sagte: »Du bist verrückt geworden. Ich glaube, ich muss mich vor dir schützen.« Und plötzlich dachte ich: »Vielleicht bin ich tatsächlich verrückt geworden?«

Ich brauchte viele Telefonate mit Petra, um diesen Gedanken wieder aus dem Kopf zu bekommen.

Ich setze Roy Grenzen

Ich hatte Roy Grenzen gesetzt, nun musste ich die Konsequenzen tragen und den Abstand, der sich nun zwischen uns auftat, akzeptieren.

Durch die starken Medikamente, die die Schwellungen und Entzündungen im Kopf reduzierten und potenzielle Blutungen im Kopf verhinderten, hatte Roy als Nebenwirkung starke aggressive Züge entwickelt. »Warum nicht einfach gehen?«, fragte ich mich immer öfter. Meine Freunde machten sich jetzt große Sorgen um mich und rieten mir zu gehen. Aber es fiel mir so schwer, mir fehlte seine Zuneigung, sein Händehalten. Die Kälte seines Blicks war für mich kaum zu ertragen, auch sein Misstrauen, er durchwühlte nun meine Taschen, kontrollierte mein Handy, mein iPad, rief sogar Lara an, ob sie was wüsste, ich sei sehr merkwürdig geworden. Und trotzdem dachte ich immer nur: »Wenn er nicht mehr lebt, wirst du es nicht bereuen, dass du weggegangen bist? Wie wird es sein, wenn dich jemand anruft und dir mitteilt, dass Roy gerade gestorben ist?« Ich wusste, ich würde mir das nie verzeihen. Ich wollte jetzt für ihn da sein, jetzt alles richtig machen, um später nichts zu bereuen und Frieden zu haben in meinem Herzen.

Etwa sechs Wochen waren seit dem Einsammeln der Waffen vergangen und wir lebten in diesem befremdlichen Horrorland, in dem ich keine Lösungen mehr fand und zweifelte. Und Roy, meinen besten Freund, konnte ich nicht mehr fragen. Ich schlief nun im Gästezimmer, mit Pfefferspray unter dem Kopfkissen, und nachts hörte ich es poltern. Ich riss die Tür auf und schaute nach unten ins Erdgeschoss, wo Roy sich wand in unerträglichen Schmerzen. So schnell ich konnte, fuhr ich ihn in die Notaufnahme des nächsten Krankenhauses, aber dort sagte man mir, ich müsse ihn nach San Diego zum behandelnden Neurochirurgen bringen. Auch Roy sagte immer wieder »Bring mich zu Dr. Culo, sicher ist der Tumor zurück und er kann ihn rausnehmen, dann ist alles wieder gut, honey.«

Vier Stunden Fahrt lagen vor uns, in der Dunkelheit der Nacht; die Notaufnahme hatte Roy etwas Beruhigendes gespritzt und er sollte die lange Fahrtzeit durchschlafen. Die Dosis war exakt kalkuliert und erst auf dem Parkplatz in San Diego wachte er auf.

Roy wurde direkt ins MRT geschoben, und nun endlich eröffneten mir die Ärzte, dass sich bei ihm inzwischen ein Tumor im Frontallappen gebildet hatte. Endlich ergab seine Aggressivität und sein Verhalten Sinn. Das war das Gute.

Aber die Information war auch ein Schock. Die Ärzte hatten es schon lange gewusst und niemand hatte mir etwas gesagt!

Roy wurde auf die Station gebracht und die Schmerzen wurden unter Kontrolle gebracht. Da lag er dann strahlend und zufrieden. Ich traute meinen Ohren nicht, als Dr. Culo Roy vorschlug, ihn ein viertes Mal zu operieren. Mir wurde schlecht. Roy verstand doch kaum noch etwas, er hatte unerträgliche Schmerzen. Und nun sollte er eine Operation überstehen? Das war doch Wahnsinn. Roy wollte die OP, aber wie sollte er über so etwas Weitreichendes entscheiden. Die Ärzte jedoch behaupteten, er sei immer noch in der Lage, über seine medizinische Versorgung selbst zu entscheiden, und solange das der Fall war, er eine Operation wollte, bekam er die auch. Der Verdacht, den ich schon seit Längerem immer wieder hatte, erhärtete sich: Roy sollte hier zum Versuchskaninchen werden. Und nebenher wollte man viel Geld an den Operationen verdienen, sollten sie ihn weiter am Leben erhalten können.

In meiner Gegenwart klärte Dr. Culo Roy über die Konsequenzen der Operation am Frontallappen auf: »Roy, du wirst mit achtzigprozentiger Sicherheit nicht mehr sprechen und vor allem die Worte anderer nicht mehr verstehen können. Wenn also jemand ›blau‹ sagt, dann wirst du nicht mehr wissen, was ›blau‹ ist.« Er machte eine kurze Pause, sah erst mich und anschließend Roy an und dann fragte er ihn: »Willst du leben, Roy, und die OP haben?«

Natürlich beantwortete Roy die Frage des Arztes mit Ja. Er antwortete, je nachdem wie man formulierte, immer nur noch mit Ja. Fragte ich ihn aber etwas komplexer: »Willst du trotzdem leben, auch wenn du nicht mehr sprechen kannst und in einem Heim leben musst?«, dann antwortete er: »Ich verstehe nicht.« Meine Wut auf diesen Arzt steigerte sich ins Grenzenlose. Klar wollte Roy leben, aber welchen Preis er dafür zahlte, verstand er nicht mehr. Es war für alle eine extrem schwierige Situation. Roy lag vor mir, schaute mich an und sagte immer wieder: »Ich will leben, ich will die OP.« Und ich sagte: »Roy, du wirst zwar leben, aber du wirst schwer behindert sein und nichts mehr verstehen. Dein Gehirn wird nie wieder gesund, es wird ein Sieb sein!«

Er aber wiederholte immer wieder: »Ich will die OP.«

Und so entschieden die Ärzte: »Wir werden Ihrem Mann nicht das Recht nehmen, über sein eigenes Leben zu entscheiden. Er will die OP, er bekommt die OP.«

Tage vergingen, die Operation war für den 23. Dezember 2016 angesetzt – meinen Geburtstag. An dem Morgen sagte ich zu ihm: »Roy, bitte stirb nicht an meinem Geburtstag!« Und da war er wieder kurz klar und antwortete: »Ich werde weder sterben noch verstummen. Ich werde aufwachen und mit dir sprechen, honey. Ich gehe nirgendwohin, keine Sorge.«

Als man ihn in den OP-Saal schob, mit Horsie auf der Brust, war er glücklich. »*I love you*«, flüsterte er mir zum Abschied zu und kurz bevor er einschlummerte, sagte er noch: »Danke für die Operation, ich will sie wirklich.« Und da war diese Liebe wieder da. Zumindest für einen kleinen Augenblick, bevor sich die OP-Türen hinter meinem Mann schlossen.

Sprechen, ohne zu verstehen

Roy öffnete die Augen, schaute mich an und sagte: »Hi, ist alles gut gegangen? Ich kann sprechen! Das hättest du wohl nicht gedacht.«

Ja, er konnte sprechen. Aber schon nach kurzer Zeit, im Laufe einiger Sprachtests, wurde deutlich, dass er doch anders sprach und anders verstand. Er sagte »Licht«, wollte aber »Wasser«. Und wurde wütend, wenn er das Wasser nicht sofort bekam. Das frustrierte alle Beteiligten. Wenn man es dann herausgefunden hatte und ihm gab, sagte er ziemlich arrogant: »Na endlich, das hat aber gedauert.« Die Ärzte waren von ihrem Erfolg hellauf begeistert. Sie betrachteten ihn eben als Versuchskaninchen, das konnte ich nun immer deutlicher erkennen. Dr. Culo sprach nur noch vom »Überleben«. Es ging nicht um Lebensqualität, er wollte den ersten Langzeit-Überlebenden. Und Roy war nun mit zweieinhalb Jahren seit der Diagnose schon ein Aushängeschild für die Behandlungsmethode. Sicher lag ein Großteil des Erfolges an Dr. Culos Qualitäten als Operateur, aber auch die Alternativen Therapien, all die pflanzlichen Naturheilmittel, die wir ergänzten, die extrem gesunde und sehr spezielle Ernährung, die ich mit größtem Aufwand umsetzte: alles frisch, nur Bio, keine Milchprodukte, kein Zucker, alles extrem ausbalanciert. Ich hatte mich mit der Ernährung zur Minderung des Wachstums von

Krebszellen befasst, und das strikt umgesetzt. Sogar das Brot habe ich selbst gebacken. Das wurde natürlich nie erwähnt.

Die Ärzte machten mit Roy alle möglichen Tests und versuchten zu verhindern, dass ich davon erfuhr. Doch meine Zurückhaltung war zu Ende. War ich zuvor eher sanftmütig gewesen, in der Hoffnung, dass die Ärzte alles tun würden, um Roy zu helfen, beschloss ich nun, mich zu wehren – im Interesse meines Mannes. Er konnte es ja nicht mehr verstehen.

War ich vorher die mitfühlende, empathische, liebende Ehefrau gewesen, so besann ich mich jetzt wieder darauf, wer ich auch war: Andrea Kutsch, die in der Lage war, die schwierigsten, aggressivsten und wildesten Pferde zu bändigen und mit ihnen erfolgreich zu arbeiten. Wenn mir das mit diesen riesigen Tieren gelang, warum dann nicht auch mit den Ärzten, die Roy in den Fängen hatten?

Körpersprache ist alles. Nicht nur im Umgang mit Pferden. Also stellte ich mich vor Roys Ärzteteam hin, mit hocherhobenem Haupt und klarem Blick. Mit Dr. Culo ging ich nun vor wie mit einem schwierigen Pferd. Ich stellte mir vor, er sei wie ein Pferd, das mit anderen Trainern zuvor gemacht hatte, was es wollte. Wenn ich ihm in einer anderen Art und Weise, nämlich sehr klar und bestimmt, konsequent und selbstbewusst begegnete, würde ich schnell die Kontrolle über das Geschehen erlangen. Ich blieb freundlich, aber konsequent, wenn er beispielsweise versuchte, nach mir zu schlagen. Ich übte gerade so viel Druck auf ihn aus, dass er sich gefordert fühlte, aber nicht bedroht.

Mein Ziel war, Roy zur Genesung nach Hause zu holen und erst, wenn es wieder Beweise dafür gab, dass er ausreichend Lebensqualität hatte und sinnvoll für sich selbst Entscheidungen treffen könnte, würde Roy über seine weitere Behandlung wieder selbst bestimmen können. Vorerst aber nahm ich das Zepter in die Hand. Es war Dr. Culo gelungen, Roy noch einmal eine teure OP zu verkaufen. Mein Mann hatte bekommen, was er wollte und das war gut so. Aber nun war Schluss, Roy sollte nicht leiden, das war mein oberstes Ziel. Ich hatte ihm versprochen, dass ich im Blick haben würde, wann der richtige Zeitpunkt gekommen war, das Ruder zu übernehmen. Und nun war der richtige Zeitpunkt.

Jeder im Raum konnte die Veränderung meiner Körpersprache wahrnehmen. Lag ich vorher nach jeder OP an Roy gekuschelt mit ihm im Bett auf der Intensivstation, um ihm Kraft, Sicherheit und Wärme zu geben, so sprang ich jetzt sofort auf, wenn ein Arzt in den Raum kam und stellte mich aufrecht neben Roys Bett. Mit zwei Füßen fest im Leben. Ich war größer als jeder im Ärzteteam und diese Karte zog ich nun. Meine Körpersprache signalisierte: »Bis hierher und keinen Schritt weiter!« Das verrückt gewordene Wildschwein konnte ich seinerzeit damit zwar nicht beeindrucken, aber hier, im nonverbalen Umgang mit Menschen, erzielte ich durchaus einen deutlich spürbaren Effekt.

Mit erhobenem Haupt schaute ich allen, die etwas von Roy oder mir wollten, in die Augen und sagte klipp und klar: »Ab jetzt wird hier nichts mehr ohne meine Zustimmung entschieden. Andernfalls werde ich ein juristisches Team zu Rate ziehen. Alle Dokumente liegen vor, ich bin nun Roy.« Unser Anwalt Alex, mit dem Roy vor gut zwei Jahren seine Wünsche formuliert hatte, gab mir Rückendeckung: »Andrea, er hat das so klar gemacht, er hat dich nicht nur auf seinen Sitz gesetzt, sondern auch noch für einen Anschnallgurt und einen juristischen Airbag gesorgt. Dich kann rechtlich niemand ausheben, genau für diese Situation hat Roy vorgesorgt. Sei stark, ruf mich an, wenn etwas in Frage gestellt wird, *god bless you. You are stronger than you think.*« Ich hatte nun ein klares Ziel: Ihn nach Hause zu holen und zu versorgen, sobald das ohne ärztliche Aufsicht möglich war.

Roy wurde nach ein paar Tagen in eine Rehabilitationsklinik in San Diego verlegt. Auch dort ließ ich ihn nicht aus den Augen, quartierte mich aber bei alten Freunden Kirk und Gretchen in La Jolla ein, um nachts schlafen zu können. Tagsüber war ich immer an Roys Seite. Er bekam nun Sprachtherapie und dabei fragte ich mich immer wieder, ob die Therapeutin wirklich glaubte, dass es möglich war, in Roys Gehirn durch Training den Wörtern wieder die richtigen Bedeutungen zuzuordnen?

Roy trug immer ein kleines Herz aus Rosenquarz in der Hosentasche. Ich hatte es ihm und auch mir eines geschenkt, als ich nach unserem Kennenlernen das erste Mal ohne ihn nach Deutschland flog. Wir trugen sie immer bei uns. Wenn ich verreiste, legte er es auf seinen Nachttisch und küsste es, wenn er schlafen ging. »Dann bist du immer bei mir«. Wenn er aufstand, trug er es in der Hosentasche bei sich. Bei den Operationen lag es immer auf seinem Nachttisch, es war immer dabei.

Ich nahm sein Herz, zeigte es ihm und fragte: »Weißt du, was das ist?« Er strahlte glücklich übers ganze Gesicht und sagte: »Ja, das hat meine Frau mir einmal geschenkt.« Er drückte es an sein Herz und versank in Gedanken. Offenbar konnte er das Herz noch einordnen, aber mich nicht. Sein Gehirn machte, was es wollte.

Die Therapeutin zeigte ihm Dinge, zum Beispiel einen Baum, und er sollte sagen, was das war. Manchmal wusste er nicht mehr, was er sagen sollte, verstand die Frage nicht mal und antwortete immer wieder nur »*what do you want?*«. Manchmal lachte er amüsiert auf und sagte »Na, was glauben Sie denn? Das ist ein Baum, glauben Sie, ich bin bescheuert?« Wenn er ein Wort nicht wusste, reagierte er gereizt. »Was soll denn das«, meinte er dann, »warum machen wir das hier? Ich habe keine Lust auf so doofe Spiele!« Es konnte auch passieren, dass er mitten in der Sitzung aufstand und sagte: »Für so etwas habe ich keine Zeit! Ich muss los, ich habe Termine!«, und versuchte, zum Aufzug zu kommen. Aber den Aufzug zu bedienen, war dann schon wieder etwas anderes, das konnte er nicht.

Manchmal gab es auch kleine lustige Momente, die mir Kraft für viele Stunden gaben. Wenn die Therapeutin wieder mal auf das Bild eines Baums zeigte und dazu laut und deutlich »Baum« sagte, zwinkerte er mir zu und erwiderte: »Habe ich doch schon gesagt, ein Baum! Was soll das hier eigentlich? Honey, *let's go home*, die sind verrückt hier!« In solchen Augenblicken war ich seine glückliche Verbündete und mein Herz hüpfte vor Freude.

Immer wieder versuchten mir die Therapeuten und die Ärzte Mut zu machen. Sie meinten, Roys Verwirrtheit könne eine langanhaltende Störung sein, aber auch durch die Schwellung im Gehirn nach der Operation hervorgerufen worden sein. Es sei möglich, dass sich das noch bessern würde. Auf solche Aussagen gab ich bald gar nichts mehr. Es gab nur zwei Möglichkeiten: Entweder war ich jetzt selbst verrückt geworden, oder ich war die Einzige, die hier kapierte, dass Roy gar nichts mehr begriff und auch nie wieder etwas begreifen würde.

Das haben wir noch nie probiert, also geht es sicher gut

Dreißig Tage sollte Roy in der Rehabilitationseinrichtung bleiben. Nach zwei Wochen hatte ich jedoch den Eindruck, dass Roy immer noch keine bemerkenswerten Fortschritte machte. Ich las nun vermehrt Roys Körpersprache, um zu erkennen, ob er Schmerzen hatte. Dann alarmierte ich die Schwestern, damit sie ihm Schmerzmittel gaben. Auf diese Weise konnte ich ihm ziemlich lange schmerzfreie Perioden ermöglichen. Das hatte ich ihm versprochen, als er noch klar denken konnte, das wollte ich halten.

Eines Tages bekam ich über das Büro von Dr. Culo die Aufforderung, bestimmte Papiere beizubringen, die das Krankenhaus angeblich dringend benötigte. Diese Papiere lagen in meinem Büro zu Hause, acht Autostunden hin und zurück entfernt. Da ich Roy gut betreut wusste, beschloss ich, zu Hause zu übernachten und erst am nächsten Morgen wieder in die Rehaklinik nach San Diego zurückzufahren.

Mit der frischen Energie einer ungestörten Nacht betrat ich am nächsten Morgen Roys Zimmer. Doch dort traute ich meinen Augen nicht: Sein Bett war leer!

Panisch rannte ich nach draußen, um eine Schwester zu suchen, und erfuhr schließlich, dass die Neurochirurgen Roy mit einem Krankenwagen zu einer Untersuchung im Krankenhaus abgeholt hatten. Ohne mein Wissen und ohne mein Einverständnis!

Ich flippte fast aus! Hatte man den Termin mit Absicht auf den Tag gelegt, an dem man mich wegschickte, um die Papiere zu holen? Ich tobte mit dem Reha-Team, wedelte mit meinen Papieren und holte unseren Anwalt Alex an die Strippe, der erklärte, dass dies nie wieder vorkommen dürfe. Dann kam Roy schon mit der Ambulanz zurück und ich war erleichtert, ihn wohlauf zu sehen. Roy sah verwirrt aus und es dauerte einen Moment bis er begriff, dass ich da war. Er sagte nichts, drückte aber meine Hand ganz fest und ließ sie nicht mehr los, seine Augen suchten immer wieder meinen Blick, als wollte er sicherstellen, dass ich immer noch da war. Das machen Pferde, wenn man nah an ihnen steht, sie einen nicht sehen können, weil ihre Augen seitwärts ausgerichtet sind. Dann riechen und tasten sie mit den Tasthaaren immer wieder in unseren Haaren oder am Hals, als wollten sie prüfen, ob wir da sind und alles in Ordnung ist. Der Ambulanzfahrer berichtete mir, Roy habe auf der Fahrt immer wieder nach mir gerufen: »Wo ist meine Frau? Ich möchte, dass meine Frau kommt.« Ich war verzweifelt.

Und dann, es war mitten in der Nacht, ich lag bei Kirk und Gretchen in La Jolla im Bett, ging mein Telefon. Das Herz blieb mir fast stehen. Ein Anruf in der Nacht konnte das Allerschlimmste bedeuten.

Die Nachtschwester der Rehaklinik war am Apparat und teilte mir mit, dass Roy mitten in der Nacht versucht hatte, den Aufzug zu nehmen. Als sie ihn daran hindern wollte, erklärte er ihr flüssig und voller Überzeugung, dass er einen Geschäftstermin wahrzunehmen habe und sie das sicherlich nicht verhindern würde. Jetzt saß er bei seinem demenzkranken Zimmergenossen Roger, der fünfundachtzig Jahre alt war und nur noch fünfzig Kilogramm wog, auf der Bettkante und wollte ihm seinen Ford-Truck verkaufen. Außerdem befolge Roy keine Anweisungen des Pflegepersonals, wenn ich nicht da war. »Das sind unzumutbare Zustände. Das hier ist eine Rehabilitationseinrichtung und kein Heim für Hirnverletzte. Die Schwestern haben schon Angst vor Roy.«

Ich raste ohne zu zögern in die Klinik. Als ich ins Zimmer kam, lag Roy wieder in seinem Bett, spielte mit dem Rosenquarz-Herz und strahlte mich an: »Hi Honey«. Er hatte offensichtlich kein Gefühl mehr für Tag und Nacht. Roy schlummerte die Nacht hindurch friedlich in meinem Arm und ich machte mir Sorgen um die Zukunft.

Am nächsten Morgen sagte der Sozialarbeiter der Klinik, entweder ich schlafe in der Reha und beaufsichtige Roy nachts, oder ich bestellte eine Security, die 800 Dollar die Nacht bekommt, oder Roy würde in einem geschlossenen Heim für Hirnverletzte untergebracht. Eine sehr empfehlenswerte Institution. Ich müsse mir keine Sorgen um ihn machen, sondern solle einfach zustimmen. Das sei das Beste für den Patienten.

Ein Hirnverletzten-Heim also. Der Begriff war mir aus meinen Kindertagen in Bad Homburg vertraut. In der Nähe meines Elternhauses gab es ebenfalls ein solches Heim, heute nennt man solche Einrichtungen auch »neurologische Klinik«. Es war eine schöne, gepflegte Anlage, ich kannte sie, weil ich als junges Mädchen beim Leiter der Klinik babysittete. Mein Unterbewusstsein suggerierte meinem Bewusstsein die alte Information aus meiner Jugend und versicherte mir unbewusst, dass die Institution, in die Roy nun verlegt werden sollte, ähnlich war. Dann brauchte ich mir um ihn tatsächlich keine Sorgen zu machen. Dass mir eine Unterschrift viel zu forsch abverlangt wurde, auf viel zu vielen Seiten Papierkram, den ich nicht las, blendete mein Bewusstsein aus. Ein natürlicher Prozess unseres menschlichen Gehirns. »Wir verlegen Ihren Mann noch heute.«

Ich stimmte der Verlegung zu, allerdings unter der Bedingung, dass ich im Ambulanzwagen mitfahren konnte. Ich wusste ja, dass Roy beim letzten Mal geweint und nach mir gerufen hatte. Das wollte ich ihm nicht noch einmal antun.

Ich räumte Roys Habseligkeiten zusammen, inklusive Horsie, dem Quarzherz, Schuhen, Kleidung und heimeligen Dekoartikeln, mit denen ich das Zimmer verschönert hatte. Roy wurde im Rollstuhl transportiert, er konnte nicht mehr sicher allein laufen. Er wusste ohnehin nicht wohin, außer wenn er auf die Toilette musste.

Nach nur 45 Minuten Fahrt kamen wir vor dem Heim an. Es war ein gelbes, flaches, sehr einfaches Gebäude in einer sehr einfachen Gegend. El Cajon, das weiß ich heute, ist ein einfaches Arbeiterviertel, das zum San Diego County gehört. Wer hier landet, hat es entweder nicht geschafft im Leben oder ist auf dem Sprung, möglichst schnell in eine bessere, sicherere Wohngegend zu kommen.

Roy wurde im Rollstuhl aus dem Ambulanzwagen gefahren und ich hielt seine Hand, so fest ich nur konnte. Vor uns taten sich zwei gläserne Sicherheitstüren auf, wir fuhren hindurch und unmittelbar hinter uns schlossen sie sich wieder. Das Geräusch habe ich noch heute im Ohr.

Drinnen empfing uns ein unerträglicher Gestank und eine Szenerie wie in einem Horrorfilm. Mir schlug der Geruch von Urin und Kot entgegen, offenbar verwirrte Menschen wandelten den Gang entlang und starrten uns an. Ein altmodisch gekleideter Mann im mittleren Alter schoss unmittelbar auf mich zu, hob sein Gesicht direkt

vor meines und schrie mich an: »Wenn Sie ihn hier raus-
bringen können, tun Sie das sofort!«

Roy schaute verwirrt umher, die kurze Fahrt hatte ihn
belastet, er hatte ein bisschen Atemnot. Ich bin sicher,
er roch, was ich roch. Ich tat keinen Schritt weiter und
hielt den Rollstuhl fest. »Hier bleiben wir nicht!«, sagte
ich laut und drehte mich zum Fahrer der Ambulanz um.
»Fahren Sie uns sofort in die Rehaklinik zurück.« Doch
da war niemand mehr. Gerade schlossen sich die Auto-
matiktüren hinter ihm, ich sah nur noch seinen Rücken.

Eine Schwester kam inmitten des Gestanks und der
Verrückten auf uns zu und begrüßte uns freundlich.
»Bitte kommen Sie mit, Frau Kutsch, ich zeigen Ihnen
das Zimmer Ihres Mannes!« Gott sei Dank, endlich ein
normaler Mensch.

Ich schob Roy im Rollstuhl hinter ihr her, und sie
öffnete einen Vorhang. Türen gab es nicht. »Hier wird
Ihr Mann jetzt wohnen!« Ein Raum mit fünf klappri-
gen, abgenutzten Holzbetten, in denen vier vollkommen
wahnsinnige Männer lagen. Einer schrie ohne Unterlass
unverständliches Zeug, ein anderer röchelte, als würde
er gleich sterben. Die Tapeten waren von den Wänden
gekratzt und es stank auch hier erbärmlich.

Es war der wahr gewordene Albtraum. »Ich will, dass
wir sofort zurückgebracht werden!«, hörte ich mich
schreien. »Mein Mann hat zwar eine Verletzung im Gehirn, aber er ist nicht verrückt! Ich will sofort hier raus
und werde ihn mitnehmen! Ich gehe nicht ohne meinen
Mann.«

Ungeachtet meiner Worte wurde Roy in das Bett gelegt und erhielt Sauerstoff, er zog die dünne Decke bis
unter das Kinn und schloss die Augen. Er wurde ganz ruhig. Mein Körper schüttelte sich, ich zitterte, ich konnte

nur noch schluchzen, die Tränen liefen mir übers Gesicht und ich war kaum mehr in der Lage, mich auf den Beinen halten. Noch nie in all den Jahren von Roys Krankheit hatte ich einen solchen Zusammenbruch erlebt.

Die Schwester versuchte, mir beizustehen, so gut sie konnte, doch nichts konnte mich beruhigen. »Das kann nicht sein!«, schrie ich weiter. »Ich will sofort hier raus, und zwar mit meinem Mann!«

»Frau Kutsch, das geht leider nicht!«, sagte die Schwester jetzt mit sanfter, aber nachdrücklicher Stimme, während ich weiter auf sie einschrie. »Sie haben Ihre Zustimmung gegeben. Ihr Mann darf nur auf eigene Verantwortung entlassen werden, wozu ich ihnen nicht rate, er benötigt ärztliche Behandlung.«

Ich wollte ihn auf keinen Fall hier in dieser Irrenanstalt zurücklassen. Hier gab es keine Hoffnung, das war ein Ort der verlassenen Menschen, hier gab es keine Angehörigen mehr, hier landeten die, die keiner mehr wollte. Die, wo Angehörige aufgegeben hatten, sich scheiden ließen und die Wahnsinnigen loswerden wollten oder mussten. Wer hier gelandet war, kam nicht mehr lebend raus. Wir hatten unser schönes Haus und ich hatte ihm versprochen, dass er dorthin zurückkommt und auch wenn es so weit wäre, dass er dort sterben dürfte. Ich wusste, das hier würde ich mir nie, nie, nie verzeihen.

Plötzlich spürte ich Roys Hand in meiner. Er schaute mich ganz klar an und sagte laut und deutlich: »Go, honey, go! I am okay. It will not be for long.«

Er schien das hier verstanden zu haben. Schweren Herzens nickte ich. Was meinte er mit: »Es wird nicht für lange sein.«? Spürte er etwas, das ihm sagte, er werde nicht mehr lange leben, oder vertraute er auf meine

Power und dass ich ihn hier rausholen würde? Ich weiß es nicht.

Mein Zusammenbruch hatte immerhin dafür gesorgt, dass Roy ein etwas besseres Zweibettzimmer bekam, zusammen mit dem Mann, der mich angeschrien hatte, ich solle Roy hier rausholen. Er war demenzkrank, ein ehemaliger Polizist, der mir versicherte, er sei »auf Arbeit« hier. Roy legte sich ins Bett, auch er war erschöpft, nach allem, was in den letzten Stunden vorgefallen war. Ich versuchte, mich zu fassen. »In Ordnung, Roy. Aber ich komme morgen wieder, halt durch, und dann hole ich dich hier raus!« Er sagte nichts und schloss ruhig die Augen, die Hände über der dünnen, ungemütlichen Decke gefaltet. Er schaute mich nicht noch einmal an.

Müde und verzweifelt verließ ich die Anstalt, und schlich nach Hause zu Kirk und Gretchen, in das wunderschöne Haus in La Jolla am Strand, wo ich nachts im Bett das Meeresrauschen hören konnte. Ich hatte Heimweh nach Roy, meinem Mann, den ich so sehr liebte. Mit Kirk, Gretchen und zwei weiteren Freunden, Will und Skipper, entwarf ich einen Schlachtplan. Wir wollten uns in den nächsten Tagen abwechseln mit ständigen Spontanbesuchen, damit das Personal merkte, dass Roy nicht zu den Verlassenen gehörte. Wir signalisierten Stärke und Kontrolle. Das sollte uns Zeit verschaffen, denn ich wollte meinen Mann wieder mitnehmen, ohne Wenn und Aber.

Am nächsten Morgen telefonierte ich mit dem sympathischen Fahrer der Ambulanz, der Roy vor einigen Tagen ohne meine Einwilligung zu Dr. Culo gebracht hatte. Ich buchte ihn privat für den nächsten Tag, um

Roy nach Hause bringen zu lassen. Wie das zu Hause alles funktionieren sollte, wusste ich nicht, aber ich hatte Vertrauen in das Leben, irgendwie geht's ja immer.

Ich fuhr zu Roy. Als ich sein Zimmer betrat, traute ich meinen Augen nicht: Mein Mann, der immer so auf sein Äußeres geachtet hatte, lag vollkommen nackt im Bett! Sein Zimmergenosse, der Polizist »auf Arbeit«, hatte, wie sich rasch herausstellte, Roys Anziehsachen genommen und sie selbst angezogen, konnte sich aber an nichts erinnern. Auch war zu meiner Verwunderung die Kleidung nun unauffindbar. »Ach, das kommt hier schon mal vor«, winkte die vorbeigehende Schwester routiniert ab. Ich hatte Ersatzkleidung in Roys Schrank deponiert, zog ihn an und marschierte als Nächstes zu dem Arzt, der für ihn zuständig war. Ich teilte ihm ohne Umschweife mit, dass ich Roy morgen mit der Ambulanz nach Hause bringen lassen würde, und forderte ihn auf, die Entlassungspapiere fertig zu machen. Denn ohne Entlassungspapiere würde ich meinen Mann nicht durch die Sicherheitstüren der Anstalt bekommen.

»Liebe Frau Kutsch!« Der Arzt wirkte müde, nahm seine Brille ab, lehnte sich in seinem Bürostuhl zurück und schaute mich sehr ernst an. »Haben Sie eigentlich eine Ahnung, worauf Sie sich da einlassen? Ihr Mann ist schwer hirngeschädigt. Er kann handgreiflich werden! Es kann noch Monate dauern, bis klar wird, wie es mit ihm weitergeht und wie sich sein Zustand entwickelt. Ich rate Ihnen dringend davon ab, ihn zu sich nach Hause zu holen. Und davon abgesehen, muss sein betreuender Neurologe Dr. Culo der Entlassung zustimmen. Das könnte schwierig werden.«

»Das ist gar nicht schwierig«, erwiderte ich, »denn ich habe die Vollmacht. Mein Mann ist nicht mehr entscheidungsfähig und deshalb entscheide ich für ihn. Rufen Sie meinen Anwalt an und machen Sie die Papiere fertig. Mein Mann kommt zur Genesung mit mir nach Hause. Punkt.«

Mein Entschluss stand fest, der Arzt würde daran nichts ändern, egal was er mir sagte. Er konnte mir keine Angst machen. Das Universum würde mir helfen. Ich würde das schon schaffen. Ganz nach dem Zitat von Pippi Langstrumpf, meiner Heldin aus Kindertagen, der ich mich immer nah fühlte: »Das haben wir noch nie probiert, also geht es sicher gut!«

»Bitte machen Sie die Papiere fertig«, wiederholte ich höflich, aber bestimmt. »Die Ambulanz fährt meinen Mann morgen nach Hause.«

»Ich kann Sie nur noch einmal eindringlich warnen, Frau Kutsch. Ohne gültige Entlassungspapiere können Sie Ihren Mann nicht mitnehmen. Wenn Sie ihn auf Ihre eigene Verantwortung, entgegen ärztlichem Rat mitnehmen und ihm dann etwas passiert, sind Sie haftbar. Tun Sie das nicht.«

In diesem Moment klingelte mein Telefon, es war wie in einem Film. Es war der Ambulanzfahrer. »Andrea, ich kann Roy morgen leider nicht für die Fahrt nach Los Olivos abholen«, erklärte er mir. »Dr. Culo hat eine weitere Untersuchung in der neurologischen Klinik in San Diego für übermorgen angefordert. Ich habe natürlich nichts von Ihren Plänen gesagt, aber es handelt sich hier um eine Anordnung, der darf ich mich nicht widersetzen. Es tut mir sehr leid!«

Ich war fassungslos. Roys behandelnder Arzt setzte sich schon wieder über meine Vollmacht hinweg, er ignorierte sie einfach und veranlasste eine Untersuchung, von der ich nichts wusste! »Keine Untersuchungen und

Transporte ohne meine Anwesenheit und Zustimmung«, lautete doch meine Verfügung. Aber auf eigenes Risiko konnte ich Roy nicht einfach entführen. Vielleicht unterschätzte ich das Risiko tatsächlich vollkommen. Ich brauchte die Meinung eines neutralen Arztes meines Vertrauens.

Plötzlich hatte ich die Lösung. Sie war so naheliegend, dass ich sie offenbar bis jetzt nicht wahrgenommen hatte. Unser alter Hausarzt James hatte seine Praxis im selben Krankenhaus wie Dr. Culo! Ich würde ihn anrufen, ihm erklären, dass es sich um einen Notfall handelte, und dass er mich unbedingt sofort mit Roy empfangen müsste. Er musste ihn untersuchen und mir sagen, was ich tun kann, soll, nicht soll. Ich brauchte Fachkompetenz. Roy und ich mochten James, er war sogar bei unserer Hochzeit und wir vertrauten ihm. Er würde wissen, was das Beste für Roy war. Ich ging auf die Straße, um abseits der Ohren anderer zu telefonieren. Auf der trostlosen Seitenstraße von El Cajon klammerte ich mich an meine Handtasche und rief James an. Ich bekam sofort einen Termin für den nächsten Morgen, buchte die Ambulanz und verbrachte den Rest des Tages bei Roy. Vor Aufregung konnte ich die ganze Nacht nicht schlafen.

Aufgewühlt kam ich am Morgen im Heim an. Ich hasste diesen Ort, den Geruch, das Geschrei, den Wahnsinn, es war so unerträglich. Im Nebenzimmer wartete man bei offenem Vorhang auf den Tod einer vergessenen Patientin, die so laut röchelte, dass es mir eiskalt den Rücken hinunterlief. Ich war nervös, wollte nicht, dass Dr. Culo erfuhr, was ich tat, bevor James uns seine Einschätzung gegeben hatte. Vorausgesetzt, James stimmte zu – wollte ich, dass wir morgen, wenn die Ambulanz kam, um Roy zu dubiosen Untersuchungen abzuholen, einfach weg waren. Ich hatte ihm versprochen, ihn nach Hause zu holen, und dieses Versprechen wollte ich halten. Im Rückblick nichts bereuen – nur so würde ich heil aus dieser Sache für mich ganz persönlich rauskommen. Das war mein Ziel.

Die Ambulanz war pünktlich, Roy wurde verladen, zügig schob ich Roy im Rollstuhl durchs Krankenhaus. Ich betete, dass mir nicht zufällig Dr. Culo oder einer aus seinem Team über den Weg lief. James begrüßte uns freundlich, es war alles genau richtig, ich fühlte mich gut und stark. James fragte: »Hi Roy, wie geht es dir?« Roy, eigentlich eitel, etwas prüde und vornehm, sagte nichts, stand aus dem Rollstuhl auf und zog blank. Er zog einfach so seine Sporthose inklusive Unterhose herunter, schaute James an, zeigte mit dem Zeigefinger auf mich und sagte: »Das war ihre Idee.«

»Andrea, bist du bereit zu hören, was ich dir nun sagen möchte, kannst du mir zuhören?« Ich war bereit zu allem, Hauptsache eine neutrale Meinung, Hauptsache die Wahrheit. »Roy ist verwirrt, er könnte nach Hause, die Therapie im Heim ist sinnlos. Aber hast du dir gut überlegt, ob du Roy wirklich zu Hause pflegen willst?«, er sah mich eindringlich an. »Niemand ist Gott. Niemand weiß, wann es so weit ist. Es kann sehr lange dauern, bis er stirbt. Selbst wenn ich jetzt die Entlassung empfehle, die Papiere fertigmache und Roy Hospizbetreuung für zu Haus verschreibe, werden die Pfleger nur einmal am Tag für eine Stunde kommen. Den Rest musst du ganz alleine machen und das schaffst du nicht. Du wirst Helfer brauchen, ein Team, denn du musst auch mal ausruhen und schlafen. Das wird ein ganz, ganz schweres Rennen,

Andrea. Ich weiß auch nicht, wie viel er wirklich überhaupt noch mitbekommt, davon, wo er ist. Vielleicht
willst du ihn doch lieber dalassen, im betreuten Heim,
Andrea? Das ist eine Option, Andrea.«

»Ja, das weiß ich. Aber alles andere als unser Zuhause
ist für Roy keine Alternative. Soll er doch auf unserer
riesigen Ranch nachts mit den Kojoten um die Wette
krabbeln. Es wird schon irgendwie gut gehen und man
ist immer stärker, als man glaubt. Ich lebe in einem
kleinen Ort, ich gehe zur Kirche, ich mache Plakate, ich
habe Freunde, ich werde Hilfe finden, wenn ich Hilfe
brauche. Ich habe keine Ahnung, wie das wird, aber es
wird auf jeden Fall gut.« Ich holte tief Luft, bevor ich
mein Plädoyer fortsetzte. »Ich will, dass Roy in seinem
Bett liegen darf, zu Hause. Er liebt unser Haus so sehr.
Ich will, dass er die Vögel beobachten kann und die Rehe,
Betty, Peter, Paul und Mary, und dass er Buddy, mein
Lieblingserdhörnchen sicht, wenn es mir auf die Schulter springt. Und vielleicht erinnert er sich ja auch an
Hugo das Schwein, wenn wir seinen Gedächtnisstein
besuchen. Und ich will für ihn sorgen bis zum letzten
Atemzug. Das Universum wird mir beistehen. Ich habe
Vertrauen ins Leben, und Hilfe wird kommen.«

James nickte zustimmend. »Roy braucht ab jetzt Hos-
pizpflege. Er wird nicht mehr gesund, Andrea. Medizinisch ist das gar keine Frage.«

»Wenn er nicht mehr gesund wird, warum will
Dr. Culo ihn dann morgen noch mal sehen?« James
konnte in der Patientendatei ablesen, dass es eine Versuchsreihe für Glioblastom-Patienten in Los Angeles
gab. »Dr. Culo scheint zu versuchen, ihn dort hineinzu-
kriegen, daher wohl die Untersuchungen.«

»Aber Roy ist doch nicht mehr klar!«, wandte ich ein.

»Selbst wenn es Heilung gäbe, müsste er für immer in einer Anstalt leben, oder nicht?«

»Ja, das ist richtig«, bestätigte James.

So wie der Bettnachbar von Roy, der Polizist im Heim, der erst Mitte vierzig war und vielleicht noch weitere vierzig Jahre im stinkenden Wahnsinn bei den Verlassenen leben würde. »Okay. Über diesen Versuch kann ja Roy immer noch irgendwann entscheiden, sollte er dazu in der Lage sein. Roy soll natürlich jede Art von Behandlung bekommen, die für ihn gut und richtig ist. Aber wir sind ja nicht im Zeitdruck, über einen Versuch kann man auch noch in 14 Tagen entscheiden, oder, James?« »Ja, natürlich«, nickte er«. Los Angeles ist nur zwei Stunden von unserem Haus in Los Olivos entfernt, ich könnte ihn jederzeit dort hinbringen lassen. »Dann könnte Roy doch jetzt erst mal mit mir nach Hause, medizinische Betreuung erhält er dort von Krankenschwestern, die mich anleiten, und wenn er sich erholt und alles zur Ruhe kommt, können wir ihn jederzeit nach Los Angeles bringen, ist das korrekt?« »Ja, absolut, wenn er sich erholt, wird Hospiz-Pflege wieder umgewandelt in normale Versorgung und alles kann seinen Lauf nehmen. Es gibt keine Eile, Andrea«. »Dann soll er sich erst einmal von diesem ganzen Anstalten-Wahnsinn und der schweren OP in Ruhe zu Hause erholen. Und wenn er wieder soweit genesen sein sollte, dass er sich sinnstiftend mitteilen kann, kann er selbst entscheiden, ob er bei der Studie mitmachen möchte oder nicht.«

Der Hausarzt nickte mehrmals. »Andrea, das ist eine wundervolle und sehr menschliche Entscheidung. Sie ist medizinisch, moralisch und ethisch korrekt. Ich kenne nicht viele Menschen, die den Mut hätten, das zu machen.« Er unterschrieb die Papiere und als er fertig war, drückte er sie mir in die Hand und lächelte mich an. »Weißt du, was Roys bester Deal in seinem Leben war? Dass er dich geheiratet hat.«

Roy saß die ganze Zeit mucksmäuschenstill im Rollstuhl und spielte mit seinen Fingern. Meine Erleichterung musste mir ins Gesicht geschrieben sein. Roy war frei! James umarmte ihn kurz und wusste wahrscheinlich genau, dass er ihn nicht wiedersehen würde.

Wir waren schon fast aus der Tür, da gab James mir noch einen letzten Rat: »Andrea, wenn Roy komisch sein sollte oder wieder einen epileptischen Anfall hat – ruf auf keinen Fall den Notarzt. Und jetzt auf dem schnellsten Weg raus hier. Wenn es ihm plötzlich schlechter geht und er in der Notaufnahme landen sollte, kriegt ihn da niemand mehr heraus. Alles Gute euch beiden!«

Stay in the moment

Mit Roy im Rollstuhl raste ich durch das Krankenhaus, er brummte laut, ahmte ein Rennauto nach und legte sich in die Kurven, es ging rasend mit der Ambulanz zurück in die Anstalt, aus der er schließlich offiziell entlassen werden musste. Die Papiere mussten vor Ort noch abgefertigt werden und morgen früh würde ich ihn abholen, bevor der Transport zu Dr. Culo stattfinden sollte. Ich fühlte mich wie ein Kidnapper, aber alles war nun legal.

Also packte ich Roy in sein Bett und sagte: »Morgen früh fahren wir nach Hause, Roy. Halt durch!« Ihm rann jetzt eine Träne über die Wange: »Ja, nach Hause. Danke.« Ich küsste ihm, wie wir es immer gemacht hatten, die Tränen von der Wange und wusste, dass ich alles richtig gemacht hatte. Manchmal muss man auch mal gegen den Strom schwimmen und andere Wege gehen als die einfachen.

Ich hatte eine ruhige Nacht bei Kirk und Gretchen, und um acht Uhr morgens stand ich mit gepacktem Koffer schon wieder in Roys Zimmer. Hier war bereits wieder Stress: Roy stand hinter dem Toilettenvorhang und schrie herum, stinksauer. Er durfte nicht in Ruhe sein Geschäft erledigen, weil er nie ohne Aufsicht sein durfte. Alle zwei Minuten riss jemand den Vorhang auf, um nachzusehen, ob alles in Ordnung war. Oder ein Irrer wollte sich auf seinen Schoß setzen und auch sein Geschäft erledigen. Dabei wollte Roy einfach nur in Ruhe austreten.

Als er mich sah, strahlte Roy mich an und beruhigte sich.

»Wir fahren nach Hause, Roy«, erklärte ich ihm. Für den vierstündigen Krankentransport von San Diego nach Los Olivos hatte ich diesmal vorsichtshalber bereits am Vorabend ein anderes Privatunternehmen beauftragt. »Da kannst du den ganzen Tag alleine auf der Toilette sitzen.«

Die Papierarbeit verzögerte sich und ich wurde zusehends nervös. »Geht das nicht ein bisschen schneller?«, drängelte ich die zuständige Schwester. »Ich habe es wirklich eilig!«

Da ging mein Telefon. Der Ambulanzfahrer sagte die Fahrt ab. Jetzt stieg tatsächlich Panik in mir auf. Was, wenn mein ganzer sorgsam ausgetüftelter Plan an solch einer Lappalie scheitern sollte?

Ich konnte Roy nicht allein fahren. Es konnte sein, dass Roy mitten auf der Autobahn, weil er Pipi machen musste, die Autotür aufriss und aussteigen wollte, weil er nicht kapiert hatte, dass wir fuhren und man dann die Tür nicht öffnen konnte. Ich brauchte jemanden, der fuhr, während ich auf Roy aufpasste, sonst klappte das alles nicht. Da schickte mir das Universum tatsächlich einen Retter in Gestalt unseres Freundes Will. Der kam in diesem Moment den Gang entlanggeschlendert, um nach Roy zu sehen. Er war ja Teil unseres Kontrollgespanns und kam zur unangemeldeten Stippvisite. Ich informierte Will kurz über den Plan, das hatte ich in aller Aufregung vollkommen vergessen. »Will, du musst mir helfen!«, flehte ich ihn an. »Wir müssen Roy alleine fahren, die Ambulanz hat gerade abgesagt. Kommst du mit mir mit? BITTE!«

Roy kam in diesem Augenblick von der Toilette und seine Klamotten waren schon wieder weg. »Warum hat mein Mann nichts an?«, fragte ich die zuständige Schwester, während Roy nur mit der Unterhose bekleidet im Flur stand.

»Keine Ahnung«, erwiderte die Schwester und zuckte die Schultern. Jetzt reichte es mir endgültig. Keine Minute länger als notwendig würden wir noch hierbleiben. »Ich habe so die Schnauze voll! Wir gehen!«, eröffnete ich der Schwester, die mich verblüfft anschaute. »Will, bitte, hilfst du mir?«

»Warte, ich muss das mit meiner Frau klären«, erwiderte Will. Er rief sie an, sie stimmte zu, ich stopfte Roy in den Rollstuhl, zog ihm eines meiner viel zu kleinen T-Shirts über den Kopf. Knochig, müde und ein bisschen verwirrt schaute er drein. Ich drängte die Schwestern, die den Vorgang »Entlassungspapiere abfertigen« scheinbar nicht gewohnt waren. In dem Moment kam Kirk, er war in meinen Plan eingeweiht und kam, um zu sehen, ob ich noch Hilfe brauchte. Ja, brauchte ich. Will machte das Auto klar, Roy wartete im Flur im Rollstuhl, die Patienten krochen aus allen Löchern, um zu schauen, was hier los war, und Kirk las blitzschnell alles durch und nickte oder verneinte, welche Papiere ich unterschreiben sollte. Die Schwestern schnallten nix mehr, ich brachte alles durcheinander und ich sagte, wenn noch eine Unterschrift fehlte, sollen sie mich anrufen, ich müsse jetzt echt los. Manchmal muss man auch mal einfach Gas geben und feddisch. In aller Eile verließen wir diesen Ort, ich umarmte Kirk, packte Roy, schmiss alle Medikamententüten und Papiere auf seinen Schoss, die er fest umklammerte und sauste mit ihm full speed auf die Tür zu: »Brrrrrrrrrr, yippiyeah, schneller, honey!« Die Tür sprang auf und wir waren frei.

»Ich will auch raus!«, rief eine Insassin verzweifelt hinter uns her und wurde von einem Pfleger zurückgehalten. Will wartete vor der Tür mit geöffneten Autotüren, Roy kletterte in meinem viel zu kleinen T-Shirt und der Unterhose mit seinen langen, abgemagerten Spargelbeinen in meinen Mini Cooper.

Ich lachte laut, so laut, vor Erleichterung, und Roy strahlte auf der Rückbank über das ganze Gesicht.

»Roy, wir gehen einen Burger kaufen, willst du einen Burger?«, fragte ich ihn, während Will sich ans Steuer setzte und den Motor anließ. »Es wird eine lange Fahrt nach Hause!«

»Burger – nach Hause – danke«, sagte Roy und wir lachten.

Während Will fuhr, organisierte ich die Anlieferung eines Krankenbetts, eines Rollstuhls, einer Gehhilfe und freute mich, wie schon lange nicht mehr. Wir fuhren nach Hause, während Roy zwei Stunden lang an seinem

Burger nuckelte und die Reste mit klebrigen Fingern im ganzen Mini verteilte.

Es wurde eine turbulente und nicht ganz einfache Fahrt. Aber als wir tatsächlich die Auffahrt zu unserem Haus hochfuhren, waren wir alle erleichtert, dass wir es geschafft hatten. Und so glücklich wie lange nicht mehr.

Alles richtig gemacht, honey

Als wir endlich zu Hause waren, fiel Roy nur noch ins Bett. Er war vollkommen erschöpft. Ich hatte das Krankenbett für ihn im Erdgeschoss aufbauen lassen, neben dem Klavier, auf dem er so gerne spielte. Ich kochte für Will und mich Spaghetti und wir tranken zwei Flaschen Rotwein leer vor lauter Erleichterung. Will wollte am nächsten Tag mit dem Zug zurückfahren, ein Freund würde am Morgen zu uns kommen und ihn zum Bahnhof bringen. Von nun an durfte Roy nicht mehr ohne Aufsicht sein.

Während Will und Roy schon schliefen, ging ich durchs ganze Haus und sicherte systematisch alles ab, was Roy gefährlich werden konnte oder womit er mir gefährlich werden konnte. Ich ging dabei grundsätzlich vom Schlimmsten aus, wie ich das auch bei schwierigen Pferden mache. Ich versteckte Messer, baute Türklinken ab und sicherte die Treppen mit Ketten und Vorhängeschlössern. Roy war nicht mehr in der Lage, komplizierte Aufgaben wie ein Vorhängeschloss zu öffnen. Und er sollte nirgends herunterfallen können.

Ich hatte keine Angst davor, Roy zu Hause zu pflegen. Ich hatte das zwar noch nie gemacht, aber ich wusste, dass ich es konnte. Und wenn alles vorbei war, würde ich zurückblicken und sagen, was für ein unglaubliches Rennen das war. Und ich würde stolz sein auf alles, was wir gemacht hatten, und auf alle, die mir geholfen hatten.

Der letzte Satz, den Roy zu mir sagte, während ein Freund auf dem Piano für ihn spielte, war: »Alles richtig gemacht, Honey, danke!«

Wir küssten uns ein letztes Mal und nickten stumm, während wir uns so tief in die Augen schauten wie beim ersten Mal, als wir sagten: »*Hi, I am Roy*« und »*Hi, I am Andrea*«. Ich hatte mein Eheversprechen gehalten. In guten und in schlechten Zeit, durch Reichtum und Armut, in Gesundheit und Krankheit. Und das erfüllt mich bis heute mit großem Glück und Zufriedenheit.

Tun, wonach das Herz ruft

Roy starb nur drei Wochen später, am 18. Januar 2017, in meinen Armen und in unserem Haus.

In den gemeinsamen Jahren mit ihm habe ich unendlich viel gelernt und arbeite heute, nach Roy, noch besser an Pferden als je zuvor. Ich verstehe aber auch das Verhalten von Menschen besser als je zuvor.

Jetzt, nachdem Sie meine Geschichte gelesen haben, möchte ich Sie etwas sehr Persönliches fragen: Sind Sie heute mit genau dem, was Sie tun, zufrieden? Und wären Sie es auch, wenn Sie wüssten, dass Ihre Lebenszeit auf, sagen wir, vier bis sechs Monate begrenzt ist?

Jeder sollte sich die Frage stellen, ob er in der Lebenssituation, in der er sich gerade befindet, glücklich ist, und überprüfen, ob er auch dann das weitermachen würde, was er jetzt gerade tut, wenn er nur noch ein paar Monate zu leben hätte. Wenn man diese Frage nicht mit Ja beantworten kann, sollte man den Mut fassen, sein Leben zu verändern und seinen Träumen zu folgen. Einfach machen, den Angstschweiß abwischen und voller Mut in ein neues Leben schreiten. Wenn man tut, wonach das Herz ruft, ist man so viel glücklicher und das Leben ist so viel spannender. Sterben müssen wir eh alle und niemand weiß, wann es einen persönlich trifft.

Trauen Sie sich einmal, anders zu sein als andere. Folgen Sie Ihren Träumen und Sie werden feststellen: Egal was kommt, Sie sind stärker, als Sie denken. Deshalb möchte ich jeden ermutigen, an sich selbst und an die eigene innere Kraft zu glauben. Atmen Sie vertrauensvoll ein, und hören Sie auf Ihre innere Stimme.

Mein Ehemann Roy und seine Krankheit haben mir die psychologischen Merkmale gnadenlos aufs Brot geschmiert, die für ein zufriedenes Leben von größter Bedeutung sind. Dazu gehören neben Reflexionsfähigkeit vor allem Liebe, Mut, Zuversicht, Vertrauen, Gelassenheit, Empathie und viel Humor. Ich bin dankbar dafür, ich reflektiere nun besser und schaffe es immer öfter, mich selbst im Kontext mit anderen zu beobachten.

Es ist eine feine Gratwanderung, sich nicht von anderen aus dem Konzept bringen zu lassen, aber dennoch andere Meinungen anzunehmen und abzuwägen. Tolerant zu sein, auch gegenüber anderen Meinungen, finde ich heute wichtig. Ich habe lange gebraucht, bis ich das erkannt habe.

Anderen Meinungen empathisch zu begegnen heißt jedoch nicht, sich aus dem eigenen Konzept bringen zu lassen. Dazu habe ich mich früher manchmal verleiten lassen und erst später gemerkt, wenn ich zum Spielball anderer wurde. Gerade in einem emotionalen Umfeld, wie der Arbeit mit schwierigen Pferden oder mit schwerkranken Menschen, kann das ein großes Problem sein. Wenn sich im Herzen etwas falsch anfühlt, liegt der Laie oft richtig. Ich möchte Sie deshalb ermutigen, dem Gefühl Ihres Herzens zu folgen und Ihrem Instinkt treu zu bleiben.

Die Andrea Kutsch Akademie bietet ein weltweit einzigartiges Bildungsprogramm auf Grundlage der von Andrea Kutsch entwickelten, wissenschaftlich basierten Pferdekommunikation EBEC (*Evidence Based Equine Communication*). Mit EBEC sind Pferdefreunde erstmals in der Lage, die Perspektive des Pferdes einzunehmen und Anreize fürs Training aus den natürlichen Verhaltensweisen des Pferdes abzuleiten. Das Entstehen von Stress wird vermieden, sodass Pferde zuverlässiger und freudvoller lernen und Missverständnisse ausgeschlossen sind. Die Kursangebote richten sich an alle, die sich im Umgang mit Pferden und bei deren Ausbildung weiterentwickeln möchten.

andreakutschakademie.com
office@andreakutschakademie.com

A | K | A
ANDREA KUTSCH ACADEMY
Evidence Based Equine Communication

»Autisten spüren nicht zu wenig, sie spüren zu viel. Ihr Rückzug ist nicht die Störung, er ist die Reaktion.« Henry Markram

Lorenz Wagner
DER JUNGE, DER
ZU VIEL FÜHLTE
Wie ein weltbekannter
Hirnforscher und sein
Sohn unser Bild von
Autisten für immer
verändern
DEU
224 Seiten
ISBN 978-3-404-61694-7

Stillstehen ist für einen Jungen wie Kai nicht so einfach. Das Rauschen des Meeres, die Helligkeit der Sonne, das Glitzern des Wassers, das ist viel für seine Augen, Ohren, seine Sinne. Kai hat von allem zu viel. Zu viel Hilfsbereitschaft, zu viel Zuneigung, zu viel Neugier, zu viel Unruhe. Kai ist Autist. Sein Vater ist ein berühmter Hirnforscher. Dieses Buch ist ihre Geschichte: ein Vater, der verzweifelt versucht, seinem Sohn zu helfen. Ein Sohn, der am Ende doch glücklich wird.

Ein wunderbares Buch. ANJA BURRI, NZZ AM SONNTAG
Das erste Mal wird Autismus von einer anderen Seite gezeigt.
ASPERGER-AUTISMUS.DE

Lübbe

Ein Wunder namens Marley

Kerstin Emming
EIN WUNDER NAMENS
MARLEY
Wie mein Hund mich
wieder auf die Beine
brachte
DEU
224 Seiten
ISBN 978-3-404-61686-2

Kerstin ist eine Löwenmutter. Für ihre schwerbehinderte Tochter setzt sie jahrelang Himmel und Hölle in Bewegung – bis sie selbst zusammenbricht. Gesundheitlich am Boden verliert sie fast die Hoffnung. Doch dann fällt ihr Blick auf eine Anzeige: Australian-Shepherd-Mix abzugeben. Erst zögert Kerstin, einen Welpen zu sich zu nehmen, doch als sich das kleine Fellknäuel namens Marley gleich an sie schmiegt, weiß sie, dass sie zusammengehören. Dank seiner treuen Begleitung schöpft sie neue Kraft und Lebensfreude – und erreicht tatsächlich Heilung. Ein Wunder, sagen die Ärzte. Doch Kerstin weiß: Ihr Wunder heißt Marley.

Lübbe